职业教育食品类专业教材系列

焙烤食品加工技术

（修订版）

蔡晓雯　庞彩霞　谢建华　主编

科 学 出 版 社

北　京

内 容 简 介

焙烤食品加工技术是食品加工技术专业的专业核心课程。全书内容涉及焙烘原料、烘焙设备、各类焙烤食品加工技术、焙烤食品包装与贮藏、焙烤食品生产管理与安全卫生及相应的法规与标准等。本书以各类焙烤食品加工技术为重点，主要包括月饼、蛋糕、饼干、糕点、面包等产品，在形式上将理论知识与实践操作融为一体，在内容上从简单到复杂依次递进，且每一项目均从加工原理、加工工艺、产品加工技术、质量鉴定及加工常见的质量缺陷及其控制方法等方面进行阐述。

本书具有较强的实用性，可作为高职食品加工技术类专业教材，也是焙烤食品加工有关专业人员的技术参考书籍。

图书在版编目（CIP）数据

焙烤食品加工技术/蔡晓雯，庞彩霞，谢建华主编. —北京：科学出版社，2011.2

职业教育食品类专业教材系列

ISBN 978-7-03-029999-4

Ⅰ.①焙… Ⅱ.①蔡… ②庞… ③谢… Ⅲ.①焙烤食品-食品加工-高等学校:技术学校-教材 Ⅳ.①TS213.2

中国版本图书馆 CIP 数据核字（2011）第 007437 号

责任编辑：沈力匀 / 责任校对：刘玉靖
责任印制：吕春珉 / 封面设计：东方人华平面设计部

科学出版社 出版
北京东黄城根北街 16 号
邮政编码：100717
http://www.sciencep.com

北京鑫丰华彩印有限公司印刷
科学出版社发行 各地新华书店经销

*

2011 年 2 月第 一 版 开本：787×1092 1/16
2021 年 7 月修 订 版 印张：16 1/2
2021 年 7 月第十次印刷 字数：392 000

定价：58.00 元

（如有印装质量问题，我社负责调换〈鑫丰华〉）
销售部电话 010-62134988 编辑部电话 010-62135235（VP04）

编 写 人 员

主　编

蔡晓雯（漳州职业技术学院）

庞彩霞（呼和浩特职业学院）

谢建华（漳州职业技术学院）

副主编

金英姿（新疆轻工职业技术学院）

辜义洪（宜宾职业技术学院）

张丽红（漳州职业技术学院）

参　编（按姓氏笔画顺序）

邱松林（厦门海洋职业技术学院）

陆建林（广西农业职业技术学院）

陈　莲（漳州职业技术学院）

韩阿火（漳州农业学校）

谢绿珠（漳州农业学校）

前　言

近年来，为了适应国内高等职业教育教学改革形势的发展的需要，全国高等职业教育院校食品专业都对其课程体系、教学方法等进行了改革，其工学结合的教育模式受到了各院校广大老师的肯定。正由于此，原来的大多数教材延用本科教材结构体系，其弊端在于，内容偏多、理论偏深、实践性内容严重不足，难以达到高职教学的基本要求。所以本书结合高职教育教学改革，特别是国家示范院校建设的成果，对焙烤食品加工课程的内容进行重新整合，以适应当前工学结合的教育模式和理论、实践一体化的教学模式。其内容主要包括概述、焙烘准备、烘焙设备、月饼的加工技术、蛋糕加工技术、饼干加工技术、糕点生产技术、面包加工技术、焙烤食品包装与贮藏、焙烤食品生产管理与安全卫生及相应的法规与标准等。本书集理论和实践为一体，既有理论知识，又有实践操作，充分体现高职高专教育特色，突出实用性，体现教、学一体的教学模式；每项目前面都有“学习目标”，之后都有“学习引导”，目的是帮助学生理解每项目学习的内容，培养学生综合运用理论知识的能力。本书具有较强的实用性，可作为高职食品加工技术专业的教材，也是焙烤工资格考试的重要参考读物。

全书由蔡晓雯、谢建华统稿。其中概述由漳州职业技术学院蔡晓雯、谢建华共同编写；项目一和项目二由呼和浩特职业学院庞彩霞编写；项目三由广西农业职业技术学院陆建林编写；项目四由漳州农业学校谢绿珠、韩阿火共同编写；项目五由漳州职业技术学院谢建华编写；项目六由厦门海洋职业技术学院邱松林编写；项目七由宜宾职业技术学院辜义洪编写；项目八由漳州职业技术学院陈莲编写；项目九由漳州职业技术学院谢建华、张丽红共同编写；附录由新疆轻工职业技术学院金英姿编写。

本书在编写过程中参阅了大量的书籍，并得到了福建农林大学庞杰研究员、科学出版社以及各编写人员单位领导和同事极大地支持和帮助，在此一并致谢。

由于编者水平有限、时间紧迫，书中仍然难免有错误和不妥之处，敬请读者批评指正。

目　录

概　述

一、焙烤食品的概念

焙烤（bake，bakery）习惯上称为烘烤、烘焙、烧烤，包括烤、烧、烙等，又有英文音译之意。我国古书上常见有“焙”字，是把物品放在器皿内，用微火在下面烘烤，有与火直接或间接接触之意。“烤”有与火接触之意、又有离开火源让火源辐射之意。故“焙”与“烤”是相辅相成、密不可分的，因此统称为焙烤。

焙烤食品是以小麦等谷物粉料为基本原料，通过发面、高温焙烤过程而熟化的一大类食品，又称烘烤食品。焙烤食品在我国的制作技术历史悠久，技艺精湛，是中国食品体系的主要内容之一，也是饮食中不可缺少的主食部分。中国自改革开放以来，焙烤食品行业得到了较快地发展，产品的门类、花色品种、数量、质量、包装装潢以及生产工艺和装备，都有了显著地提高。尤其近几年来，外国企业来我国投资猛增，都看好中国市场，合资、独资企业发展迅速。如饼干、糕点、面包等行业，都有逐步增强的势头。

焙烤食品一般都具有下列特点：

(1) 所有的焙烤制品均是以谷物（主要为小麦粉）为基础原料。

(2) 大多数焙烤制品以油、糖、蛋（或其中1～2种）等为主要原料。

(3) 所有焙烤制品的成熟或定型均采用烘焙工艺。

(4) 大多数焙烤制品都使用化学（或生物）膨松剂来膨松制品的结构。

(5) 焙烤制品应是不需调理就能直接食用的方便食品。

(6) 所有焙烤制品均属固态食品。

二、焙烤食品的分类

焙烤食品种类繁多，分类非常复杂，可按生产工艺特点、产地、原料的配制、产品的制法等进行分类。

1. 按工艺特点分类

(1) 面包类。以小麦粉、酵母、食盐、水为主要原料，加入适量辅料，经搅拌面团、发酵、整形、醒发、烘烤或油炸等工艺制成的松软多孔的食品，以及烤制成熟前或后在面包坯表面或内部添加奶油、人造黄油、蛋白、可可、果酱等的制品，包括软式面包、硬式面包、调理面包、起酥面包等。

(2) 饼干类。以小麦粉（可添加糯米粉、淀粉等）为主要原料，加入（或不加入）糖、油脂及其他辅料，经调粉（或调浆）、成型、烘焙（或煎烤）等工艺制成的口感酥松或松脆的食品，主要有酥性饼干、韧性饼干、发酵饼干、压缩饼干、曲奇饼干、夹心饼干、威化饼干等。

(3) 糕点类。以粮、油、糖、蛋等主要原料为基础，添加适量辅料，并经过配制、成型、成熟等工序制成的食品。

2. 按发酵和膨化方式分类

(1) 用酵母进行膨化的制品。主要是利用酵母进行发酵产生二氧化碳使制品膨化，包括面包、苏打饼干、烧饼等。

(2) 用化学方法进行膨化的制品。主要是利用小苏打、碳酸氢铵等化学膨松剂产生的二氧化碳使制品膨化，包括油条、饼干、蛋糕、炸面包等。

(3) 利用空气进行膨化的制品。主要是利用蛋白质的持气性，通过机械搅打混入空气以达到膨化的目的，包括海绵蛋糕、天使蛋糕等。

(4) 利用水分气化进行膨化的制品。主要是利用食品中水分通过加热气化进行膨化。如米果。

三、焙烤食品工业的发展概况

(一) 焙烤食品的发展概况

焙烤食品具有非常悠久的发展历史，它是随着社会生产力的进步和劳动人民的生活需求的变化而发展的。目前，每一个国家都以多种方式生产各种各样的焙烤制品。我国和古埃及是最早生产焙烤食品的国家。

据记载，奠定现代焙烤食品工业的先驱者是古埃及人。埃及的尼罗河流域和地中海沿岸是小麦的故乡，公元前7000年他们将面粉加水和马铃薯及盐拌在一起，放在热的地方利用空气中的野生酵母来发酵，等面团发好后再掺上面粉揉成面团放在泥土做的土窑中去烤。这就是面包最早的工艺，直到17世纪后人们才发现了酵母菌发酵的原理，同时也改善了古老的发酵法。在公元前8世纪，埃及人将发酵技术传到了地中海沿岸的巴勒斯坦。发酵面包在公元前600年传到希腊后，希腊人成了制作面包的能手。希腊人不仅在烤炉方面进行了改进，而且在面包制作上更懂得将牛奶、奶油、奶酪、蜂蜜加入面包内，使面包的品质得到提高。后来，面包制作技术又传到罗马。罗马人进一步改进了制作面包的方法，将烤炉建设得更大，而且在烤面包时不需再将炉火扑灭，此种烤炉燃烧部分在中央，火的四周筑有隔层，面包进、出炉需要用长柄木板操作，所烤的面包味道特别香。随后，罗马人将面包制造技术传到了匈牙利、英国、德国和欧洲各地。而在18世纪末，欧洲的工业革命使大批家庭主妇离开家庭纷纷走进工厂，从此面包工业逐渐兴起，制作面包的机械也开始出现，1870年发明了调粉机（和面机），1880年发明了面包整形机，1888年出现了面包自动烤炉，1890年出现了面团分块机，机械化的出现使面包生产得到了飞跃地发展。20世纪初，面包工业开始运用谷物化学技术和科学实验的成果，使面包从质量和生产有了很大地提高。1950年出现了面包连续制作法，新工艺采用液体发酵，从原料搅拌、分块、整形、装盘、醒发全部由机器操作。20世纪70年代以后，出现了冷冻面团新工艺，由大面包厂将面包发酵、整形后快速冷冻，各零售商只需备有醒发箱、烤炉即可。这样使顾客随时买到刚出炉的面包。

在明朝万历年间，由意大利传教士利马窦和明末清初德国传教士汤若望在传教过程中，将面包制作技术传入我国的东南沿海城市广州、上海、青岛、天津等地，随后陆续传入我国内地。在1867年沙俄修建东清铁路时，又将面包制作技术传入我国东北。至今在我国东北的哈尔滨、长春、沈阳等地还有许多传统的俄式风味面包。在清末民初时期，随着国外列强军事上的入侵，同时西方殖民及饮食文化也随之流传入国内，我国的焙烤食品开始结合西方面食的制法而逐渐演变。

我国糕点制作历史悠久，起源于古代商周时期，唐宋时期已发展为商品，元、明、清代得到继承和发展，清代的糕点作坊已遍及城乡。新中国成立后，在传统技艺的基础上，对糕点制作技术不断总结、交流和创新。新的原辅料的开发，制作设备的研制使用，使我国的糕点行业从手工操作逐渐被半机械化所取代。我国地域辽阔，民族众多，因此，糕点口味各异，品种多样。其中具有代表性的是：京式糕点、苏式糕点、广式糕点、扬式糕点、闽式糕点、潮式糕点、宁式糕点、绍式糕点、高桥式糕点、川式糕点、滇式糕点等。

欧洲是西点的主要发源地。西点制作在英国、法国、西班牙、德国、意大利、奥地利、俄罗斯等国家已有相当长的历史，并在发展中取得了显著的成就。据史料记载，古代埃及、希腊和罗马已经开始了最早的面包和蛋糕制作。古罗马人制作了最早的奶酪蛋糕。迄今，最好的奶酪蛋糕仍然出自意大利。据记载，在公元前4世纪，罗马成立有专门的烘焙协会。初具现代风格的西式糕点大约出现在欧洲文艺复兴时期，西点制作不仅革新了早期的方法，而且品种也不断增加。烘焙业已成为相当独立的行业，进入一个新的繁荣时期。18～19世纪，在近代自然科学和工业革命的影响下，西点烘焙业发展到一个崭新阶段。一方面，贵族豪华奢侈的生活反映到西点，特别是装饰大蛋糕的制作上；另一方面，西点亦朝着个性化、多样化的方向发展，品种更加丰富多彩。同时，西点开始从手工操作式的生产步入现代化的机械工业生产，并逐渐形成了一个成熟的体系。当前，烘焙业在欧美十分发达，是西方食品工业的主要支柱之一。西点的制作技术是20世纪初传入中国的，西点进入我国后，随着社会经济的发展，逐渐进入社会。近几年国内的烘焙食品业发展很快，与我国的经济增长密不可分，特别是发达地区，各种各样的西饼房如雨后春笋般涌现出来，西点已成为烘焙业的重要组成部分。

饼干起源于19世纪30年代的英国，而我国生产饼干起步较晚，生产技术比较落后。改革开放以来，国际知名品牌的饼干制造业通过合资途径纷纷在国内建厂，虽然这些三资企业进入中国市场时间不长，但是由于其具有起点高、规模大、产品质量好、经营方式灵活等优势，很快占领了市场。三资企业在国内的发展带动了我国饼干业的整体进步。近几年，饼干业的生产工艺、原辅材料、自动化机械设备、包装技术明显地提高，使饼干业快速发展。

我国的焙烤食品出现较早，但发展速度较为缓慢，真正形成规模生产和机械化生产的速度则更慢，1949年新中国成立之前，全国只有几个较大的中心城市有一定的生产规模，而且主要还是以手工生产为主，大多没有正规的车间和发酵室，从面团的调制、发酵、醒发到烘焙，都挤在简陋的房子里，生产条件极为落后。新中国成立后，国民经济迅速恢复，食品工业和焙烤工业有了较大的发展，但发展还很不平衡。面包的生产也很不普及，主要集中在大中城市，农村和乡镇几乎很少。改革开放以来，我国的焙烤食品行业得到了较快的发展，产品的门类、花色品种、数量质量、包装装潢以及生产工艺和装备都有了显著的提高。随着改革开放的深入，不断地从发达国家引进先进的技术和添加剂，从而较大地改善了我国焙烤业的生产条件和食品质量，也极大地促进了我国焙烤业的发展，使食品工业和饮食业及商业得到了空前的发展，大大提高了焙烤食品的生产能力。北京、上海、广州、长春、大连等大中城市还先后从日本、意大利、法国等国家引进了自动化面包的生产线和饼干生产线。新的生产设备不断地进入落后的生产领域，完全的手工生产方式正在向半自动化方向发展。各地的生产技术和产品特色得到了广泛的交流，长期形成的南、北方不同的饮食习惯相互融合；南式点心的北传，北方面食的南移，使南北点心市场的品种大大地丰富，出现了大量的中西风味结合，南北风味结合，古今风味结合，以及许多胜似工艺品的精细点心新品种。在饮食供应的方式上，从担挑的小吃、沿街叫卖的早点、茶楼的小食、简易的面食铺子，发展成具有一定规模的食品铺店，并且成为大中型饭店、酒家和酒席筵上的必备食品。专门的点心宴会和高、中、低各种档次的点心筵席也适时应市，以适应人们不断提高的新的饮食需求。

（二）焙烤食品的发展趋势

随着经济的发展，人民生活水平的不断提高，人民对生活质量的追求有了更高的要求，饮食结构发生了较大的变化，人们对焙烤食品的需求量也越来越大，花色品种也越来越多，品质要求也越来越高，大大促进了食品行业的发展，因此焙烤食品逐渐成为食品工业中的一个重要组成部分，其中有的已经成为工业化生产体系，在国民经济中占有重要的地位。

目前，欧美国家以现代食品科学技术为坚实基础，拥有相当发达的烘焙食品业。由于烘焙食品在西方国家具有重要地位，因此，国外围绕这一领域在基础理论和应用方面进行了广泛深入地研究，取得丰硕的成果。我国烘焙食品工业在改革开放政策的推动下，借鉴国外的科学技术，引进国外的先进设备，取得了长足的进步和发展。

1. 原辅材料逐步规格化、专用化，其质量不断地提高

（1）面粉是焙烤食品的主要原料，不同焙烤食品对面粉的要求也不相同，我国现已开始生产不同规格的专用粉，如面包专用粉、蛋糕专用粉、饼干专用粉等，同时也进口国外的专用粉，以提高产品质量。

（2）酵母是发酵类焙烤食品重要的原料之一。我国使用的酵母有鲜酵母和活性干酵母，这些酵母发酵能力强、后劲足，面包质量风味好，为提高面包的质量创造了条件。

2. 生产工艺的改进和技术的日趋成熟

焙烤食品生产由手工、半机械化向全自动化的转变，使陈旧的工艺得到了更新和改进，许多国际上先进的工艺已被采用。面包的一次发酵法、二次发酵法；饼干的热粉韧性操作法、冷粉酥性操作法；华夫饼干、水泡饼干的生产技术已在上海、广东等地采用。国外面包生产上的冷冻面团法、过夜面团法、快速发酵法；饼干生产上的半发酵工艺、面团辊切冲印成型工艺；蛋糕生产的一次搅拌、蛋清和蛋黄分打法等新技术为我国

焙烤食品质量上档次起到了重要的作用。同时引进国外先进的生产设备，如丹麦面包生产线、吐司面包生产线等，都为我国焙烤行业快速发展做出了突出的贡献。

3. 行业管理体系不断加强，产品标准不断完善

焙烤食品工业的不断发展，促进了本行业的管理及科技水平的提高，各地科研部门成立了焙烤食品研究机构，许多大学、专科院校（职业技术院校）开设焙烤食品加工技术课程。有些学校专门开设培训班培训技术人员，推广焙烤技术，这些对我国烘焙行业的发展是十分有利的。

中国焙烤食品糖制品工业协会于1995年6月成立，使全国轻工、商业、农业、供销系统的焙烤食品行业管理人员、教育人员、科技人员集合在一起，进行行业的交流、新技术的推广，也使得焙烤食品行业得到了发展。协会制定了焙烤食品的行业技术标准，使得焙烤食品技术标准化、规范化。

4. 焙烤食品的功能化

由于高糖、高脂膳食对健康带来的危害，功能性焙烤食品已在欧美国家兴起，低糖、低脂及无添加剂的焙烤食品受到欢迎，如玉米面包、荞麦面包可以适合糖尿病人食用；添加了低聚糖和糖醇的焙烤食品适合糖尿病、肥胖病、高血压等患者食用；添加植物纤维素（大豆蛋白粉、血粉、麸皮、燕麦粉、花粉等）的焙烤食品可预防便秘和肠癌。

5. 经营模式的改进

成熟的烘焙市场离不开分工合作，所谓分工，就是将一些操作麻烦以及自己无法做得好的产品，由专业工厂加工并经过复合配比以后交给加工企业。如汉堡包都是由专业工厂代为加工的。相当多的专业工厂分别加工不同的原料和产品，形成了专业而又丰富的烘焙原辅料，最终构成了烘焙行业。由专业工厂制作各种原辅料既可以达到较好的效果，又可以省去很多人工和时间。同时，各种馅料、冷冻面团和预拌粉也将被大量采用。可以预测，烘焙行业特别是烘焙原料将会出现更为细致的分工。

6. 焙烤食品行业的从业人员逐步专业化

从目前我国焙烤行业从业人员学历结构来看，受过中等正规焙烤专业教育的不多，受过高等正规焙烤专业教育的非常少。绝大部分都是从学徒开始，跟着师傅干活，久而久之成了熟练工。因此，我国焙烤业从业人员都是只有经验，没有理论，这使得从业人员不能很好地检验原料优劣、稳定产品质量、采用新工艺新技术。随着行业竞争的加剧，产品和技术不断地推陈出新，焙烤行业中人才问题日益突出。他们既缺乏理论基础知识，又缺乏先进经验，同时不具备管理能力和解决复杂技术问题能力的现象，势必影响焙烤业的发展进程。现在有一些高职院校开始招收焙烤专业的人员，不久的将来，现代焙烤业的中高级技术人才一定能带动焙烤业的高速发展。

我国焙烤食品今后的发展应根据各地的实际情况，因地制宜，因产品性能确定发展的方向和规模，以适应市场经济的需要，满足人们生活水平不断增长的要求。

项目一　焙 烘 准 备

学习目标

(1) 掌握面粉的化学成分与工艺性能。

(2) 掌握常用糖的特性及糖在焙烤食品中的作用。

(3) 掌握油脂的特性及油脂在焙烤食品中的作用。

(4) 了解焙烤食品中的其他辅料。

(5) 掌握面点加工中各类原辅料的预处理技术。

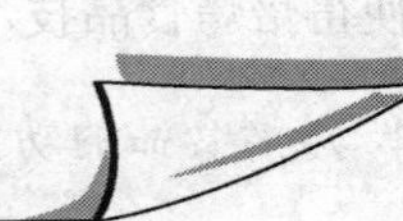

任务一　烘焙原辅料的基础知识

一、面粉

面粉是制作焙烤食品的主要原料，由小麦加工而成。面粉的质量对焙烤食品的加工工艺和产品品质起着决定性的作用。

(一) 面粉的化学成分

1. 水分

国家标准中规定面粉的水分含量为13%～14%。水分超过15%，霉菌就能繁殖；水分达到17%，不仅霉菌，其他细菌也能繁殖。随着水分含量增高，各类酶活性的增加，还会导致营养成分分解并产生热量，微生物和虫类也会大量繁殖，最终导致面粉酸败，缩短面粉保质期，同时也会使焙烤食品产率下降。

2. 蛋白质

小麦蛋白质是构成面筋的主要成分。

小麦中所含蛋白质主要可分为麦胶蛋白、麦谷蛋白、麦白蛋白、球蛋白等。麦谷蛋白和麦胶蛋白占小麦中蛋白质含量的80%左右。表1-1为面粉的蛋白质种类及含量。

表1-1　面粉的蛋白质种类及含量

类　别	面筋性蛋白		非面筋性蛋白		
名称	麦胶蛋白	麦谷蛋白	球蛋白	清蛋白	酸溶蛋白
含量/%	40～50	40～50	5.0	2.5	2.5
提取方法	70%乙醇	稀酸、稀碱	稀盐溶液	稀盐溶液	水

3. 氨基酸

半胱氨酸含有巯基（—S—H—）。—S—H—具有和—S—S—迅速交换位置，使蛋白分子间容易移动，促进面筋形成的作用。因而它的存在使面团产生黏性和伸展性。—S—H—还具有还原性，氧化后可与连接蛋白质分子的—S—S—结合，增加面筋的弹性和强度。

4. 碳水化合物

面粉中碳水化合物含量为75%以上，主要是淀粉和少量的可溶性糖及纤维素等。

(1) 淀粉。小麦淀粉主要集中在麦粒的胚乳中，约占面粉量的67%。淀粉分为直链淀粉与支链淀粉，支链淀粉占80%左右，直链淀粉占20%左右。直链淀粉易溶于温水，几乎不显示黏度，而支链淀粉则容易形成黏度。

在调制面包面团和一般酥性面团时，面团的温度以30℃为宜，此时淀粉吸水率低，大约可吸收30%的水分。调制韧性面团时，常采用热糖浆烫面，以使淀粉糊化，使面团的吸水量较平常高，降低面团弹性，使成品表面光滑。

(2) 可溶性糖。可溶性糖约占碳水化合物的10%，主要包括葡萄糖和麦芽糖。可溶性糖所占比例虽小，但在面团发酵时，利于酵母发酵并产生大量的二氧化碳，可使产品形成无数孔隙；也是面包形成色、香、味的基质。

(3) 纤维素。小麦纤维素主要集中在麸皮里，精度较高的面粉纤维素含量约为0.2%，面粉中纤维素含量过高会影响制品的外观和口感，且不易被人体消化吸收。

5. 脂肪

面粉中脂肪含量通常为1%～2%，小麦脂肪是由不饱和程度较高的脂肪酸组成，易产生脂肪酸败。脂肪主要存在于胚芽和胚乳中，胚乳中的脂肪是形成面筋的重要成分，它能使面包组织细匀、柔软，并起到防止老化的作用。

6. 矿物质

面粉中矿物质含量可用灰分来表示，约占小麦量的1%～2%，面粉灰分含量的高低是衡量面粉品质优劣的重要指标。面粉的精度越高，灰分含量越少。

7. 维生素

面粉中维生素含量较少，不含维生素D，维生素A含量也少，维生素B_1、维生素B_2、维生素B_5、维生素E含量稍多些。

8. 酶

面粉中主要含有淀粉酶、蛋白酶、脂肪酶、过氧化氢酶等，这些酶对面粉的贮藏及面粉烘焙性能均有一定的影响。

(1) 淀粉酶。主要有α-淀粉酶和β-淀粉酶。α-淀粉酶只水解淀粉分子中的α-1,4-糖苷键，β-淀粉酶只水解淀粉分子中的β-1,4-糖苷键。α-淀粉酶和β-淀粉酶均能使淀粉水解转化为麦芽糖，作为供给酵母发酵的主要能量来源。α-淀粉酶对热较为稳定，在70～75℃仍能进行水解作用，温度越高作用越快。α-淀粉酶的存在，可以改善面包的质量、皮色、风味、结构，增大面包体积。β-淀粉酶对热不稳定，只在发酵阶段起作用。

(2) 蛋白酶。面粉中的蛋白酶在搅拌发酵过程中，它的水解作用可减低面筋强度，缩短和面的时间，使面筋易于完全扩展。

使用面筋过高的面粉制作面包时，可加入适量的蛋白酶制剂，降低面筋强度，有助于面筋完全扩展，并缩短搅拌时间。但蛋白酶制剂的用量应严格控制，且仅适用于快速发酵法生产面包。

(3) 脂肪酶。脂肪酶分解面粉中的脂肪成脂肪酸，易引起脂肪氧化酸败，缩短贮藏时间。

表1-2为我国小麦粉的质量指标（GB 1355—1986）。

表1-2　我国小麦粉的质量指标（GB 1355—1986）

标准＼等级	特制一等粉	特制二等粉	标准粉	普通粉
加工精度	按实物标准样品对照检验粉色、麸量			
灰分（干物质质量分数）/%	≤0.70	≤0.85	≤1.10	≤1.40
粗细度	全部通过CB36号筛，留存在CB42号筛的不超过10.0%	全部通过CB20号筛，留存在CB36号筛的不超过10.0%	全部通过CB20号筛，留存在CB30号筛的不超过20.0%	全部通过CB20号筛
面筋含量（以湿面筋计）/%	≥26.0	≥25.0	≥24.0	≥22.0
含砂量/%	≤0.02	≤0.02	≤0.02	≤0.02
磁性金属物含量/(g/kg)	≤0.003	≤0.003	≤0.003	≤0.003
水分/%	13.5±0.5	13.5±0.5	13.0±0.5	13.0±0.5
脂肪酸值（以湿基计）	≤80	≤80	≤80	≤80
气味、口味	正常	正常	正常	正常

（二）面粉的工艺性能

1. 面筋的数量与质量

面粉加入适量的水揉搓成一块面团，泡在水里30～60min，用清水将淀粉及可溶性部分洗去，即为有弹性延伸性的胶状物，称为湿面筋（wet gluten）。去掉水分的湿面筋称干面筋。面筋含量的高低是衡量面粉品质的主要指标之一，面筋含量决定面团的烘焙性能。

我国面粉质量标准规定：特制一等粉湿面筋含量在26%以上，特制二等粉湿面筋含量在25%以上，标准粉湿面筋含量在24%以上，普通粉湿面筋含量在22%以上。

面筋质量和工艺性能指标有：延伸性、韧性、弹性和可塑性。

- 延伸性：是指面筋被拉长而不断裂的能力。
- 弹性：是指湿面筋被压缩或拉伸后恢复原来状态的能力。
- 韧性：面筋对拉伸时所表现的抵抗力。
- 可塑性：面团成型或经压缩后，不能恢复其固有状态的性质。

根据面粉的工艺性能，综合上述性能，可将面筋分为优良面筋、中等面筋、劣质面筋三类。

- 优良面筋：弹性好，延伸性大或适中。
- 中等面筋：弹性好，延伸性小；或弹性中等，延伸性适中。
- 劣质面筋：弹性小，韧性差，由于自身重力而自然延伸和断裂，还会完全没有弹性，或冲洗面筋时不粘结而冲散。

2. 面粉吸水率

面粉吸水率是指调制一定稠度和黏度的面团所需的水量，以吸水量占面粉的质量百分率表示，一般吸水率在45%～55%。面粉吸水率是检验面粉焙烤品质的重要指标，吸水量大可以提高出品率，对用酵母发酵的面团制品和油炸制品的保鲜期也有良好影响。

面粉吸水量的大小在很大程度上取决于面粉中蛋白质含量，面粉吸水率随蛋白质含量的提高而增加，面粉蛋白质含量每增加1%，用粉质测定仪测得的吸水量约增加1.5%。

3. 面粉质量标准

我国现行的面粉等级标准主要是按加工精度来划分等级的，即可分为：特制一等粉、特制二等粉、标准粉、普通粉。1988年又颁布了GB 8067—1988《高筋小麦粉》（面筋含量＞30%）（表1-3）和GB 8068—1988《低筋小麦粉》（面筋含量＜24%）（表1-4）。分别适用于制作某类食品专用；专用小麦粉是指制作某种或某类食品专用；例如面包粉、蛋糕粉、饼干粉等。

表1-3 高筋小麦粉质量标准（GB 8067—1988）

指标 \ 等级	1	2
面筋质/%（以湿基计）	≥30.0	
蛋白质/%（以干基计）	≥12.2	
灰分/%（以干基计）	≤0.70	≤0.85
粉色、麸皮	按实物标准样品对照检验	
粗细度	全部通过CB36号筛，留存在CB42号筛的不超过10.0%	全部通过CB30号筛，留存在CB36号筛的不超过10.0%
含砂量/%	≤0.02	
磁性金属物/(g/kg)	≤0.003	
水分/%	≤14.5	
脂肪酸值（以湿基计）	≤80	
气味、口味	正常	

表 1-4　低筋小麦粉质量标准（GB 8608—1988）

指标 \ 等级	一　级	二　级
面筋质/%	<24.0	
蛋白质/%（以干基计）	≤10.0	
灰分/%（以干基计）	≤0.60	≤0.80
粉色、麸皮	按实物标准样品对照检验	
粗细度	全部通过 CB36 号筛，留存在 CB42 号筛的不超过 10.0%	全部通过 CB30 号筛，留存在 CB36 号筛的不超过 10.0%
含砂量/%	≤0.02	
磁性金属物/(g/kg)	≤0.003	
水分/%	≤14.0	
脂肪酸值（以湿基计）	≤80	
气味、口味	正常	

二、糖

糖是焙烤食品的主要原料，糖除了使焙烤食品具有甜味外，还对面团的物理、化学性质有影响。焙烤食品中常用的糖有蔗糖、饴糖、淀粉糖浆等。

（一）常用糖的特性

1. 蔗糖

蔗糖是焙烤食品生产中最常用的糖：有白砂糖、绵白糖、赤砂糖、糖粉等，其中白砂糖应用较广。蔗糖的甜味纯，刺激舌尖味蕾时，1s 内感到甜味并很快达到最高甜度，约 30s 后甜味即可消失。蔗糖的发热量较高，约 1672kJ/100g，蔗糖的主要缺点是：

① 溶液中易结晶析出，对成品产生不利影响。

② 促进龋齿，因此，在食品加工中，蔗糖用量受到限制。

(1) 白砂糖。白色透明的纯净蔗糖晶体，99%以上是蔗糖，溶解度很高，精制度越高，吸湿性越小。

(2) 绵白糖。由粉末状的蔗糖加入转化糖粉末制成。颜色洁白，蔗糖含量在 97%以上，具有光泽，甜度较高，可直接用于面包、饼干生产过程中。易吸湿结块。

(3) 赤砂糖。未经脱色精制的蔗糖，因含有未洗净的糖蜜杂质，故带黄色。一般用于中、低档产品，其甜度及口味较白砂糖差，易吸湿，不耐贮藏。

2. 饴糖

饴糖由米粉、玉米淀粉等加入麦芽使之糖化而成。主要成分是麦芽糖和糊精。一般饴糖的固形物含量在 73%～88%，饴糖中因含有大量糊精，所以在面包、饼干等面团操作中要考虑其黏度的影响。

3. 糖浆

(1) 转化糖浆。蔗糖与酸共热或在酶的催化下水解成葡萄糖与果糖的等量混合物称为转化糖浆。转化糖浆甜度较大，不易结晶，没有龋齿因素，是理想的甜味剂。

转化糖浆应随配随用，不宜长时间贮藏。可部分用于面包、饼干中，在浆皮月饼等软皮糕点中可全部使用。

（2）果葡糖浆。果葡糖浆是以淀粉或碎米为原料，经 α-淀粉酶液化，糖化酶水解成葡萄糖后，再经葡萄糖异构酶的异构化反应，将其中的一部分葡萄糖异构成果糖，制成一种以葡萄糖和果糖为主要成分的混合糖浆。

果葡糖浆甜味纯正，易被酵母利用，发酵速度快。果糖受热易分解，易与氨基酸发生美拉德反应，改变面包的色香味。

果葡糖浆代谢不需要胰岛素辅助，且果糖在体内代谢转化的肝糖生成量是葡萄糖的3倍，具有保肝的作用，是老弱病患者、糖尿病患者、高血脂患者理想的甜味料。果葡糖浆的热量仅为蔗糖的1/3，故果葡糖浆也是低热量的甜味剂，用于低热食品，适于肥胖病患者食用。

（3）高纤无糖糖浆。高纤无糖糖浆是以玉米淀粉为原料，经过先进生产工艺加工制成的代蔗糖食品原料。甜度适宜，为蔗糖的50%左右，口感清爽，甜味特性好，没有苦涩味，低能量，适合糖尿病人、肥胖人群、爱美的女士及老年人食用。已用于月饼的生产加工。

4. 蜂蜜

蜂蜜的主要成分是转化糖，味道很甜，具有较高营养价值，并能赋予产品独特的风味。由于在焙烤过程中部分营养成分会破坏，不常用，但在一些点心制作时用做涂被，增加色泽。

5. 糖粉

糖粉是指结晶性蔗糖经低温干燥粉碎而成的白色粉末，味甜，露置空气中易受潮结块。糖粉的优点是黏合力强，可用来增加制品的硬度，并使制品表面光滑美观，缺点是吸湿性强。

（二）糖在焙烤食品中的作用

1. 甜味剂

甜味剂可使产品具有甜味，增强食欲。

2. 改善焙烤食品色、香、味

糖在焙烤食品烘烤过程中可发生焦糖化反应与美拉德反应，使制品产生诱人的色泽与香味。

3. 酵母营养

焙烤食品酵母菌在生长繁殖时只能利用果糖或葡萄糖作为碳源提供营养，双糖因分子太大无法透过酵母的细胞膜，不能为酵母直接吸收利用。面团发酵一般由面粉中的淀粉酶水解淀粉供给，但发酵初始阶段，淀粉酶水解淀粉产生的糖分不足以满足酵母菌的需要，主要靠配料中加入的糖作为碳源。

但当糖量超过 8%时，抑制酵母菌的生长（渗透压增加），导致发酵速度减慢。

4. 面团改良剂

面粉中蛋白质吸水涨润形成面筋，赋予面团特有的性质。但当面团中加入糖后，由于糖具有吸湿性，会造成蛋白质分子间的游离水分减少，使蛋白质分子内外水分形成浓度差，分子内的水产生反渗透作用，从而降低蛋白质的吸水性。糖的这种反水化作用对面筋的形成是不利的，对酥性面团却有益，一般酥性面团配糖量要高，使面团中面筋胀润到一定程度，以便于操作，并可避免因面筋胀润过度而引起饼干的收缩变形。

5. 延长保质期

糖可以抑制细菌的生长繁殖，一般细菌在 50%的糖度下就不会增殖，从而延长食品保质期。氧气在糖溶液中溶解量比水溶液低得多，因此糖溶液具有抗氧化性。且砂糖在加工中可转化为转化糖，具有还原性，从而防止酸败发生，增加保存时间。

6. 营养作用

1g 砂糖约含 16.72kJ 能量，可作为人体的能源成分被吸收。

三、油脂

从植物种子及果实或动物的组织中提取的油脂称为天然油脂。油脂的主要成分是甘油三酯，暴露在空气中会自动氧化而酸败，品质变劣。

油脂熔点：固体脂肪变为液体油的温度称为熔点。熔点是衡量油脂起酥性、可塑性和稠度等加工特性的重要指标。饼干用油脂熔点最好在 30～43℃。

常用的油脂有三类：一是动物油，如牛油、奶油、猪油等；二是植物油，如花生油、大豆油、棕榈油、菜籽油、玉米油、米糠油、棉籽油、芝麻油、橄榄油、椰子油、可可油、葵花油等；三是焙烤产品中使用最为广泛的再加工油，它们是利用大部分的植物油为原料，经过再加工而成，如人造奶油、氢化油。天然奶油由于成本高而不能被普遍使用，只用于一些高档产品或人造奶油掺和使用。

（一）常用油脂特性

1. 植物油

植物油熔点低，在常温下呈液态。其可塑性较动物油脂差，在使用量多时，易发生“走油”现象。棕榈油、椰子油却与一般植物油不同，熔点较高，常温下呈半固态，稳定性好，不易酸败，故常作油炸用油。

2. 动物油

大多数动物油具有熔点高、可塑性强、起酥性好的特点。色泽、风味较好，常温下呈半固态。

（1）黄油（奶油）。牛奶经离心分离后可得到脂肪含量为40%的稀奶油，稀奶油再经中和、杀菌、冷却、物理成熟、搅拌、压炼等工序，可制成脂肪含量80%以上的稀奶油，其组织稠密均匀，断面有光泽并带有针尖般小水点。

奶油含有各种脂肪酸；其中丁酸3%～3.5%，肉豆蔻酸9%～10%，棕榈酸24%～26%，硬脂酸10%～11%，油酸31%～34%，亚油酸3%～4%。其熔点为28～30℃，凝固点为15～25℃，并含有多种维生素；具有独特的风味。不仅是高级面包、饼干、蛋糕中很好的原材料，还常被用来当作固体油脂的基准。

黄油经高温烘焙后会产生诱人的香味，是任何人工香料及油脂所不能比拟的。但其价格昂贵，制作成本高；不能调整熔点以配合季节变化；熔点低，须冷藏，保存操作不便；成分复杂，易氧化，易腐败，稳定性差；含有很多饱和脂肪酸和胆固醇，不宜大量使用。

（2）猪油。猪油是由猪的背、腹皮下脂肪和内脏周围的脂肪，经提炼、脱色、脱臭、脱酸精制而成的。猪油熔点为35～40℃，起酥性很好，但融合性稍差，稳定性也欠佳。猪油的脂肪酸成分为：24%～32.2%的软脂酸，7.3%～15%的硬脂酸，60%以下的油酸，此外还含有不同数量的亚油酸。食用猪油标准见表1-5所示。

表1-5　食用猪油标准（GB 8937—1988）

项　目	状　态	一　级	二　级
性状及色泽	在15～20℃凝固态时	白色、有光泽，细腻、呈软膏状	白色或微黄色、稍有光泽，细腻、呈软膏状
	融化状态时	微黄色、澄清透明、不允许有沉淀物	微黄色、澄清透明
气味和滋味	在15～20℃凝固态时	具有固有香味和滋味	
	融化状态时	具有固有香味和滋味	
水分/%		≤0.2	≤0.3
酸价		≤1.0	≤1.5
过氧化值		≤0.1	
折光率（40℃）		1.458～1.462	
食品添加剂		按GB 2760—1981规定	

猪油适合制作中式糕点的酥皮，起层多，色泽白，酥性好，利于加工操作。

（3）牛油。牛油起酥性不好，但融和性比较好。

3. 人造油脂

（1）起酥油。起酥油是精炼动、植物油脂、氢化油或这些油脂的混合物，经精制加工或硬化、混合、速冷、捏合等处理使之具有可塑性、乳化性等加工性能的油脂。室温下呈半固体状。用起酥油加工饼干等食品时，可使制品酥脆易碎，具有一定的可塑性或稠度，用做糕点的配料、表面喷涂或脱模等；用来酥化或软化焙烤食品，使蛋白质及碳水化合物在加工过程中不致坚硬而又连成块状，并改善口感。

(2) 人造奶油。人造奶油（俗称玛琪琳、黄油）是奶油的代替品，是一种水包油的乳状液，约含80%油脂，其他20%为水、奶粉、盐、乳化剂、色素及香精等。主要是由固体动物油脂或部分氢化的植物油及液态的植物油混合溶化后，经混合、乳化等工序而制成。用于涂抹面包、烘焙加工等。

(3) 氢化油。氢化油是将油脂中和后，高温下通入氢气，在催化剂作用下，使油脂中不饱和脂肪酸达到适当的饱和度，从而提高稳定性，防止油脂变质，增加口感及美味。但反式脂肪酸或氢化油与天然油脂中的不饱和脂肪酸相比，有增加血浆胆固醇的作用，可明显增加心血管疾病的危险性。

(4) 磷脂。磷脂即磷酸甘油酯，分子结构中含有亲水基和疏水基，是良好的乳化剂，适用于含油量较低的饼干，加入适量的磷脂可增强饼干的酥脆性，不发生粘辊现象。

(二) 油脂在焙烤食品中的作用

1. 提高焙烤食品的营养价值

油脂是热量最高的营养素（39.58kJ/g），能提供人体所必需的脂肪酸，是脂溶性维生素的载体。

2. 改善焙烤食品的品质和风味

油脂是各类风味物质的载体，油脂的存在可使其他风味物质易挥发，给食品带来特有的风味。

3. 油脂的可塑性

油脂在面团内，能阻挡面粉颗粒间的黏结，减少由于黏结在焙烤中形成坚硬的面块。油脂的可塑性越好，混在面团中油粒越细小，越易形成连续性的油脂薄膜，可增加面团的延伸性，使面包体积增大；还可防止面团过软、过黏，增加面团的弹力，使机械化操作容易；油脂与面筋结合可以柔软面筋，使制品内部组织均匀、柔软，口感改善；油脂还可在面筋和淀粉间形成界面，成为单分子薄膜，对成品可以防止水分从淀粉向面筋移动，防止淀粉老化，延长保存时间。

4. 油脂的起酥性

油脂可以阻碍面团中面筋的形成，覆盖于面粉的周围并形成油膜，使已形成的面筋不能互相黏合而形成大的面筋网络，也可使淀粉和面筋间不能结合，从而降低面团的弹性和韧性，增加面团的可塑性，且由于大量气泡的形成使制品在烘烤中因空气膨胀而酥松。猪油、起酥油、人造奶油都有良好的起酥性，植物油效果不好。面团中含油越多其吸水率越低，一般每增加1%的油脂，面粉吸水率相应降低1%。此外，油脂能层层分布在面团中，起润滑作用，使面包、糕点、饼干产生层次，口感酥松，入口易化。

5. 油脂的融合性

油脂在空气中经高速搅拌处理后油脂包融空气气泡的能力即为油脂的融合性。油脂可以包含空气或面包发酵时产生的二氧化碳，使蛋糕和面包体积增大；能形成大量均匀的气泡，所以可使制品色泽润泽；油脂的融合性越好，气泡越细小、均匀，筋力越强，体积不但能发大，组织也好。

6. 油脂的润滑作用

油脂在面包中最重要的作用就是可以起到面筋和淀粉之间的润滑剂。油脂能在面筋和淀粉的分界面上形成润滑膜，使面筋网络在发酵过程中的摩擦力减小，有利于膨胀，增加面团延伸性，增大面包体积。固态油的润滑作用优于液态油。

7. 油脂的消泡作用

油脂表面张力大，而蛋白气泡膜薄，当油脂接触到蛋白气泡膜时，油脂的表面张力大于蛋白膜本身的延伸力可将蛋白膜拉断，气体从断口处冲出，气泡立即消失。所以，因蛋黄中含有油脂，蛋黄与蛋白应分开使用。

（三）各种焙烤食品对油脂的选择

1. 主食面包、餐包

一般油脂用量为5%～6%。选择油脂时主要应考虑以下几个方面：

(1) 可塑性，可使制品更柔软、更好吃。

(2) 融合性，可增加面团气体的保留性质。

(3) 润滑作用，可润滑面筋，增加面包体积。

因此，以猪油、起酥油最适合制作面包。

2. 甜面包

甜面包使用油脂量为面粉量的10%左右。为增加面包风味及柔软性，以含有乳化剂的油脂为最好，如氢化油脂、奶油等。

3. 饼干类

饼干类一般油脂使用量为面粉的7%～10%。要求油脂可塑性好、起酥性好、稳定性好、不易酸败，同时各类饼干还要考虑风味影响。因此以氢化油较好，也可部分使用猪油。

4. 蛋糕

蛋糕用油脂主要考虑以下几个方面：

(1) 融合性，尤其是糖油拌和法及面粉油脂拌和法制作油脂蛋糕时最为关键。

(2) 乳化，尤其是高成分蛋糕含有多量的糖、油、蛋等，由于糖多，必须有多量水才能溶解，若面糊没有乳化作用，则面团中的水与油脂易分离而得不到理想的品质。蛋糕用油脂以含有乳化剂的氢化油最为理想，可配上奶油作为调味。因奶油融合力差，做出的蛋糕体积小，因此，奶油只可用一部分调整风味用，不能全部使用。

5. 千层酥皮

千层酥皮要求使用起酥性好、可塑性大的油。其他特性如融合性、乳化及稳定性并不重要。因此，以脱臭精制的氢化猪油最为理想，其他氢化油也可使用。

6. 装饰用奶油

装饰用奶油为糖浆、糖粉、油脂、空气的混合物，因而要有好的融合性、可塑性和乳化性。以含有乳化剂的氢化油最佳，另外配上奶油作为调味用。

四、蛋制品

鸡蛋，外有一层硬壳，内有气室、卵白及卵黄部分，含各类营养，是人类常食用的食品之一。鸡蛋中含有大量的水分，其中蛋黄约为50%、全蛋约为75%、蛋白约为88%。

鸡蛋主要可分为三部分：蛋壳、蛋白及蛋黄。

(1) 蛋壳。完整的蛋壳呈椭圆形，约占全蛋体积的11%～11.5%。蛋壳又可分为壳上膜、壳下皮、气室。

壳上膜：即在蛋壳外面，一层不透明、无结构的膜；作用是避免蛋品水分蒸发。

壳下皮：在蛋壳里面的薄膜，共二层；空气能自由通过此膜。

气室：二层壳下皮之间的空隙；若蛋内水分遗失，气室会不断地增大。

(2) 蛋白。蛋白是壳下皮内半流动的胶状物质，体积约占全蛋的57%～58.5%。蛋白中约含蛋白质12%，主要是卵白蛋白。蛋白中还含有一定量的核黄素、烟酸、生物素和钙、磷、铁等物质。蛋中还含有丰富的维生素A、维生素D、维生素E、维生素K和相当多的水溶性B族维生素。其中维生素B_2多在蛋黄中，蛋白中也少量存在，给蛋白以淡绿黄色色调，蛋中几乎不含维生素C。

(3) 蛋黄。蛋黄多居于蛋白中央，蛋黄体积约占全蛋的30%～32%，主要组成物质为卵黄磷蛋白，另外脂肪含量为28.2%，脂肪多属于磷脂中的卵磷脂。蛋黄含有丰富的维生素A和维生素D，且含有较高的铁、磷、硫和钙等矿物质。

(一) 蛋品种类

1. 鲜蛋

鲜蛋包括鸡蛋、鸭蛋、鹅蛋等，在焙烤食品中鸡蛋用得最多。

2. 冷冻蛋（冰蛋）

冷冻蛋为鲜蛋去壳后，将蛋液搅拌均匀，放在盘模中经低温冻结而成。在生产中只要把冰蛋融化后就可以进行调粉制糊，作用基本同鲜蛋一样。

3. 蛋制品

(1) 全蛋粉：是一种乳化剂和吸收剂，被食品业广泛用于蛋糕、饼干、油炸休闲食品、冰淇淋、方便面、火腿肠等产品中。

(2) 蛋黄粉：具有乳化性，本身的黄颜色，香味和营养价值可携带到最终产品中。蛋黄粉主要用于蛋黄酱、调料汁、色拉调料、蛋糕、蛋奶沙司、面条、方便面、饼干、香肠、蛋卷及烘焙食品等产品中。

(3) 蛋白粉：蛋白粉是将鲜蛋去壳后，经喷雾干燥而制成的粉状制品。主要用于制作天使蛋糕、普通干燥全蛋和蛋粉，制品发泡力很差，但具有良好的黏着性、乳化性和凝固性，故常用于制造夹心蛋糕、油炸圈饼和酥饼等。

(4) 蛋白片：鸡蛋蛋白片营养价值高，含有铁、磷、钙等矿物质及微量元素，蛋白质含量高，发泡力强，可提高产品的内在质量，产品更富有弹性、增强口感。

(二) 鲜蛋鉴定

1. 感官鉴别法

(1) 看。用肉眼观察蛋壳色泽、形状、壳上膜、蛋壳清洁度和完整情况。新鲜蛋壳比较粗糙，表面干净，附有一层霜状胶质薄膜。壳面污脏，有暗色斑点，外蛋壳膜脱落变为光滑，且呈暗灰色或青白色为陈蛋或变质蛋。

(2) 听。敲击时新鲜蛋发音坚实，裂纹蛋发音沙哑，大头有空洞声的是空头蛋，钢壳蛋发音尖细；振摇时没有声响的为新鲜蛋，有声响的是散黄蛋。

(3) 嗅。用鼻子嗅时新鲜鸡蛋无异味，新鲜鸭蛋有轻微的腥味。

2. 光照透视鉴别法

新鲜蛋照光时蛋内完全透明，并呈淡橘红色，气室高度不超过 5mm，略微发暗，不移动。蛋白浓厚澄清，无色，无任何杂质。蛋黄居中，蛋黄膜裹得很紧，呈现朦胧暗影。蛋转动时，蛋黄也随之转动，其胚胎看不出。系带在蛋黄两端，呈现淡色条状带。通过照检，还可以看出蛋壳上有无裂纹，蛋内有无血丝、血斑、肉斑、异物等。

(三) 蛋在焙烤食品中的功效

1. 蛋白的起泡性

蛋白具有良好的起泡性，经强烈搅打，蛋白薄膜将混入的空气包围起来形成泡沫，由于受表面张力制约，迫使泡沫成为球形。由于蛋白胶体具有黏度，和加入的原材料附着在蛋白泡沫层四周，使泡沫变得浓厚结实，可增强泡沫的机械稳定性。蛋在糕点、面包中起到蓬松、增大体积作用。

影响蛋起泡性的因素很多，影响较大的有 pH、温度、蛋的新鲜度等。

2. 增加产品的营养价值

蛋白属于完全蛋白，消化吸收率高，含有人体所需的必需氨基酸。

3. 增加产品的香味，改善组织（口感）及滋味

加热时蛋中的氨基酸与焙烤制品中的单糖可发生美拉德反应，而使制品呈诱人的色泽与香味。

4. 提供乳化作用

蛋黄中卵磷脂是一种天然的乳化剂，能使其他混合料彼此不分离，并可使面团光滑，改善制品颗粒，使面包、蛋糕质地细腻，增加柔软性；使饼干酥松。

5. 优良的涂抹作用

蛋制品是蛋糕、面包、夹心卷、甜饼等焙烤制品的优良涂抹料，既有助于防止脱水，又给焙烤制品表面涂上坚实而光亮的涂层。

6. 改善产品的贮藏性

由于鸡蛋的乳化作用，可以延迟制品老化。

（四）蛋在面包中使用注意事项

（1）调粉时的加水量要考虑蛋中含水量，使用蛋的制品要适当减少加水量（水的减少量为蛋量的60%～70%）。

（2）添加蛋后，面团发酵时间过长，会因蛋白质变性产生异臭。

（3）与面粉混合搅拌前最好先将蛋白与蛋黄搅拌均匀，防止蛋黄凝固、胶化留在面团中。

（4）焙烤时容易上色，在烘烤过程中注意观察，防止烤焦。

五、焙烤食品的其他辅料

（一）膨松剂

能使焙烤食品膨松的物质，称为膨松剂。焙烤食品的面团中一般都要加一定的膨松剂以产生气体，而使面筋网络得以包含无数微小气泡，最后焙烤受热膨胀而使食品组织酥松。

1. 膨松剂的作用

（1）食用时易于咀嚼。膨松剂能增加制品的体积，产生松软组织。

（2）增加制品的美味感。膨松剂可使产品组织松软，内部呈现细小孔洞，食用时唾液易渗入制品组织中，溶出食品中的可溶性物质，刺激味觉神经，感受其风味。

（3）利于消化。食品因膨松剂作用成松软多孔结构，进入人体内后易吸收唾液和胃液，使食品与消化酶接触面积增大，提高人体消化率。

2. 食品酥松方式

(1) 糖油（粉油）拌和法。将空气打入油脂内，在烘烤时空气受热，体积膨胀，气体压力增加可使产品质地酥松，体积膨大。

(2) 蛋液打发法。蛋糕制品由于加入较多量蛋液特别是蛋清，调成稀面糊，通过高速机械搅打的方法使其充入大量空气泡，焙烤时也能起膨胀酥松作用，使产品体积增大。

(3) 酵母发酵。酵母发酵时不仅产生二氧化碳使焙烤制品酥松，更重要的是还能产生酒精及其他有机物，并产生发酵食品的特殊风味，因此不能仅仅看成是一种膨松剂。

(4) 化学膨松剂。饼干、糕点配料中糖、油含量较高，对酵母正常生长影响较大，因而使用化学膨松剂既简单又方便。

(5) 水蒸气。蛋糕面糊或面包面团在焙烤时因温度升高，内部水分会变成水蒸气，受热膨胀，产生蒸汽压，使制品体积迅速增大，而使产品酥松。因此水蒸气的酥松作用都在焙烤的后半期发生。

3. 膨松剂种类

1) 生物膨松剂

生物膨松剂是指酵母在发酵过程中由于酶的作用，使糖类发酵生成酒精和二氧化碳，而使面坯发起，体积增大，经焙烤后使食品形成酥松体，并具有一定的弹性。

(1) 常用酵母的种类及使用方法。

① 鲜酵母。酵母在糖蜜等培养基中经扩大培养繁殖，并分离压榨而成。活性不稳定，发酵力一般在 600～800mL，在 0～4℃贮存，生产前用温水活化。

② 活性干酵母。由鲜酵母经低温干燥而制成的颗粒酵母。活性稳定，发酵力高达 1300mL，贮存 1 年左右。活化方法：一般将酵母置于 25～30℃的温水中，并加入糖，缓慢搅拌成均匀的酵母液，放置 10～20min，待其表面产生大量气泡后即可使用。

③ 即发活性干酵母（速效干酵母）。发酵力高达 1300～1400mL，贮存期 2 年左右，甚至 3 年。

(2) 酵母品质检验。

① 手触法。温度不过高不发热，不粘手、松散。

② 口尝法。优质酵母入口很快溶化，酸味很少。

③ 水溶法。酵母放入容器内，将 30℃酵母量 2 倍的温水加入容器内，10min 后观察：液面有大量密集的小泡，温升不十分高，则酵母活化力强，生命力旺盛。若发现温升过高，则酵母活化力弱，是次劣酵母。

(3) 发酵对面包制作的影响。

① 使面团膨大。

② 改善面筋。

③ 增加面包的风味。酵母在面团中繁殖发酵，分解糖类而产生二氧化碳气体和酒精，受热时膨胀挥发，使食品形成海绵状组织；当加入面团中遇适当水分和养料时即能

复苏而繁殖发酵；面团中产生有机酸以后，配入适量的碳酸钠，两者反应产生二氧化碳气而起酥松作用。

2）化学膨松剂

制造饼干和部分糕点，在面团中要加化学膨松剂。常用的有三种：一是碳酸氢钠，俗称小苏打。将其加在面团中，当焙烤受热时能分解产生二氧化碳气体，同时产生一部分碳酸钠。有较强的碱性，能使食品变色，并有碱味。二是碳酸铵（或碳酸氢铵等），受热时能同时产生氨和二氧化碳两种气体，产气量大。如果反应完全，没有残留，是很好的膨松剂。三是发酵粉（泡打粉、发粉），主要由碱性物质、酸式盐和填充物三部分组成。因发酵粉是根据酸碱中和原理配制的，它的生成物呈中性，避免了小苏打和臭粉各自使用时的缺点。用发酵粉制作的产品组织均匀，质地细腻，无大孔洞，颜色正常，风味纯正。

（二）面团改良剂

面团改良剂加在面团中能调节面团中面筋的溶胀程度，使之更适合制品要求的食品添加剂，主要有以下几种：

1. 氧化剂

氧化剂是能够增强面团筋力，提高面团弹性、韧性和持气性，增大产品体积的一类化学合成物质。目前面包品质改良剂中使用的氧化剂主要有溴酸钾、抗坏血酸（维生素C)、过氧化钙等。氧化剂的作用主要是能使面筋蛋白质链与链之间的二硫键增加，面筋生成率提高，从而增强面团持气性、弹性和韧性；抑制面粉中蛋白酶的活性，保护面团的筋力和工艺性能，在加工和机械性能方面得以全面改善，生产出高质量的面包；漂白面粉可提高面包馕洁白度。在面包生产中使用氧化剂，可以起到添加量少（10^{-9}～10^{-7}）而效果显著的作用，从而可降低生产成本，提高经济效益。

溴酸钾在业内曾经被认为是最有效的面团改良剂。1992 年 WHO 确认溴酸钾为一种致癌物质，不宜添加在面粉和面包中，大多数欧洲国家已禁止使用溴酸钾。

抗坏血酸（维生素 C）通常被视为一种中速型氧化剂，其反应原理是：首先维生素 C 被面团中的氧氧化为脱氢抗坏血酸，接着与硫氢基反应生成二硫键，同时抗坏血酸再生。因此抗坏血酸是一种氧化还原缓冲体系，添加过量也不会对面筋产生不良影响。单独使用维生素 C 增大面包体积的效果不如溴酸钾明显，但通过和乳化剂、酶制剂等复配，效果还是比较理想的。

一般对新出仓的面粉使用面团改良剂，而对出仓后存放一定时间的面粉则不需要，使用过量反而会有损面团性能。

2. 酶制剂

酶制剂作为生物大分子物质，安全性很高。面包改良剂中使用到的酶制剂一般有真菌 α-淀粉酶、木聚糖酶、葡萄糖氧化酶。使用量从 10^{-8}～10^{-7}不等。

真菌 α-淀粉酶，属于中温淀粉酶，在面包烘烤过程中能完全失活，不会因过度降解而导致面包心发黏。正常的面粉含有足够的β-淀粉酶，而α-淀粉酶则不足，而且面粉里面或多或少的都有部分破损淀粉，这正是α-淀粉酶所作用的底物，通过降解破损淀粉和糊化淀粉颗粒，从而改善面筋网络的膜结构，增加膜的黏弹性，增大面包体积，提高面包柔软度。

葡萄糖氧化酶能将葡萄糖氧化成葡萄糖酸、水及氧，再氧化面筋中的巯基成二硫键，从而改善面团的机械搅拌特性，强化面筋网络，增加面团强度，改善面包体积，其作用类似氧化剂，但更安全，更高效。葡萄糖氧化酶作为一种优良的面团改良剂被广泛应用于面制品中。

（三）乳化剂

能促使两种互不相溶的液体（如油和水）形成稳定乳浊液的物质称为乳化剂。乳化剂是一类表面活性剂，其作用是降低分散相的表面张力，在分散相的液滴表面形成薄膜或双电层以阻止液滴相互聚集、凝结，形成稳定的乳浊液。

乳化剂从来源上可分为天然乳化剂和人工合成两大类。按其在两相中所形成乳化体系性质又可分为水包油（O/W）型和油包水（W/O）型两类。衡量乳化性能最常用的指标是亲水亲油平衡值（HLB值），是用来表示表面活性剂亲水或亲油能力大小的值。1949 年 Griffin 提出了 HLB 值的概念，将非离子表面活性剂的 HLB 值范围定为 0～20，将疏水性最大的完全由饱和烷烃基组成的石蜡的 HLB 值定为 0，将亲水性最大的完全由亲水性的氧乙烯基组成的聚氧乙烯的 HLB 值定为 20，其他的表面活性剂的 HLB 值则介于 0～20 之间。HLB 值低表示乳化剂的亲油性强，易形成油包水（W/O）型体系；HLB 值高则表示亲水性强，易形成水包油（O/W）型体系。因此 HLB 值有一定的加和性，利用这一特性，可制备出不同 HLB 值系列的乳液。复合乳化剂选择一般以表面活性剂的亲水亲油平衡值 HLB 作为参考值，其计算式为

复合乳化剂 HLB 值 =（A 乳化剂 HLB 值 × 质量分数）+（B 乳化剂 HLB 值 × 质量分数）+（C 乳化剂 HLB 值 × 质量分数）+ …

面包用品质改良剂使用最多的乳化剂有硬脂酰乳酸钠（ssl）、硬脂酰乳酸钙（csl）、双乙酰酒石酸单甘油酯（datem）、蔗糖脂肪酸酯（se）、蒸馏单甘酯（dmg）等。乳化剂通过面粉中的淀粉和蛋白质相互作用，可形成复杂的复合体，起到增强面筋，提高加工性能，改善面包组织，延长保质期等作用。一方面与蛋白质发生强烈的相互作用，可形成面筋蛋白复合物，使面筋网络更加细致而有弹性，改善酵母发酵面团持气性，使烘烤出来的面包体积增大；另一方面，与直链淀粉相互作用，形成不溶性复合物，从而抑制直链淀粉的老化，保持烘烤面包的新鲜度。添加量一般为 0.2%～0.5%（对面粉计）。

（1）双乙酰酒石酸单甘油酯。能与蛋白质发生强烈的相互作用，改进发酵面团的持气性，从而增大面包的体积和弹性，这种作用在调制软质面粉时更为明显。如果单从增大面包体积的角度考虑，双乙酰酒石酸单甘油酯在众多的乳化剂当中效果最好，也是溴酸钾替代物一种理想途径。

（2）蔗糖脂肪酸酯。在面包品质改良剂中使用最多的是蔗糖单脂肪酸酯，它能提高面包的酥脆性，改善淀粉糊黏度以及面包体积和蜂窝结构，并有防止老化的作用。采用

冷藏面团制作面包时，添加蔗糖单脂肪酸酯可有效防止面团冷藏变性。

(3) 蒸馏单甘酯。主要功能是作为面包组织软化剂，对面包起抗老化保鲜作用，并且常与其他乳化剂复配使用，起协同增效作用。

(四) 抗氧化剂

抗氧化剂是能阻止或推迟食品氧化，提高食品稳定性和延长贮存期的物质。这些物质一般作为一种添加剂掺入食品，使其先于食品与氧气发生反应，从而有效防止食品中脂类物质氧化。

抗氧化剂种类很多，按来源不同，可分为天然抗氧化剂和人工合成抗氧化剂，可用于焙烤食品中的抗氧化剂有：叔丁基对羟基茴香醚（BHA)、没食子酸丙酯（PG)、2,6-二叔丁基甲酚（BHT)、茶多酚等。

添加在食品中的抗氧化剂必须用量得当，如叔丁基对羟基茴香醚（BHA）的用量在0.02%时，比用量在0.01%的抗氧化效果可提高10%，而超过0.02%的用量，效果反而会下降。另外，两种或两种以上抗氧化剂混合使用，其效果更好。如柠檬酸和2,6-二叔丁基甲酚（BHT）共同添加到精炼油中，其贮存时间比单加BHT可增加近1倍。

世界各国开发的天然抗氧化剂产品主要有天然维生素E、类黑精类、红辣椒提取物、香辛料提取物、糖醇类抗氧化剂等。

天然维生素E大量存在于植物油脂中，并且存在状态通常比较稳定。在油脂精制过程中，可回收大量的精制维生素E混合物。该成分抗氧化性较好，使用安全，在食品保鲜中已得到大量使用。

类黑精类是氨基化合物和羰基化合物加热后的产物，其抗氧化能力相当于BHA和BHT。

红辣椒中含有大量的抗氧化物质，是维生素E和香草酰胺的混合物，将辣味去掉，是一种极好的抗氧化剂。

茶多酚是茶叶中儿茶素类、丙酮类、酚酸类和花色素类化合物的总称，具有很强的抗氧化作用，其抗氧化能力是人工合成抗氧化剂BHT、BHA的4～6倍，是维生素E的6～7倍，维生素C的5～10倍，且用量少：0.01%～0.03%即可起作用，而无合成物的潜在毒副作用；儿茶素对食品中的色素和维生素类有保护作用，使食品在较长时间内保持原有色泽与营养水平，并能有效防止食品、食用油类的腐败，消除异味。它的抗氧化能力比维生素E、维生素C、BHT、BHA强几倍，因此日本已开始茶多酚类抗氧化剂的商品化生产。

(五) 增稠剂

食品增稠剂是能溶解于水中，并在一定条件下充分水化成黏稠、滑腻或胶冻液的大分子物质，又称食品胶。

1. 食品增稠剂分类

迄今世界上用于食品工业的食品增稠剂已有40余种，根据其来源，大致可分为四类：动物性增稠剂；植物性增稠剂；微生物性增稠剂；酶处理生成胶。

2. 食品增稠剂特性比较

食品增稠剂有着特定的流变学性质，抗酸性首推海藻酸丙二醇酯；增稠性首选瓜尔豆胶；溶液假塑性、冷水中溶解度最强为黄原胶；乳化依附性以阿拉伯胶最佳；凝胶性琼脂强于其他胶，但凝胶透明度尤以卡拉胶为甚；卡拉胶在乳类稳定性方面也优于其他胶。各类增稠剂的特性按顺序排列见表1-6。

表1-6 食品增稠剂特性顺序排列

特　性	由强至弱排列次序
抗酸性	海藻酸丙二醇酯、耐酸CMC、果胶、黄原胶、海藻酸盐、卡拉胶、琼脂、淀粉
增稠性	瓜尔豆胶、黄原胶、槐豆胶、魔芋胶、果胶、海藻酸盐、卡拉胶、CMC、琼脂、明胶、阿拉伯胶
溶液假塑性	黄原胶、槐豆胶、卡拉胶、瓜尔豆胶、海藻酸钠、海藻酸丙二醇酯
吸水性	瓜尔胶、黄原胶
凝胶性	琼脂、海藻酸盐、明胶、卡拉胶、果胶
凝胶透明度	卡拉胶、明胶、海藻酸盐
凝胶热可逆性	卡拉胶、琼脂、明胶、低酯果胶
冷水中溶解度	黄原胶、拉卡伯胶、瓜尔豆胶、海藻酸盐
快速凝胶性	琼脂、果胶
乳化托附性	阿拉伯胶、黄原胶
口味	果胶、明胶、卡拉胶
乳类稳定性	卡拉胶、黄原胶、槐豆胶、阿拉伯胶

（六）食盐

食盐不仅是食品的主要调味品，同时也是体内矿物质的重要来源。食盐在制品中的作用如下。

1. 提高成品的风味

食盐能刺激人的味觉神经，可以突出原料的风味，衬托发酵后的醇香味，与砂糖的甜味相互补充，使甜味变得鲜美、柔和。

2. 调节和控制发酵速度

食盐用量大于1%时，则产生明显的渗透压，对酵母发酵有抑制作用，降低发酵速度。可通过调节配方中食盐的用量来调节和控制面团发酵速度。

3. 增强面筋筋力

食盐易溶于水，并形成水化离子，使溶液渗透压增加，在面团中加入适量食盐，可以抑制蛋白酶活性，减少其对面筋蛋白的破坏，使面筋质地细密，增强面筋的立体网状结构，易于扩展延伸。同时能使面筋产生相互吸附作用，从而增加面筋弹性。

4. 改善制品内部颜色

因食盐可改善面筋的立体网状结构，使面团有足够的能力保持CO_2；同时食盐能控制发酵速度，使产气均匀，面团均匀膨胀、扩展，而使制品内部组织细密、均匀，气孔壁薄呈半透明，光线易于通过气孔壁膜，制品内部组织色泽变白。

5. 增加面团调制时间

如搅拌开始时即加入食盐，由于食盐的渗透压作用有，会减缓面团的吸水，因而面团搅拌时间要增加50%～100%。

（七）食品香料

香料可分为天然香料和人造香料两大类。常用天然香料有柑橘油类和柠檬油类，如甜橙油、橘子油、柠檬油等。香料物质的添加量应根据食品品种和香精、香料本身的香气强烈程度而定。香料有一定的挥发性，应尽可能在冷却阶段或在加工后期加入，减少挥发损失。对于高温焙烤食品尽量用耐热性较好的油溶性香料。

（八）食用色素

食用色素是指使食品着色，从而改善食品色调和色泽的可食用物质。食用色素分为合成色素和天然色素两大类。已经确认有营养作用的天然食用色素有类胡萝卜素和花青素。在天然胡萝卜素类中有胡萝卜素、叶黄素和番茄红素等可作为抗氧化剂，可预防退行性疾病。胡萝卜素在人体内可转化为维生素A，并具有保持上皮细胞健全，维持正常视觉，提高免疫力的多种生理功能。红曲红色素可作为天然着色剂，红曲降血脂产品已经进入国内外市场。黄酮类天然色素具有软化血管、增强血管弹性的功能。花青素或葡萄皮中多酚化合物可以减少患心脏类疾病的危险。

（九）水

水是焙烤食品的生产原料之一，其用量占面粉的50%以上，因此水的质量对焙烤食品的生产和产品质量有重要影响，应符合表1-7所示生活饮用水卫生标准。

表1-7 生活饮用水卫生标准（GB 5749—2006）

指 标	限 值
1. 微生物指标	
总大肠菌群/(MPN/100mL 或 cfu/100mL)	不得检出
耐热大肠菌群/(MPN/100mL 或 cfu/100mL)	不得检出
大肠埃希氏菌/(MPN/100mL 或 cfu/100mL)	不得检出
菌落总数/(cfu/mL)	100
2. 毒理指标	
砷/(mg/L)	0.01
铅/(mg/L)	0.01
汞/(mg/L)	0.001
亚氯酸盐（使用二氧化氯消毒时）/(mg/L)	0.7
氯酸盐（使用复合二氧化氯消毒时）/(mg/L)	0.7

续表

指　标	限　值
3. 感官性状和一般化学指标	
色度/铂钴色度单位	15
浑浊度/NTU-散射浊度单位	1
臭和味	无异臭、异味
pH	6.5～8.5
总硬度（以 $CaCO_3$ 计）/(mg/L)	450

焙烤食品生产用水首先应达到：透明、无色、无臭、无异味，无有害微生物，无致病菌的要求。实际生产中，面包用水的 pH 为 5～6，中硬度水为宜；糕点、饼干中用水量不多，只要符合饮用水标准即可。

任务二　烘焙原辅料预处理

原辅料预处理是焙烤食品生产过程中的重要工序。原辅料的性质及质量，在很大程度上影响着焙烤食品的生产工艺和质量。为此，原辅料在投入生产前，必须进行预处理，使其既符合卫生要求，又符合工艺要求，从而达到保证焙烤食品质量的目的。

（一）面粉

（1）面粉在使用前必须过筛，清除杂质，打碎团块，使面粉形成松散的细小颗粒，并使面粉“携带”一定量的空气，从而有利于面团的形成及酵母的生长与繁殖，以促进面团发酵成熟。

（2）在过筛装置中需要增设磁块，以便吸附面粉中的铁质杂质。

（3）根据不同的生产季节，应适当调节面粉的温度，使之适合于工艺要求。夏季应将面粉贮存在低温、干燥、通风良好的地方，以便于降低面粉的温度；冬季应将面粉贮存在温度较高的地方，进行保温来提高面粉的温度。经过调整温度后的面粉，有利于面团的形成及面团的发酵。

（二）酵母

1. 鲜酵母的处理

鲜酵母在使用之前，首先要检查酵母是否符合质量标准，对不符合质量标准的鲜酵母，如表面发黏或处于溶解状态的鲜酵母，不能使用。使用时先用 30℃的温水将鲜酵母溶化成酵母溶液。为了加速酵母的溶化，使酵母单体充分均匀地分散在溶液中，可用搅拌机进行搅拌。这样，在调制面团时，酵母能均匀地分布在面团内，有利于面团发酵。

2. 活性干酵母的处理

使用活性干酵母时，先用 35℃的温水，使干酵母复水，并溶化成酵母溶液，然后静置 30min，使其活力得到恢复。若在温水中添加适量砂糖或酵母的营养盐类，可提高酵母的活性。

（三）砂糖

在调制面团时，如果直接用砂糖晶粒，则砂糖晶粒不易充分溶化，会使面包面团内包裹大量的糖粒，这些糖粒经高温烘烤熔化后，便造成面包表面麻点及内部大孔洞。所以砂糖不宜直接加入，应先用温水溶化，再经过滤，除去杂质后，才能使用。

（四）油脂

普通液态植物油、猪油等可以直接使用。奶油、人造奶油、氢化油、椰子油等油脂，低温时硬度提高，呈固态或半固态，可用文火加温或用搅拌机搅拌，使其软化。这样，使用时可以加快调制面团速度，使油脂在面团中分布得更为均匀。加热软化时，要掌握好火候，不能使其熔化，否则会破坏其乳状结构，降低成品质量。

（五）水的处理

制作焙烤食品用水应透明、无色、无臭、无异味、无有害微生物，不允许致病菌存在。

水的硬度、pH 和温度对制品质量影响也很大。硬度过大的水会增强面筋的韧性，延长发酵时间，使面包口感粗糙；极软的水会使面团过于柔软、发黏、缩短发酵时间，使面包塌陷；因此面包生产应选用中硬度的水。

水温是控制面团温度的重要手段，一般冬季室温约为 20℃，水温宜在 30～40℃为宜；夏季室温 30℃以上时，水温应控制在 15℃为宜。

（六）其他

食盐是结晶固体，不能直接放入面粉中搅拌，须用水将食盐溶解成盐水使用。使用 3kg 水溶解 1kg 食盐（水量在配料总量中扣除）。

牛奶要过滤后才能使用；奶粉要先与面粉混合后使用，不能直接与液体料接触，否则会结块而影响面团的均匀调制。

其他原料，凡属于液体的都要进行过滤；凡属于粉质、需要加水溶解的，溶解后也都要进行过滤。

学习引导

（1）简述不同焙烤产品如何选择面粉。

（2）焙烤食品常用糖的种类有哪些？

（3）鸡蛋新鲜度的判别方法是什么？

项目二 焙烤设备

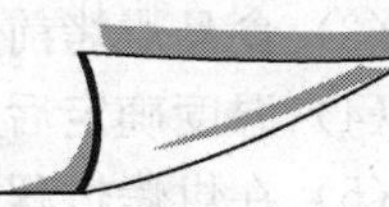

学习目标

（1）掌握面点加工机械设备与烘烤设备的使用与保养。

（2）正确选用各类刀具、温度计、衡器、模具等完成面点制作。

面包、饼干成型后，置于烤炉等焙烤设备中，经烘烤使坯料由生变熟，成为多孔性海绵状结构的产品，并具有诱人的色泽和香味和便于携带的特性。

一、常用设备的使用与保养

（一）烘烤设备

烘烤设备主要是指烤箱，它是焙烤食品生产的关键设备。坯料成型后即可送入烤箱加热，使制品成熟、定型，并具有一定的色泽，能充分显示各种糕点的风味。

1. 烤箱种类

烤箱按热源可分为电烤箱和煤气烤箱；按传动方式可分为炉底固定式烤箱和炉底转动式烤箱两种；按外型可分为柜式烤箱和通道式烤箱。此外，从烤箱的层次上分又可分为单层、双层（图 2-1）、三层烤箱等。

图 2-1 烤箱

（1）电烤箱是以电能为热源，构造简单，由外壳、电炉丝（或红外线管）、热能控制开关、炉内温度指示器等构件组成。高级电烤箱可对上、下火分别进行调节，具有喷蒸汽、定时、警报等特殊功能。它的工作原理主要是通过电能转换的红外线辐射热、炉膛内热空气的对流热以及炉膛内金属板热传导的方式，使制品上色成熟。在烘烤食品时，一般要将烤箱上火、下火打开预热到炉内温度适宜时，再将成型的食品放入烘烤。

（2）煤气烤箱是以煤气为热源，一般为单层结构，底部和两侧有燃烧装置，有自动点火和温度调节功能，炉温可达 300℃。它的工作原理是用煤气燃烧的辐射热、炉膛内空气的对流热和炉内金属传导热的传导方式，可使制品上色成熟。这种煤气烤箱具有预热快，温度容易控制，生产成本低等优点，但这种烤箱的卫生清扫工作较难。

2. 烤箱的使用

烘烤是一项技术性较强的工作，操作者必须认真了解和掌握所有使用烤箱的特点和性能，尽管制作西点的烤箱种类较多，但基本操作大致相同。

(1) 新烤箱在使用前应详读使用说明书，按使用说明书要求进行操作，以免使用不当出现事故。

(2) 电烤箱应放在平整、稳固的地方，并保证接地螺栓可靠接触，用 250V、10A 单相三芯插座与自带电源插头匹配使用，在使用过程中，玻璃窗、插座应保持清洁。

(3) 食品烘烤前烤箱必须预热，待温度达到工艺要求后方可进行烘烤。

(4) 温度确定后，要根据某种食品的工艺要求合理选择烘烤时间。

(5) 在烘烤过程中，要随时检查温度情况和制品的外表变化，靠近炉门有散热现象，烘烤食品时要翻面，使其受热均匀。

(6) 取用食品要停电操作，用手柄叉卡好烤盘，以防止触碰发热元件烫伤手指。

(7) 烤箱使用后应立即关掉电源，温度下降后要将残留在烤箱内的污物清理干净。

(8) 不用时把功率、温度控制、定时三个转换开关转到关停位置上，放在干燥、通风、洁净处。

3. 烘烤设备的保养

注意对设备的保养，不但可以延长设备的使用寿命，保证设备的正常运行，而且对产品质量的稳定具有重要意义。烘烤设备的保养主要有以下几点：

(1) 经常保持烤箱的清洁，清洗时不宜用水，以防触电，最好用厨具清洗剂擦洗，但对里衬是铝制材料的烤箱不能用清洗剂擦洗，更不能用钝器铲刮污物。

(2) 保持烤具的清洁卫生，清洗过的烤具要擦干，不可将潮湿的烤具直接放入烤箱内。

(3) 长期停用的烤箱，应将内、外擦洗干净后，用塑料罩罩好放在通风干燥处存放。

(二) 机械设备

图 2-2 搅拌机

西点机械是西点生产的重要设备，它不仅能降低生产者的劳动强度，稳定产品质量，而且还有利于提高劳动生产率，便于大规模的生产。

1. 常用机械的种类

(1) 专用搅拌机（图 2-2）。专用搅拌机主要由机架、电机、变速箱、升降启动装置、不锈钢桶、搅拌器等部件组成。在机架上部的油浸式齿轮变速箱内有三对相互吻合的齿轮，它们的中心距离相等，但各对齿轮的速比不同，扳动调节手柄时，可得到三种不同的旋转速度，主要用于搅动鸡蛋、奶油和面团调制等。图 2-3 为各类搅拌器。

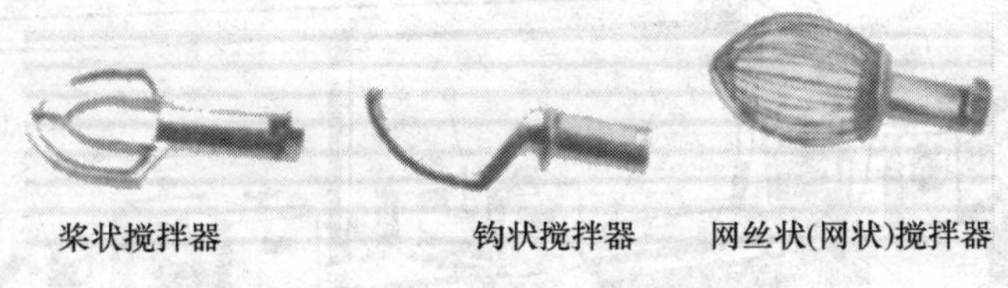

图 2-3 各类搅拌器

(2) 压面机（图 2-4)。压面机由机身架、电动机、传送带、轴具调节器等部件构成，它的功能是将揉制好的面团通过压辊之间的间隙，压成所需厚度的皮料以便进一步加工。用于制作面条、云吞皮、糕点、面包等面点制品，是面点制作的专用机械。通过对所加工的面粉进行反复揉搓滚压，可充分发挥面粉面筋的力量，大大增加了面条的压力和性能强度，达到了耐煮、耐断的良好效果。更换切面刀，可以加工出宽窄、粗细不同的面条。

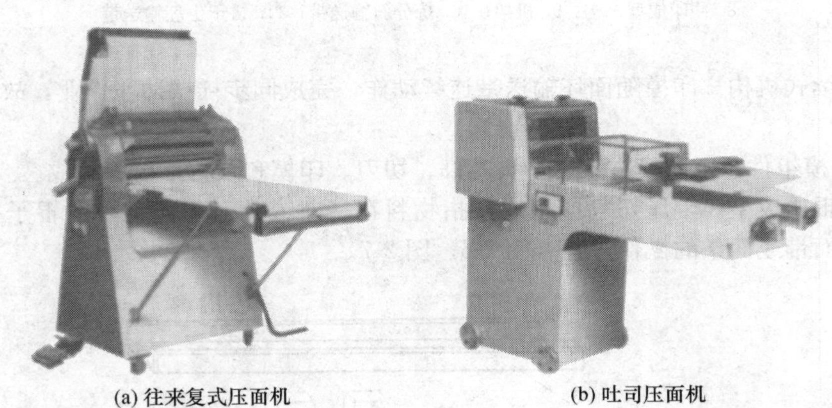

图 2-4 压面机

(3) 分割机。分割机主要用途是把初步发酵面团进行均匀分割，并制成一定形状。分割机的特点是分割速度快，分量准确，成型规范。在分割过程中，分割速度对面团和机器都有影响，分割速度太慢，面团发黏易被夹住，而且温度容易上升，导致产品品质不规则；分割速度太快，不但机器寿命减短，还会破坏面团组织结构。

(4) 搓圆机。搓圆机的作用主要是使面团的外形成球状，并使内部气体均匀分散，组织细密，同时通过高速旋转揉捏，使面团形成均匀的表皮，这样可使面团在下一阶段醒发时所产生的气体不致跑掉，从而使面团内部得到较大且均匀的气孔。

(5) 饼干冲印成型机。主要由压片机构、冲印机构、拣分机构和输送机构等部分组成（图 2-5)。冲印机构是饼干成型的关键部件，主要包括动作执行机构和印模组件部分。

① 动作执行机构（分为间歇式和连续式）。

• 间歇式机构。印模通过曲柄滑块机构来实现对饼干生坯的直线冲印、生坯的同步送进要依靠棘轮机构驱动带来实现。

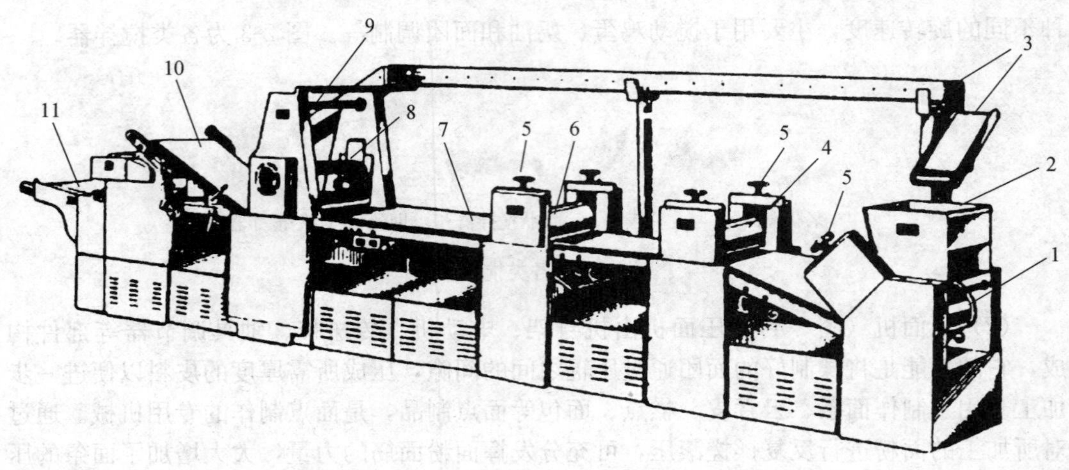

图 2-5 冲印饼干机外形图

1. 头道辊；2. 面斗；3. 回头机；4. 二道辊；5. 压辊间隙调整手轮；6. 三道辊；7. 面带输送带；8. 冲印成型机构；9. 机架；10. 拣分斜输送带；11. 饼干生坯输送带

• 连续式机构。印模随面坯输送带连续动作，完成同步摇摆冲印作业，故也称摇摆式冲印。

② 印模组件。由印模支架、冲头芯杆、切刀、印模和余料推板等组成。

（6）辊压成型。辊压切割成型通常指物料在一对或几对相向旋转的辊子挤压下变形，成为面带或面条的操作过程（图 2-6、图 2-7）。

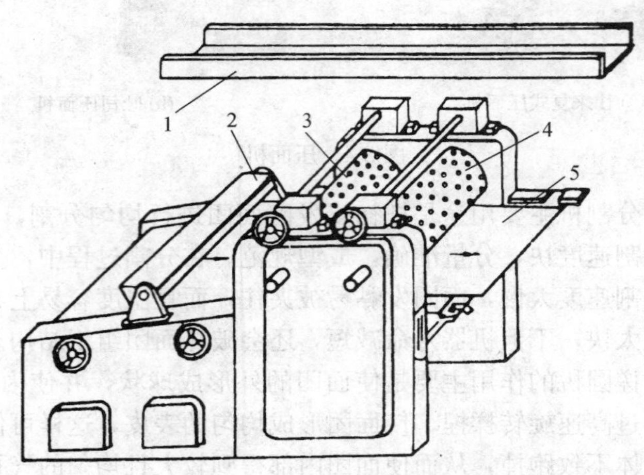

图 2-6 辊切饼干机辊切机构简图

1. 余料回头机；2. 撒粉器；3. 印花辊；4. 帆布脱模带；5. 切块辊

（7）切片机。是利用刀片切削的原理将物料切制成片状的设备，它由机架、电机、刀片、转盘和片厚调节装置等组成，物料放置在投料口中，被水平旋转做圆周运动的刀片不断切削而成为片状，在转盘上匀速旋转刀片不断切削下，被切成片状。

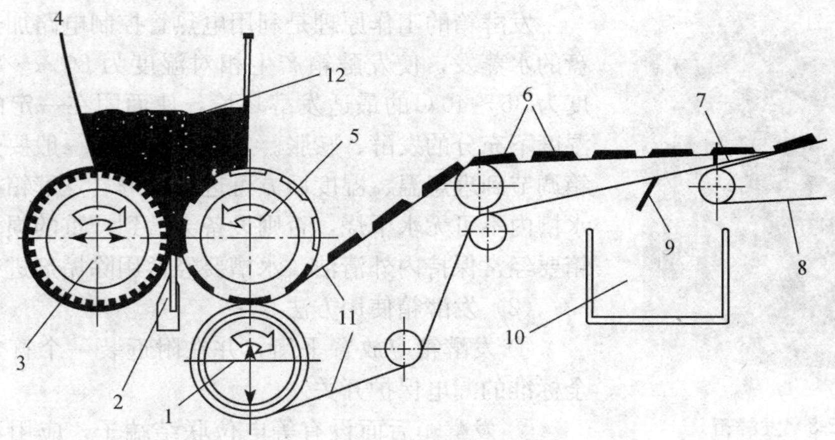

图 2-7 辊印成型原理图

1. 橡胶脱模辊；2. 分离刮刀；3. 喂料槽辊；4. 料斗；5. 印模辊；6. 饼干生坯；7. 帆布带锲铁；8. 生坯输送带；9. 帆布带刮刀；10. 面屑斗；11. 帆布脱模带；12. 面料

2. 机械设备的使用与保养

(1) 设备使用前要了解设备的机械性能、工作原理和操作规程，严格按规程操作。一般情况下都要进行试机，检查运转是否正常。

(2) 机械设备不能超负荷使用，应尽量避免长时间不停地运转。

(3) 有变速箱的设备应及时补充润滑油，保持一定油量，以减少摩擦，避免齿轮磨损。

(4) 设备运转过程中不可强行搬动变速手柄，改变转速，否则会损坏变速装置或传动部件。

(5) 要定期对主要部件、易损部件电动机传动装置进行维修检查。

(6) 经常保持机械设备清洁，对机械外部的清洁可用弱碱性温水进行擦洗，清洗时要断开电源和防止电机受潮。

(7) 设备运转过程中发现或听到异常声音时应立即停机检查，排除故障后再继续操作。

(8) 设备上不要乱放杂物，以免异物掉入机械内损坏设备。

(三) 恒温设备

恒温设备是制作西点、面包不可缺少的设备，主要用于原料和食品的发酵、冷藏和冷冻，常用的有发酵箱、电冰箱、电冰柜等。

1. 发酵箱

(1) 发酵箱是根据面包发酵原理和要求而进行设计的电热恒温恒湿产品（图 2-8)。发酵箱的箱体大都是不锈钢制成，由密封的外框、活动门、不锈钢管托架、电源控制开关、水槽和温度、湿度调节器等部件组成。

图 2-8　发酵箱

发酵箱的工作原理是利用电热管控制电路加热箱内水盘的水蒸发，使发酵箱产生相对湿度为 80%～85%，温度为 35～40℃的最适发酵环境，使面团在一定的温度和湿度下充分的发酵、膨胀。发酵面包时，一般要先将发酵箱调节到理想温、湿度后方可进行发酵。发酵箱在使用时水槽内不可无水干烧，否则设备会遭到严重的损坏。发酵箱要经常保持内外清洁，水槽要经常用除垢剂进行清洗。

(2) 发酵箱使用方法。

① 发酵箱应放置平衡，并在附近装一个符合国家安全标准的漏电保护开关。

② 发酵箱后面设有等电位联结端子，应用不少于直径 2.5mm 的铜芯线与符合安全规定的地线牢靠连接。

③ 发酵箱后方设有水源接头，用户使用设备前应先接上水源，以确保水箱内有水能正常使用。

④ 使用时，先打开电源开关，将控制板上的温度仪表按钮“∧”向上或按钮“∨”向下，调至 36～38℃，仪表上的显示器所显示温度是发酵箱内的实际温度，在设定温度时，显示器数码管闪烁，按 SET 键确认可返回至正常显示，仪表上 OUT 灯亮时，温度系统在加热，OUT 灯熄灭时，温度已达到设定值，在恒温。

调节湿度，将控制板上的湿度开关按到 ON 位置，灯亮表示湿度开关打开，发酵箱内，顶部泻水板上装有湿度调节器，调节范围为 30%～100%RH，用户可任意调节（出厂前湿度调为 85%）调节器上红灯亮时表示湿度不够，红灯熄灭时表示湿度已达到设定值在恒湿度。

⑤ 发酵箱内设有照明设施，用户需要使用时可打开照明开关。

⑥ 停止使用时应断开电源，以确保安全。

⑦ 因发酵箱在长时间的使用过程中，箱体内会有很多水珠滴落到发酵箱底部的接水盘，从排水口排出，排水口的位置设在发酵箱的后底部。用户必须购买符合排水口尺寸的软水管，连接在排水口上。软水管的另一端延伸到下水道或室外，确保水可以排出，保证工作场地的环境卫生。

2. 电冰箱

1）电冰箱的种类

电冰箱是现代西点制作的主要设备，按构造分为直冷式和风冷式两种；按用途分为保鲜冰箱和低温冷冻冰箱，无论哪种冰箱都是由制冷机、密封保温外壳、门、橡胶密封条、可移动货架和温度调节器等部件构成。风冷式冰箱有不结霜、易清理等优点，冰箱内的温度比直冷式要低。保鲜冰箱通常用来存放成熟食品和食物原料，低温冷冻冰箱一般用来存放需要冷冻的原料和成熟食品。

2）电冰箱的使用与保养

电冰箱应放置在空气流通处，箱体四周至少留有 10～15cm 以上的空间，以便通风降温。冰箱内存放的东西不宜过多，存放时要生熟分开，堆放的食品要留有空隙，以保持冷气畅通。食品放凉后方可放入冰箱，要尽量减少冰箱门的开关次数。关门时必须关紧，以使内外隔绝，保持箱内的低温状态。除此之外电冰箱在使用过程中，还应做好日常保养工作。

(1) 要及时清除蒸发器上的积霜，结霜厚度达到 4～6mm 时就要除霜。除霜时要断开电源，把存放在冰箱内的食品拿出来，使结霜自动融化。

(2) 冰箱制冷系统管道很长，有些细管外径只有 1.2mm。拆装或搬运时不慎碰撞，都能造成管道破损、开裂，使制冷剂泄漏或使电气系统出现故障。冰箱制冷达不到要求大都是由于制冷泄漏引起，因此要经常对冰箱管道进行检查，如发现问题请专业人员进行维修检查。

(3) 冰箱在运行中不得频繁切断电源，这样会使压缩机严重超载，造成压缩泵机械的损坏与驱动电机损坏。

(4) 停用时电冰箱要切断电源，取出冰箱内食品，融化霜层，并将冰箱内外擦洗干净，风干后将箱门微开，用塑料罩罩好，放在通风干燥处。

（四）各式案台

案台又称案板，它是制作点心、面包的工作台，由于案台材料的不同，目前常见的有四种：即木质案台、大理石案台、不锈钢案台和塑料案台。

木质案台质地软，发酵类点制品多用此种案台。

大理石案台表面平整、光滑，散热性能好，抗腐蚀力强，是做糖活的上好设备。

不锈钢案台美观大方，卫生清洁，平滑光亮，传热性能好，是目前各大饭店采用较多的工作台。

塑料案台，质地较软，抗腐蚀性强，不易损坏，加工制作各种制品都较适宜，其质量优于木质案板。

此外各种炉灶等也是西点制作的常用设备。

二、常用工具的使用与保养

焙烤食品用工具很多，每种工具都有特殊功能，人们借助于这些工具可以制作出造型美观、各具特色的焙烤食品。

1. 刀具

刀具是西点生产工艺中经常使用的工具（图 2-9），一般用薄钢板或不锈钢板制成。按形状和用途可分为分刀、抹刀、锯刀、刮刀、滚刀。

(1) 分刀。由不锈钢薄板制成，有大小之分，多用于蛋糕、果脯和原料的分割。

(2) 抹刀。它是用弹性较好的不锈钢薄板制成，刀片韧性好，无锋刃，刀柄用木柄和塑料柄，是制作奶油蛋糕时抹面或其他装饰的专用工具。

(3) 锯刀又称西点刀，一端有锋利的锯齿，多用来切割面包、蛋糕。

(4) 刮刀又称刮板，是无刃刀具，用不锈钢或塑料制成，有长方形、半圆形等。主要用于手工调制少量面团和清理案板、制作面包时切面团、铲刮面团等。

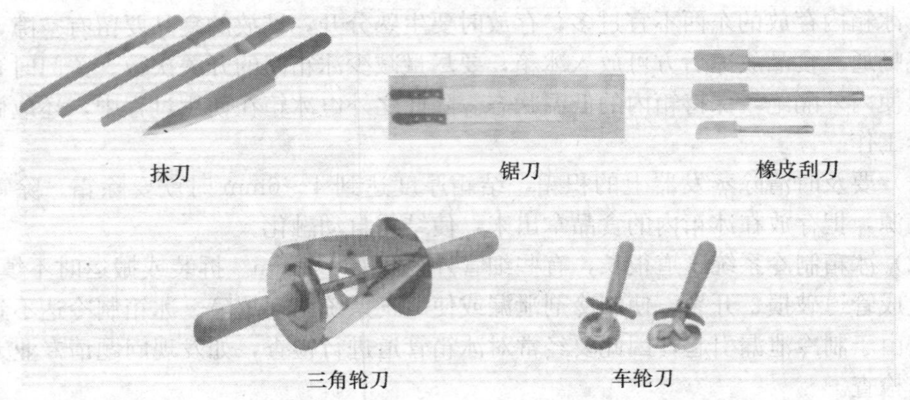

图 2-9　各类刀具

(5) 花滚刀可用于制作清酥类点心、混酥类点心时切面片、切面条。

2. 模具

西点模具的种类很多，常见的有烤盘、蛋糕模具、面包模具、小型糕点模具、专用糕点模具、裱花袋、各种花嘴、花戳等。

(1) 烤盘是烘烤制品的主要模具，是由白铁皮、不锈钢板等材料制成，有高边和低边之分；烤盘大小是由炉膛规格限定。

(2) 蛋糕模具是由不锈钢、马口铁制成，主要用于蛋糕坯的成型。

(3) 面包模具一般是用薄铁皮制成的，有带盖和无盖之分，规格大小不一。一般无盖的模具上口 28cm 长、8cm 宽，底 25cm 长、7cm 宽，总高 7cm，为空心梯形模具。主要用于制作主食大面包，还可以作为黄油蛋糕、巧克力蛋糕的模具。有盖的面包模具一般为长方体空心形，尺寸为 28cm×7cm×8cm，是制作吐司面包的专用模具。

(4) 小型点心模具由薄铁皮制成，一般有船形、椭圆菊花边形、圆形、圆菊花边形等。常用来制作水果塔或油料、果料蛋糕，也可用于制作冷冻食品。

(5) 月饼模具。月饼模具一般由木质和塑料制成，形状一般为圆形或方形，图案多种多样。

(6) 裱花嘴多用不锈钢片、黄铜片制成，形状很多，规格大小不一。常用的由扁形、圆形、锯齿形等，是制作奶油蛋糕、裱制奶油花、挤各种图案、花纹和填馅不可缺少的工具之一。

(7) 裱花布袋是用细布缝制或黏制而成的圆锥形口袋，在锥形尖处剪去一小块用来放置裱花嘴（图 2-10），常用来裱花、挤泡芙料、挤饼干等，是与裱花嘴配套的工具。

图 2-10　各种裱花嘴

（8）压制模具是由不锈钢片制成的，有圆边和菊花边之分，形状有圆形、椭圆形，一般分为成套盒装，规格从直径 2～10cm 不等。其用途是对擀制好的各种坯料进行初步加工，使其成为特定形状。

3. 其他工具

（1）擀面工具（图 2-11）。各种擀面用具多是木质材料制成的圆而光滑的制品，常见的有通心槌、长短擀面杖等。主要用于清酥、混酥、饼干等面坯的擀制及各种花色点心、面包的制作。

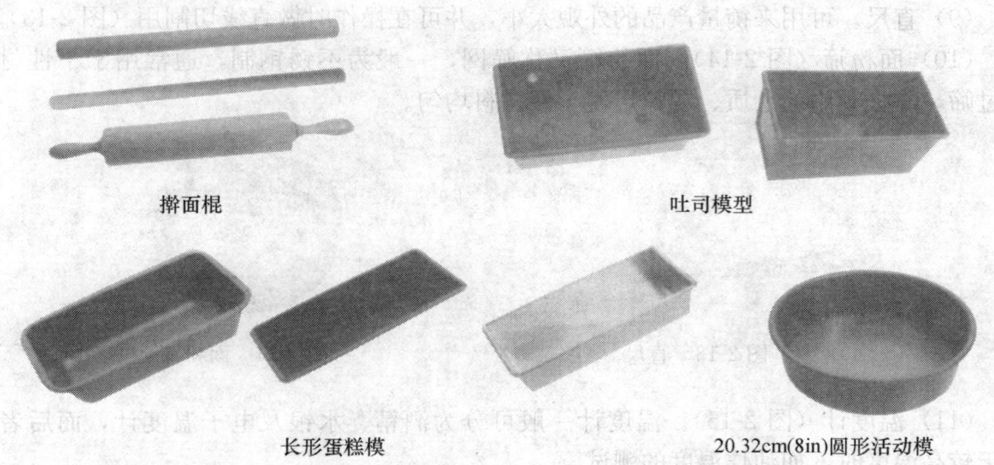

图 2-11 各种擀面棍与模具

（2）各种衡器（图 2-12）。常见的衡器有台秤、电子秤、量杯等，主要用于称量原料、成品的重量。

图 2-12 各种衡器

（3）搅板又称木勺，是用木质材料制成。用于搅拌各种较稀或较软的物料，如泡芙糊、翻砂糖等。有大、中、小三种，形状上细窄下扁宽。

（4）各种抽子。它是用多条钢丝捆扎在一起制成的，大小规格不同，有木把铁把之分，是抽打蛋糊、奶油和搅拌物料的常用工具。

(5) 调料盆。有平底和圆底之分，用不锈钢制成。主要用于调拌各种面点配料，搅打鸡蛋、奶油，盛装各种原料等。

(6) 平底铜锅是烫面糊、制点心馅、酱和熬糖等半制品的理想工具。它以厚铜板冲压而成，有大、中、小之分。铜锅具有传热均匀，不易煳底的优点。

(7) 漏斗一般为圆锥形，多由不锈钢制成，其用途主要是过滤各种沙司及液体配料。

(8) 撒粉罐。用薄铁皮制成的，一般规格高 12cm、直径 6.5cm，上有可活动并且带眼的盖，主要用来撒糖粉、可可粉、面粉等干粉。

(9) 直尺。可用来衡量产品的外观大小，并可在操作时做直线切割用（图 2-13）。

(10) 面粉筛（图 2-14）。面粉筛又称筛网，一般为不锈钢制，通常用于干性材料的过筛，除去其中的杂质、颗粒，使干性材料均匀。

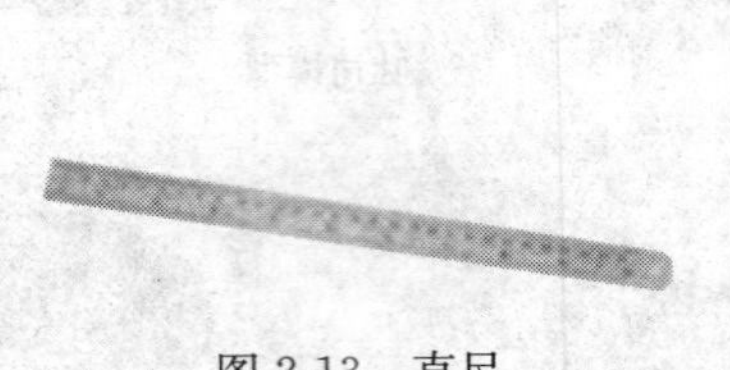

图 2-13　直尺

图 2-14　面粉筛

(11) 温度计（图 2-15）。温度计一般可分为酒精、水银及电子温度计，而后者多用于较高温度时，如油炸温度的测试。

(12) 打蛋器。用来搅拌液体或面糊等材料（图 2-16）。

图 2-15　温度计

图 2-16　手工打蛋器

此外，箩、剪刀、蛋糕托、蛋糕分割器、塑料刮板、各种刷子、挖心器、挖球器、冰淇淋勺等也是西点中常用的工具。

4. 工具的保养

(1) 常用工具不能乱用、乱堆、乱放，工具用过后，应根据不同类型分别定点存放，不可混乱放在一起。如擀面杖、网筛、布口袋与刀剪等利器存放在一起，不小心会使擀面棍受损，网筛、布口袋被扎破。

(2) 铁制、钢制工具存放时，应保持干燥清洁，以免生锈。

(3) 工具使用后，对附在工具上的油脂、糖膏、蛋糊、奶油等原料，应用热水剂冲洗和擦干。特别是直接接触熟制品的工具，要经常保持清洁和清毒，生熟食品的工具和用具必须分开保存和使用，否则会造成食品污染。

学习引导

(1) 简述烤箱工作原理。

(2) 如何对焙烤设备进行正确保养？

项目三　月饼的加工技术

☞ **学习目标**

(1) 了解月饼的发展状况和发展方向。

(2) 了解月饼的种类以及其特点。

(3) 了解月饼质量标准。

(4) 掌握广式月饼、苏式月饼等几种主要月饼的生产配方、工艺和操作要点。

(5) 掌握月饼加工中出现的问题及解决办法。

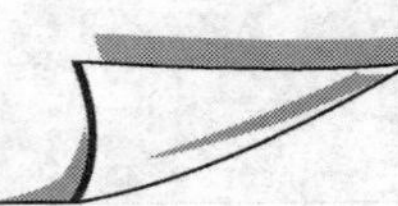

任务一　月饼生产基础知识

月饼又称胡饼、官饼、小饼、月圆饼等，是一种节日食品。在中国，中秋吃月饼，和端午吃粽子、元宵节吃汤圆一样，是我国民间的传统习俗。古往今来，人们把月饼当做一种吉祥、团圆的象征，所以成了当今中秋佳节必食之品。月饼种类有广式、京式、苏式和潮式等，目前主要以广式为主。随着人民生活水平的提高和科学技术的发展。月饼品种增多，将更加多样化和个性化。产品质量也有很大的提高，由高糖、高脂的状况将逐步改变为健康、营养型月饼将成为趋势，今后健康型月饼将成为月饼市场的一个主要发展方向。

一、月饼的分类

(一) 按地区以及其风味特点分类

1. 广式月饼

广式月饼是以广东地区制作工艺和风味特色为代表，使用小麦粉、转化糖浆、植物油、碱水等制成饼皮，经包馅、成型、刷蛋、烘烤等工艺加工而制成，是目前月饼市场的主流，占整个市场60%以上。广式月饼闻名于世，最基本的还是在于它的选料和制作技艺无比精巧，其特点是皮薄松软、油光闪闪、色泽金黄、造型美观、图案精致、花纹清晰、不易破碎、包装讲究、携带方便，是人们在中秋节送礼的佳品，也是人们在中秋之夜，吃饼赏月不可缺少的佳品。

广式月饼分为咸、甜两大类。月饼馅料的选材十分广博，除用绿豆、芋头、莲子、杏仁、橄榄仁、核桃仁、芝麻等果实料外，还可选用咸蛋黄、叉烧、冬菇、冰肉、糖冬瓜、虾米、橘饼、陈皮、柠檬叶等多达二三十种原料，近年又发展到使用凤梨、哈密瓜、草莓等水果，甚至还使用鲍鱼、鱼翅、鳄鱼肉、瑶柱等较名贵的原料作馅。

2. 京式月饼

京式月饼是以北京地区制作工艺和风味特色为代表的，它在配料上重油、轻糖，使用提浆工艺制作糖浆皮面团，或糖、水、油、面粉制成松酥皮面团，经包馅、成型、烘烤等工艺加工而制成的。京式月饼，花样众多，其主要特点是甜度及皮馅比适中，一般皮馅比为4∶6，重用麻油，口味清甜，口感脆松。主要产品有自来红月饼、自来白月饼、状元饼、混糖饼、五仁月饼等。其做法如同烧饼，外皮香脆可口，以油酥面团作为皮面，馅料有咸有甜，以甜味为主。

3. 苏式月饼

苏式月饼是以苏州地区制作工艺和风味特色为代表，它使用小麦粉、饴糖、油、水等制皮，小麦粉、油制酥，经制酥皮、包馅、成型、烘烤等工艺加工而制成。苏式月饼起源于上海、江浙及周边地区，唐朝诗人苏轼的诗句“小饼如嚼月，中有酥和饴”说的就是苏式月饼。苏式月饼的特点是“酥”，它的馅被压得紧紧的，用牙轻轻一嗑便酥散了，馅料有五仁、豆沙等，甜度高于其他类月饼。饼皮由水油皮和油酥皮面组成。皮厚但层次分明，松脆可口。馅料有咸有甜。

4. 潮式月饼

潮式月饼产于广东潮汕地区，以重油重糖为特点，外形近似苏式，用料略似广式。馅心多采用冬瓜条，配以肥膘丁、猪油、芝麻、葱油、绿豆、柑橙、瓜子仁、核桃仁等，代表品种有老婆月饼、冬瓜月饼、百果月饼等，其中以老婆月饼最闻名。其特点是饼皮酥润，馅心肥软，带有浓郁葱香味，具有甜、香、肥、厚的特殊风味。

5. 其他类月饼

除以上四大类以外，还有台式以及一些有地区特色的月饼。

（二）按生产工艺分类

1. 浆皮月饼

浆皮月饼主要特点是用专用的糖浆调制面团的，其主要代表是广式月饼。

2. 酥皮月饼

酥皮月饼皮面是由两种面团组成的，外层是筋性面团，内层为油酥面团，经过擀片、折叠、再擀片、折叠多次制成的，层次多而且分明。如苏式月饼等。

3. 混糖酥月饼

混糖酥月饼特点从色泽和外观上看，同浆皮月饼相似，不同的是在调制面团时，是采用糖粉、油和水充分乳化调制而成。此类月饼主要分布在潮州、福建地区。

4. 油酥月饼

油酥月饼皮面是由面粉、糖粉、黄奶油和蛋充分乳化调制而成，饼皮口感酥松。主要分布在北京、沈阳等地，如京式月饼。

5. 其他类月饼

其他类月饼包括赖皮月饼和近年来新式冰皮月饼等。

（三）按加工熟制方法分类

1. 烘烤类月饼

烘烤类月饼是以烘烤为最后熟制工序的月饼。绝大部分的月饼是这种。

2. 熟粉成型类月饼

熟粉成型类月饼是将米粉或面粉等预先熟制，然后制皮、包馅、成型的月饼。如冰皮月饼。

（四）按馅料特点分类

1. 硬馅料月饼

硬馅料月饼以五仁月饼、叉烧月饼、什锦月饼等为代表。其馅料主要以瓜子仁、核桃仁、橄榄仁、杏仁、芝麻、花生仁、冬瓜糖、白糖、脂肪等为原料。

2. 蓉沙类月饼

蓉沙类月饼以豆沙月饼、豆蓉月饼、白莲蓉月饼、红莲蓉月饼、板栗蓉月饼等为代表。其馅料主要是以豆类、莲子、白糖、脂肪等为原料。

3. 水果馅类月饼

水果馅类月饼以哈密瓜月饼、凤梨月饼、草莓月饼等为代表。其馅料主要以果汁、白糖、果胶等为原料。

4. 水产制品类月饼

水产制品类月饼是指在馅料中添加了虾米、鱼翅（水发）、鲍鱼等水产制品的月饼。

二、月饼生产的基本工艺流程

月饼生产的基本工艺流程如图 3-1 所示。

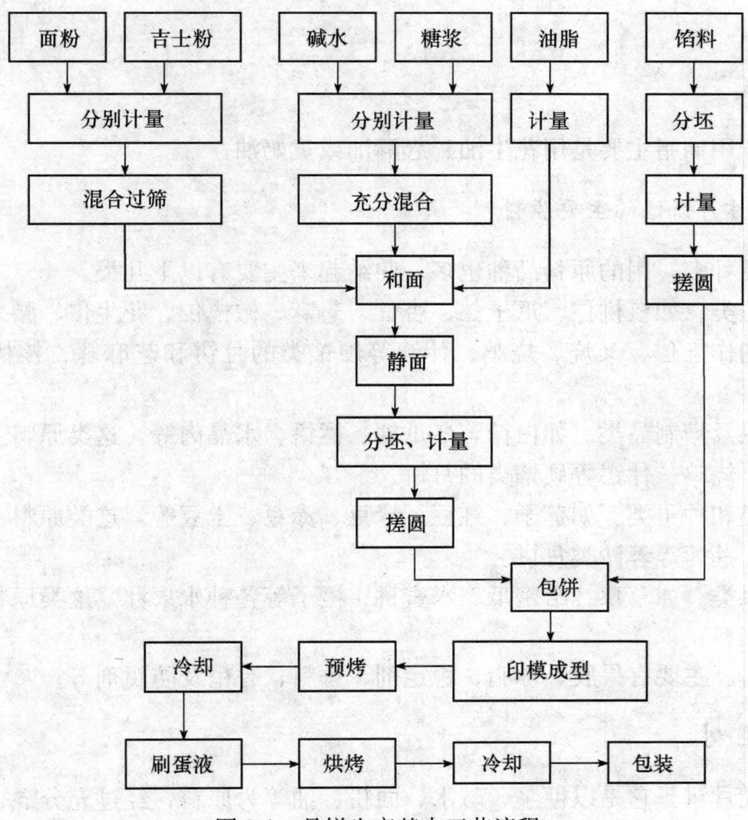

图 3-1　月饼生产基本工艺流程

任务二　月饼加工工艺

一、原料选择与处理

原料选择与处理是决定月饼质量好坏的第一个重要环节。

(一) 饼皮的主要原料

1. 面粉

面粉要选用符合国家标准的低筋类的面粉或者月饼专用粉。

2. 白砂糖或糖浆

在京式和苏式月饼中用的糖要选用细糖。如果颗粒太大要进行粉碎。广式月饼是用糖浆，所以也叫浆皮类月饼。糖浆是用白糖加酸煮制而成的。

3. 膨松剂类

在月饼生产中常用的化学膨松剂主要有泡打粉和碱水。广式月饼用碱水，其他类的月饼用泡打粉。

4. 油脂类

月饼生产用油脂主要是用花生油、起酥油或黄奶油。

（二）制作月饼馅的主要原料

月饼的品种多，用的原料品种也多，归纳起来主要有以下几类。

(1) 果仁类。如核桃仁、瓜子仁、杏仁、芝麻、橄榄仁、花生仁、腰果等，这类原料主要用于制作五仁、叉烧、烧鸡、什锦等硬馅类的月饼和芝麻蓉、核桃蓉等蓉沙类月饼。

(2) 糖以及糖制品类。如白糖、冬瓜糖、橘饼、水晶肉等，这类原料主要用于制作五仁、叉烧、烧鸡、什锦等硬馅类的月饼。

(3) 豆类和种子类。如莲子、红豆、绿豆、赤豆、土豆等，这类原料主要用于红豆沙、绿豆沙、莲蓉等蓉沙类月饼。

(4) 水果类。如草莓、哈密瓜、水蜜桃、橙子等各种水果汁，这类原料主要用于制作各种水果馅料。

(5) 辅料。主要有果胶、琼脂、稳定剂、香料、香精及防腐剂等。

二、面团调制

(1) 广式月饼。它是以糖浆、碱水、面粉、油等为原料，经过充分混合而成的一种浆皮面团。这种面团操作方便，皮薄馅厚。

(2) 苏式月饼。它是由筋性面团和油酥面团两种面团经过多次擀折后形成一种多层结构层次分明的皮面。

(3) 京式月饼。它是以糖、泡打粉、面粉、油和水等为原料，经过充分混合而成的一种水油性面团。这种面团制作的月饼皮厚、酥松。

三、制馅

不同馅料种类有不同的制作方法，首先要进行原料的处理。果仁类的原料要进行精选精洗、烘烤或油炸熟化；水果类的原料要精选精洗后榨汁；豆类的原料精选后要经过浸泡、熟化、打浆和脱水等处理。

四、成型

月饼的成型包括：分坯、包饼、印模成型。分坯是分别把皮面和馅料按一定的比例和重量分成团。包饼是用皮面包馅料，包饼时厚薄要均匀。印模成型是把包好的饼压入饼模中形成。

五、烘烤

月饼的烘烤根据不同种类有所区别，京式月饼和苏式月饼可以一次性烘烤，烘烤温度底火为180～200℃，面火为200～220℃。烘烤的时间为25～30min。广式月饼要分二次烘烤，目的是使月饼的花纹清澈。第一次预烤为220～240℃。烘烤的时间为15～20min，冷却后刷蛋液再进行第二次烘烤，烘烤温度底火为200～220℃，面火为220～230℃。烘烤的时间为20～25min。

六、冷却与包装

月饼包装分冷包装和热包装，冷包装是指月饼完全冷却后进行包装封口。热包装是月饼冷却到60～70℃后进行包装封口。

任务三　各类月饼加工技术

一、广式月饼

（一）原料与配方

1. 广式月饼皮面配方

广式月饼属于浆皮类糕点，皮面配方很多，不同地区、不同厂家有不同的配方。目前主要用的基本配方为：面粉500g，碱水12mL，糖浆300～350g，油150g，吉士粉30g。

2. 广式月饼馅料配方

月饼馅料这几年来主要来自广东和上海一带。不管是广式还是苏式的月饼，其馅料基本一样。特别是蓉沙类和水果馅类。大部分都是由专门生产馅料的厂家生产。不同的之处在于是硬馅类和皮面的制作方法。

（1）硬馅类配方。传统的五仁是指以核桃仁、瓜子仁、芝麻、橄榄仁、杏仁五种果仁为主料调制而成的。

几种主要传统广式月饼硬馅类配方见表3-1。

（2）水果类馅料配方。基本配方：果汁100kg，砂糖60kg，栗胶0.2kg，卡拉胶0.4kg，生油10kg，澄面10kg，冬瓜肉30kg。

表3-1　几种主要传统硬馅品种配方表

原料＼品名	五仁/g	叉烧/g	烧鸡/g	什锦/g
细砂糖	5000	4500	4500	6000
杏仁	1000	1000	1000	—
橄榄仁	1000	1000	1000	—
瓜子仁	2000	2000	2000	—
核桃仁	6000	6000	6000	—
芝麻	3000	3000	3000	5000
花生仁	—	—	—	6000

续表

原料＼品名	五仁/g	叉烧/g	烧鸡/g	什锦/g
叉烧酱	—	1000	1000	—
水晶肉	6000	6000	6000	6000
叉烧	—	4000	—	—
烧鸡	—	—	4000	—
冬瓜糖	7000	6000	6000	8000
糖金橘丁	2000	2000	2000	2000
糕粉	4000	4000	4000	5000
高度白酒	300	300	300	300
酱油	100	100	100	100
五香粉	100	—	—	—
水	350～4000	3500～4000	3500～4000	5000～5500
食盐	50	100	100	50
味精	40	50	50	40

注：此配方以成品 50kg 的广式硬馅月饼的配方，供参考。

（二）广式月饼生产工艺流程

1. 皮面制作工艺流程（图 3-2）

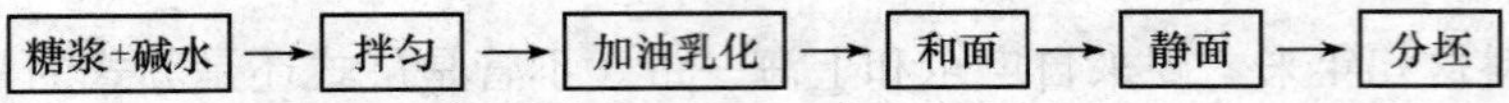

糖浆+碱水 → 拌匀 → 加油乳化 → 和面 → 静面 → 分坯

图 3-2　皮面制作工艺流程

2. 硬馅料月饼馅料制作工艺流程（图 3-3）

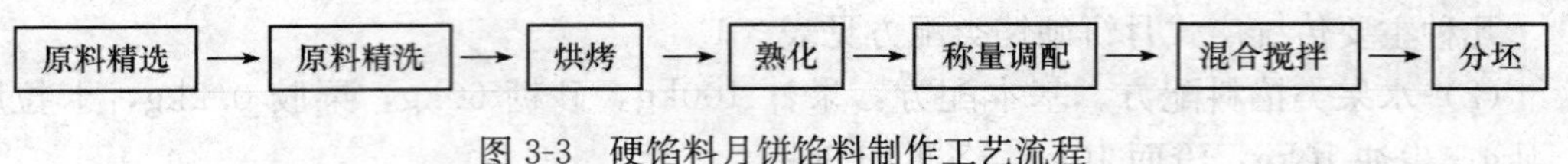

图 3-3　硬馅料月饼馅料制作工艺流程

3. 广式月饼生产工艺流程（图 3-4）

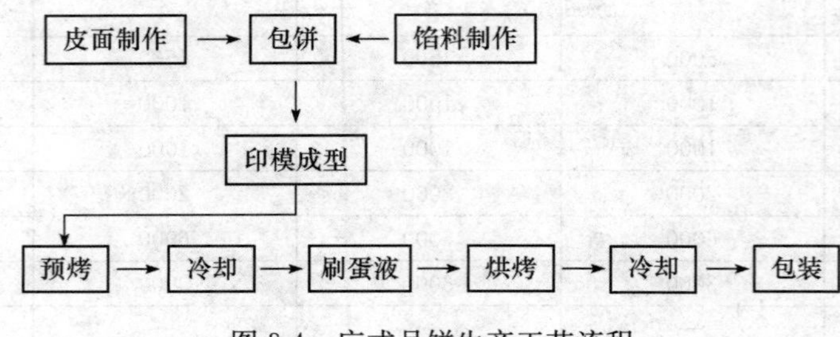

图 3-4　广式月饼生产工艺流程

（三）广式月饼生产的技术要点

1. 广式月饼糖浆制备

糖浆的制备是广式月饼的制作关键，熬糖的目的是促进蔗糖转化成转化糖浆。

（1）什么是转化糖浆？转化糖浆是指蔗糖溶液在加酸加热的作用下，经过水解成为葡萄糖与果糖的混合物，这种变化称为转化。一般转化率为70%～85%，100kg固态白砂糖可制成70～75°Bx的转化糖浆130kg。含有转化糖的溶液称为转化糖浆，简称糖浆。

（2）转化糖浆的特点，一是甜度高，其糖浆中含有果糖约40%，果糖的甜度比蔗糖高，一般70°Bx的转化糖浆就相当于等量固态白砂糖的甜度，因此，用蔗糖制成的转化糖浆，按甜度计算可节约蔗糖用量10%左右，有利于降低成本，其营养价值也高，还容易被人体吸收。

转化糖浆有吸湿性大，保湿性强的作用，因此广式月饼使用转化糖浆制作，使饼皮柔软油润有光泽（这也俗称为回油现象）。

一般将熬好的糖浆放置15d以后再用，这样才能转化成质量比较好的转化糖浆，糖浆一般贮放在缸里，用布（或缸盖）覆盖缸口。

（3）糖浆的配制方法。

① 转化糖浆配方：白砂糖50kg，清水18～20kg，柠檬酸40～80g，鲜柠檬和菠萝等，大约200g。

② 转化糖浆制法：先将清水放入锅内烧开（最好用铜锅或不锈钢锅这样熬制出的浆色泽透亮，不黑），再放入白砂糖，用大火煮开。放入砂糖后，应用铲把砂糖搅动溶化，以防止砂糖粘锅底现焦煳现象。开锅后，降为慢火，并勺出去表面脏泡沫，再放入用少量水溶解的柠檬酸，继续熬制直到糖浆的浓度为78%～80%，糖浆的温度为115℃，成品降约在63～65kg即为合格的糖浆，熬制的时间一般最低为100～120min，再高也最好不超过2h，因为时间太长，色泽就重，最长在2h就可以了。

（4）熬糖过程中应该注意的事项：

① 熬糖浆应先将水烧开后，再放入砂糖，不停搅拌，等糖完全溶解后再加入柠檬酸和鲜柠檬、菠萝等，否则糖容易粘底、生焦，影响糖浆的色泽。

② 熬糖浆时应先大火后微火，防止糖浆喷泻，而且对糖的转化也有很大的好处，糖浆如果喷泻，可适当加一点清水，让其坠落。

③ 熬制月饼糖浆，用的白砂糖应该选用粒粗透明一级白砂糖比较好。水最好用软水。

④ 柠檬酸的用量也不是固定，一般根据砂糖的质量，存放的时间以及水质与气候而决定，一般40～80g。

⑤ 糖浆过浓，成品表面花纹不清，不离壳现象，饼皮也容易硬，上色，同时还容易往下座边。糖浆过稀，成品烘烤时不易上色，而且饼皮有收缩现象，不舒展。

（5）对糖浆质量和浓度的鉴别。

① 糖浆的温度应在110～112℃比较合适，浓度在78%～80%就可以了。如果熬制

的温度过高，超过115℃，糖浆颜色容易褐变，用这种糖浆制作月饼时，烘烤后饼皮颜色容易变深。糖浆的温度与浓度的关系见表3-2。

表3-2 糖浆的温度与浓度的关系

温度/℃	糖浆浓度/%	水分含量/%
104	67.3	32.7
108	75.2	24.8
110	80	20
112	82.1	17.8
115	85.2	14.8
116	85.8	14.2
117	86.5	13.5
118	87.2	12.8

在转化过程中，由于气候比较干燥的关系，水还要蒸发出一些，浓度相对就比刚熬好时高些了；在广州等南方地区比北方要潮湿，熬制的糖浆浓度比北方就要高些，一般在80%～82%，所以糖浆的浓度要根据地区的气候来决定。

② 糖浆熬合适后，用锅铲往下倒，最后一滴时糖浆有回缩现象，用手指蘸上糖浆做分合动作时，有黏糊的感觉。这样的糖浆就合适了。

2. 广式月饼皮面的调制技术要点

（1）碱水和糖浆要充分拌匀后，再加入油充分搅拌乳化。

（2）吉士粉和面粉混合过筛，然后倒入乳化好的混合糖浆中和面。

（3）和面要求均匀细腻就行。不宜搅拌过度。

（4）把和好的面团盖好静面3h才使用。

3. 馅料的调制技术要点

（1）蓉沙类馅料的调制。软馅主要包括豆蓉、豆沙、莲蓉、香芋等，以豆蓉为例其技术要点如下：

① 绿豆去皮后浸泡3～5h。

② 蒸煮熟透后打浆。

③ 加糖70%、花生油20%、玉米淀粉10%进行炒制。

（2）硬馅料的调制。包括五仁、叉烧、烧鸡、什锦等。其技术要点如下：

① 先把各种五仁料精选并洗干净。

② 原料的熟化。把各种五仁料烤熟或油炸熟透。

③ 橘饼、糖冬瓜用刀切成幼粒备用。

④ 将果仁料、生糖肉、玫瑰糖和已切好的橘饼、糖冬瓜拌匀，再加入曲酒。

⑤ 把所有的一起混合均匀。

（3）水果月饼馅料。菠萝、水蜜桃、芒果、草毒等，其技术要点如下：

① 选原料：新鲜水果和辅料。

② 先将市售水果清洗干净，去皮、去核，然后用破碎机粉碎。

③ 将一半破碎后的水果、砂糖、栗胶加入夹层锅中，加盖，开机搅拌并加热，控制油温表面温度在 180℃以下。

④ 用剩下的一半水果浆浸入称量好的卡拉胶，要求浸透，若浸不透可加入少量水。称量好的澄面与生油一起开水油浆（生油留少许在后工序中加入）。

⑤ 夹层锅中的糖浆煮约 80min 后除盖，加入浸透的卡拉胶继续加热。随着卡拉胶的溶解和发生胶黏作用，馅料逐步黏稠，继续煮至 150min 左右，此时加入澄面水油浆继续熬煮。

⑥ 不断加热搅拌，同时加入少许生油，蒸发水分使果浆熟发，此时果浆逐渐变得透明，再加入其他食品添加剂（柠檬酸、防腐剂等）。待水分挥发到符合要求时上锅（经检验水分为 16%～18%），用铁盘装好冷却，即得果浆成品。

⑦ 生产工艺分析。第一，要控制好温度，各种原材料的加入要求特别严格，即先加入砂糖。栗胶和粉碎后的水果浆熬煮，熬煮到一定程度再加入卡拉胶，最后加入澄面水油浆。第二，卡拉胶必须有一定水分溶解才可起黏结凝固的定形作用，所以卡拉胶要用水渗透后再加入熬煮锅中，而且加入时不能太急、太快，要慢慢加入，否则容易成团、起粒。第三，澄面应用水和油开浆后加入，这样有助于粉的溶解和熟化。熬煮后期加入少许生油，增加滑腻感，同时果浆不至太黏。第四，卡拉胶、澄面加入的时间应掌握好。加入太早，果浆韧性增大；加入太迟，卡拉胶、澄面起粒，用这种果浆做饼会容易塌下。

4. 包馅成型

(1) 包馅时基本按皮占 25%、馅占 75%的比例进行包制。首先按要求分摘好皮和馅，并搓圆。皮面用手掌揿扁，放入馅料，并收口。收口朝下放在案台上，稍撒些干粉，防止成型时粘印模。

(2) 成型。把捏好的月饼生坯放入特制的印模内，封口处朝上，揿实，不使饼皮露边或溢出模口，然后敲脱。

5. 广式月饼烘烤和冷却包装

(1) 烘烤。入炉前喷水，目的使表面的干粉吸水。以免影响饼皮色泽。入炉后用面火 210～220℃、底火 190～200℃烤至淡黄色，出烤稍冷却后，刷蛋液，蛋液的比例是：3 个全蛋加 7 个蛋黄再加少量的盐搅拌均匀，刷蛋液时动作要轻快要均匀。再用面火 230～250℃、底火 210～220℃入炉烤至棕黄色。总烘烤时间为 25～30min。

(2) 冷却包装。月饼出炉后冷却到 60～70℃进行热包装。

6. 广式月饼制作时注意事项

(1) 碱水与糖浆混合均匀后才能加入油脂类，否则容易发生皂化反应使烘烤出来的月饼皮有白点无光泽。

(2) 油与糖浆要充分混合乳化后才能投入面粉，不然月饼皮面容易上劲，往外渗油。

(3) 皮的软硬必须要与馅软硬相吻合，皮过软易出现粘饼模，使用过硬的皮，产品还容易往下座边。

(4) 月饼皮碱水要适量，过多会使成品色泽黯黑、易上色，皮易出现霉烂，影响回油，碱水过少时烘焙不易上色，并有少许皱纹，皮较干硬。

二、苏式月饼

(一) 原料与配方

苏式月饼皮料是由筋性面团和油酥面团两种皮面组成，见表 3-3。

表 3-3 苏式月饼皮料配方表

原料 \ 面团种类		筋性面团（水油面团）/g	油酥面团/g
原料数量	细砂糖	100	300
	黄奶油	100	800
	高筋面粉	700	—
	低筋面粉	300	1000
	水	550	—

(二) 苏式月饼生产工艺流程

苏式月饼属于酥皮类糕点，其皮面的制作和蛋挞皮、老婆饼皮类似，是由两种面团制成多层次而且层次分明、酥脆可口的皮面。

1. 苏式皮面制作工艺流程

(1) 筋性面团制作工艺流程如图 3-5 所示。

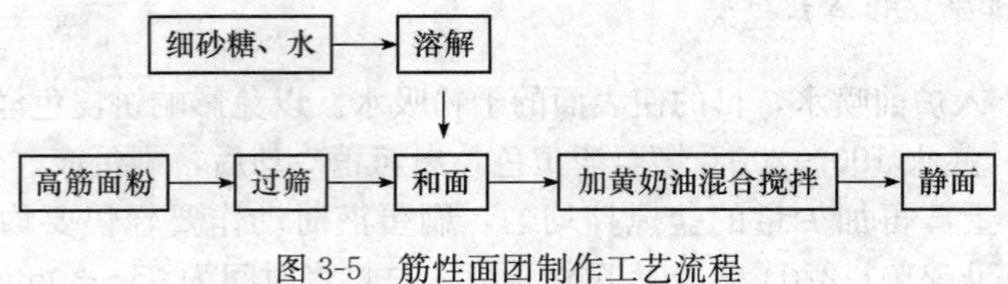

图 3-5 筋性面团制作工艺流程

(2) 油酥面团调制工艺流程如图 3-6 所示。

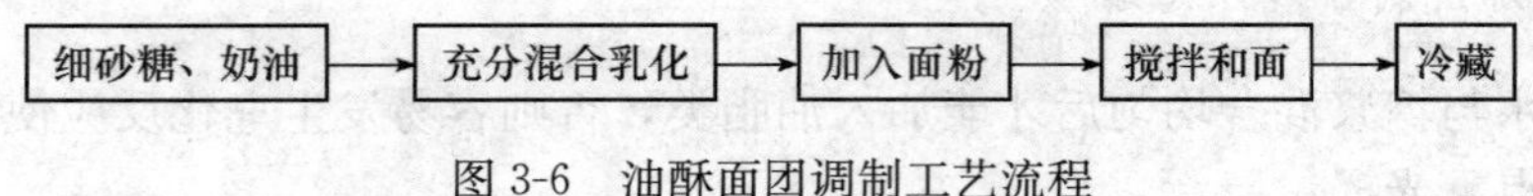

图 3-6 油酥面团调制工艺流程

2. 馅料制作工艺流程（图 3-7）

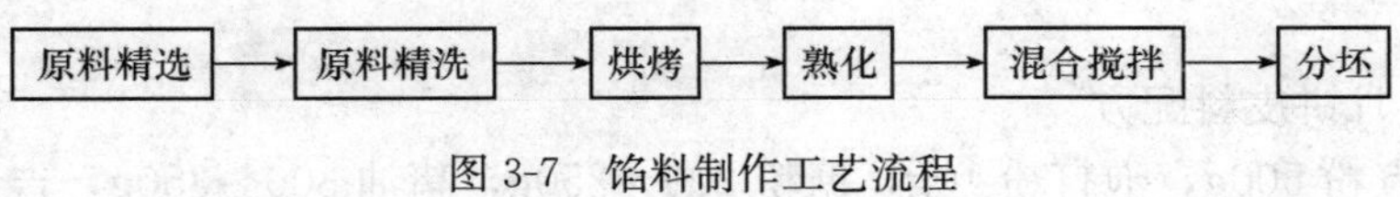

图 3-7　馅料制作工艺流程

3. 苏式月饼生产工艺流程（图 3-8）

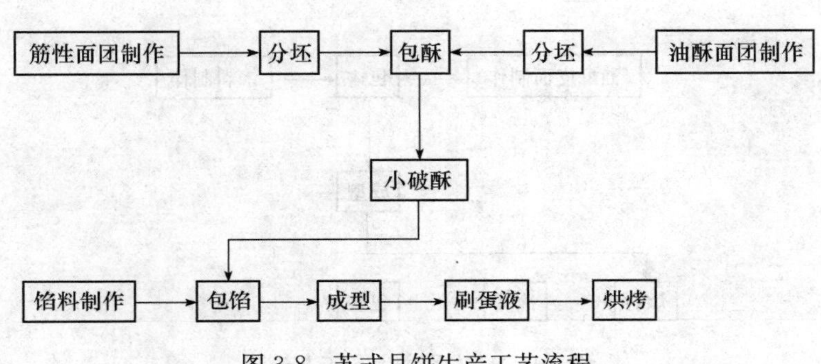

图 3-8　苏式月饼生产工艺流程

（三）苏式月饼的制作操作要点

1. 苏式月饼皮面的调制技术要点

（1）筋性面团（水油面团）制作要点：首先将白砂糖、水搅拌溶解，加入面粉和面，当搅拌至面筋充分形成时再加入猪油拌匀。用湿毛巾盖上 20min 左右即可使用。

（2）油酥面团调制要点：先将糖粉和猪油拌匀，然后加入面粉搅拌均匀后放入冰箱冷藏约 20min 即行。

2. 苏式月饼的制作技术要点

（1）制饼皮。

① 包酥。将水油皮和油酥按比例分坯（6∶4），即水油皮占 60%、油酥占 40%分坯。将水油皮包上油酥呈圆球形。

② 破酥。破酥有大破酥和小破酥。小破酥用酥棍开成约 15cm 长牛舌形，再卷成筒形，在 2/3 处稍按扁，然后叠成 3 层，静置 10min 后开成圆件。大破酥一般用开酥机开，先开二次，每次折三折，约 1cm 厚，松弛 30min 后，再开一次，同样折三折，放入雪柜冷藏至软硬合适。拿出开至 0.5～0.8cm 厚，切成圆形件。

（2）包饼。按馅 6%，皮 40%的比例进行包饼成型。

（3）烘烤。刷蛋液后入炉烤至棕黄色。烘烤时间大约 25min。

（4）冷却包装。出炉冷却到 60～70℃进行热包装。

三、京式月饼

1. 原料与配方

1）京式月饼皮料配方

精制糕点粉 500g，泡打粉 10g，糖粉 200～250g，猪油 300～350g，吉士粉 30g。

2）京式月饼生产工艺流程

京式月饼属于油酥类糕点，也是混糖皮包馅类糕点。其生产工艺流程如图 3-9 所示。

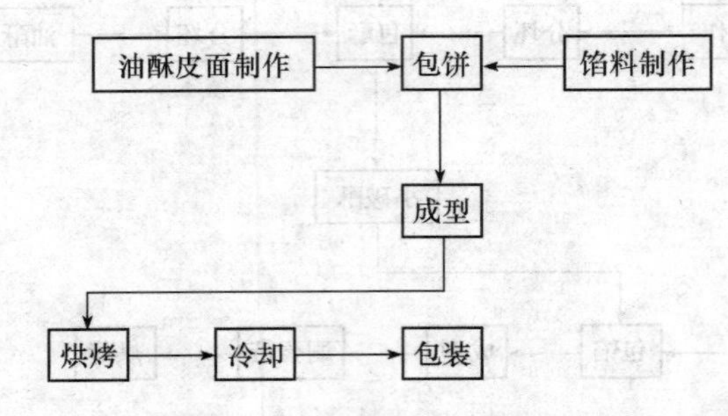

图 3-9 京式月饼生产工艺流程

2. 京式月饼的制作操作要点

（1）面团调制。将制好的糖粉倒入和面机内，然后加入吉士粉、猪油和泡打粉（起子）搅拌成乳白色悬浮状液体，再加入面粉搅拌均匀。搅拌好的面团应柔软适宜、细腻、起发好，不浸油。调制好的面团应在 1h 内生产，否则存放时间过长，面团筋力增加，影响产品的质量。

（2）包馅。将已包好的饼坯封口向外，放入印模，用印模压制成型，纹印有“状元”字。

（3）烘烤。先在烤盘内涂一层薄薄的花生油，再按合适距离放入饼坯。用面火 200～220℃、底火 160～180℃的炉温烘烤。

（4）注意事项。皮面团要适当揉搓，防止饼皮生筋；饼皮与馅心要分摘均匀，防止成品大小不一；皮和馅的软硬度要尽量保持一致，便于成型，出炉后迅速冷却，不能翻动，否则成品易破碎。

任务四 月饼质量鉴定

国家为了保证月饼的质量，近几年加强了对月饼生产的监督和管理，从 2007 年月饼生产也实行了准入制度。并颁布实施了月饼质量新标准及强制性的月饼馅料标准。对月饼馅料的原料、辅料及主料用量还有包装都做出明确规定。月饼的质量主要包括感官要求、理化指标和卫生指标。

一、月饼的感官要求

月饼的感官要求按 GB 19855—2005 执行。

1. 广式月饼感官要求（表 3-4）

表 3-4　广式月饼感官要求

项　目		要　求
形态		外形饱满，表面微凸，轮廓分明，品名花纹清晰，无明显凹缩、爆裂、塌斜、坍塌和漏馅现象
色泽		饼面棕黄或棕红，色泽均匀，腰部呈乳黄或黄色，底部棕黄不焦，无污染
组织	蓉沙类	饼皮厚薄均匀，馅料细腻无僵粒，无夹生，椰蓉类馅芯色泽淡黄、油润
	果仁类	饼皮厚薄均匀，果仁大小适中，拌和均匀，无夹生
	水果类	饼皮厚薄均匀，馅芯有该品种应有的色泽，拌和均匀，无夹生
	蔬菜类	饼皮厚薄均匀，馅芯有该品种应有的色泽，无色素斑点，拌和均匀，无夹生
	肉与肉制品类	饼皮厚薄均匀，肉与肉制品大小适中，拌和均匀，无夹生
	水产制品类	饼皮厚薄均匀，水产制品大小适中，拌和均匀，无夹生
	蛋黄类	饼皮厚薄均匀，蛋黄居中，无夹生
	其他类	饼皮厚薄均匀，无夹生
滋味与口感		饼皮松软，具有该品种应有的风味，无异味
杂质		正常视力无可见杂质

2. 京式月饼感官要求（表 3-5）

表 3-5　京式月饼感官要求

项　目	要　求
形态	外形整齐，花纹清晰，无破裂、漏馅、凹缩、塌斜现象，有该品种应有的形态
色泽	表面光润，有该品种应有的色泽且颜色均匀，无杂色
组织	皮馅厚薄均匀，无脱壳，无大空隙，无夹生，有该品种应有的组织
滋味与口感	有该品种应有的风味，无异味
杂质	正常视力无可见杂质

3. 苏式月饼感官要求（表 3-6）

表 3-6　苏式月饼感官要求

项　目	要　求
形态	外形圆整，面底平整，略呈扁鼓形；底部收口居中不漏底，无僵缩、露酥、塌斜、跑糖、漏馅现象，无大片碎皮；品名戳记清晰
色泽	饼面浅黄或浅棕黄，腰部乳黄泛白，饼底棕黄不焦，不沾染杂色，无污染现象

续表

项　目		要　求
组织	蓉沙类	酥层分明，皮馅厚薄均匀，馅软油润，无夹生、僵粒
	果仁类	酥层分明，皮馅厚薄均匀，馅松不韧，果仁粒形分明、分布均匀。无夹生、大空隙
	肉与肉制品类	酥层分明，皮馅厚薄均匀，肉与肉制品分布均匀，无夹生，大空隙
	其他类	酥层分明，皮馅厚薄均匀，无空心，无夹生
滋味与口感		酥皮爽口，具有该品种应有的风味，无异味
杂质		正常视力无可见杂质

二、月饼的理化指标

1. 广式月饼理化指标（表 3-7）

表 3-7　广式月饼理化指标

项　目		蓉沙类	果仁类	果蔬类	肉与肉制品类	水产制品类	蛋黄类	其他类
干燥失重/%	≤	25.0	19.0	25.0	22.0	22.0	23.0	企业自定
蛋白质/%	≥	—	5.5	—	5.5	5.0	—	—
脂肪/%	≤	24.0	28.0	18.0	25.0	24.0	30.0	企业自定
总糖/%	≤	45.0	38.0	46.0	38.0	36.0	42.0	企业自定
馅料含量/%	≥	70						

2. 京式月饼理化指标（表 3-8）

表 3-8　京式月饼理化指标

项　目		要　求
干燥失重/%	≤	17.0
脂肪/%	≤	25.0
总糖/%	≤	40.0
馅料含量/%	≥	35

3. 苏式月饼理化指标（表 3-9）

表 3-9　苏式月饼理化指标

项　目		蓉沙类	果仁类	肉与肉制品类	其他类
干燥失重/%	≤	19.0	12.0	30.0	企业自定
蛋白质/%	≥	—	6.0	7.0	—
脂肪/%	≤	24.0	30.0	33.0	企业自定
总糖/%	≤	38.0	27.0	28.0	企业自定
馅料含量/%	≥	60			

三、月饼的卫生指标

月饼的卫生指标按 GB 7099—2003 规定执行，如表 3-10、表 3-11 所示。

表 3-10　理化指标

项　目		指　标
酸价（以脂肪计）	≤	5
过氧化值（以脂肪计）/%	≤	0.25
砷（以 As 计）/(mg/kg)	≤	0.5
铅（以 Pb 计）/(mg/kg)	≤	0.5
黄曲霉毒素 B_1/(μg/kg)	≤	5
食品添加剂		按 GB 2760—2007 规定

表 3-11　微生物指标

项　目		指　标	
		出厂	销售
菌落总数/(个/g)	≤	1000	1500
大肠菌群/(MPN/100g)	≤	30	30
致病菌（沙门菌氏、志贺菌氏、金黄色葡萄球菌）		不得检出	不得检出
霉菌计数/(个/g)	≤	50	100

任务五　月饼加工常见的质量缺陷及其控制方法

一、广式月饼主要质量问题分析及改进措施

近年来，广式月饼在全国非常流行，受到广大消费者的喜爱。所以在全国各地都有很多企业生产销售广式月饼。有些地方企业对广式月饼的制作技术关键没有很好掌握，所以在生产过程中常出一些质量问题，如产品在回油、回软、光泽性等方面达不到质量标准。

• 月饼饼皮不回软、不回油、没有光泽的主要原因及解决方法。

1. 糖浆质量问题

糖浆质量问题主要是糖浆煮制工艺和配料比例不合理。这样很容易造成广式月饼回油慢、回软差，甚至不回油、不回软，越放越干硬。在生产中应注意以下几个方面：

（1）糖、水、酸的比例。糖：水：酸＝100：(35～40)：(0.08～0.12) 比较适宜。加水量过少，煮制时间短，蔗糖没有充分转化。这样的转化糖浆制作的月饼皮一般很难回油、回软。

（2）转化剂种类及用量。煮制转化糖浆时，要加入适量的酸性物质作蔗糖的转化剂。目前普遍使用柠檬酸。用量一般为 0.08%～0.12%。广东等一些南方厂家有使用

新鲜果汁（如菠萝汁、柠檬汁等）来煮制转化糖浆，效果也不错。或者两种同时使用效果更好。如加柠檬酸0.1%再加新鲜果汁（菠萝汁或柠檬汁）0.5%。熬制糖浆时，柠檬酸一定要在糖液煮沸以后再加入。

(3) 糖浆成熟温度。一般在110～115℃。

(4) 煮制时间和糖浆浓度。应以转化糖浆的浓度达到要求为准。浓度是决定转化糖浆质量的重要标准。糖浆的浓度一般应在78%～81%。

(5) 加热容器。使用铜锅和不锈钢锅为宜。大规模工业化生产，应使用能控制温度的蒸汽夹层锅，确保加热温度恒温。

(6) 转化糖浆的转化率。转化率是决定转化糖浆质量的最重要指标。转化糖浆的正常转化率为60%～75%，转化越充分，葡萄糖和果糖的生成量越好，月饼越易回油、易回软。

2. 原料选用时注意事项

(1) 最好是专用粉。如果使用的面粉面筋含量太高，搅拌时会有过多面筋形成，从而使饼皮起皱，没有光泽，且回油慢。

(2) 枧水浓度的选择：枧水浓度太低，造成枧水加入量大，会减少糖浆使用量，影响饼皮的回油，故最好使用浓度较高的枧水，

3. 饼皮的调制方法

如果调制方法不正确也容易造成广式月饼回油慢、回软差，没有光泽。在生产中应注意以下几个方面：

(1) 碱水和糖浆要充分拌匀后，再加入油充分搅拌乳化。

(2) 和面时间不宜太长，防止面团起筋和渗油。

(3) 枧水过量或浓度太大。

4. 月饼的生产操作过程问题

操作不当也会影响月饼的光泽。在生产中应注意以下几个方面：

(1) 印模成型时饼不能粘太多的干粉。

(2) 刷表面用的蛋液最好用7个蛋黄加3个全蛋。

另外，馅料质量有问题如莲蓉、椰蓉、豆沙、枣泥、豆蓉等馅料中掺杂使假，以次充好，加油量少，掺入淀粉多。馅料从饼皮中吸引油脂，造成饼皮失油干燥、变硬。正确制作工艺应是馅料与饼皮相辅相成，馅料应使用纯正莲蓉、豆沙、枣泥、豆蓉、枣蓉等，按标准配方加入足量的油脂，既保持馅料柔软、细腻，又能使部分油脂转移到饼皮部分，俗称“回油”，使饼皮光亮、柔软。

• 烤制后月饼皮颜色为什么会过深，甚至焦煳？

烤制后月饼皮颜色变深甚至焦煳的原因及改进措施如下所述：

(1) 表皮刷蛋液过多，蛋液刷不匀、过稠，应先将鸡蛋液加入等量的蛋白搅拌均匀，稠度适当。刷匀蛋液。一般情况下刷两遍蛋液，第一遍刷完后几分钟再轻轻刷一

遍，一定要刷匀，不能刷厚厚一层造成烘焙时着色过深过重。

(2) 蛋液中加入糖或奶粉过多。有的厂家喜欢在蛋液中加入糖或奶粉以加强月饼表面着色，这在月饼工艺中是允许的。但如果制作广式月饼则不应加入奶粉。因为广式月饼饼皮中加入了一定量的枧水，使饼皮呈碱性。在碱性条件下月饼饼皮特别易着色，在蛋液中再加入奶粉刷上月饼表面上，无疑是雪上加霜，造成月饼颜色过深、过重，失去光泽。

(3) 搅拌月饼面团时加入酱色或酱油影响月饼的口感，最好不使用。

(4) 月饼面团中加入小苏打或枧水过量。月饼饼皮中加入小苏打、枧水的重要目的是中和转化糖浆中过多的酸，防止月饼产生酸味而影响口感。同时，小苏打和枧水也能起到使饼皮适度蓬松，改善口感的作用，但如果加入量过多则会造成着色过深、过重，还会破坏饼皮外观质构，使饼皮产生裂缝漏馅、花纹不清、字迹不清而严重影响月饼质量。因此，小苏打和枧水一定不能过量。

(5) 糖浆转化熬制的温度过高，超过 115℃，糖浆颜色容易褐变，用这种糖浆制作月饼时，烘烤后饼皮颜色容易变深。因此，熬制转化糖浆时一定要控制蔗糖的转化率和熬制的温度，使用前一定要检验一下糖浆的转化浓度。

(6) 烘烤温度过高。正常烤制广式月饼时，一般入炉后上火大于下火。但如果上火过大，烤制时间过长，则也极易造成月饼饼皮颜色过深、过重。因此，烤制广式月饼时，一定要按照烘烤规程正确操作。

• 月饼为什么会收腰、凹陷、凸起、变形、花纹不清？

月饼烘烤完成出炉后，月饼常出现边墙收腰、表面凸起、底部凹陷，即月饼形态收缩变形现象，造成上述现象的原因有：

(1) 面粉筋力过大，面团韧性太强。大多数月饼面团属于可塑性面团，即无筋性、无韧性、无弹性面团，以保证月饼不变形，表面花纹清晰可辨，所以，应使用低筋粉或中筋粉。如果使用了高筋粉，则会造成面团内部形成面筋，造成弹性过强，使月饼在烘烤过程中面筋受热膨胀，出炉后冷却收缩，造成月饼变形，表面花纹图案模糊，不清晰，质量下降。

(2) 转化糖浆浓度过低。糖浆较稀、水分含量较高，调制面团时易形成面筋，增强了面团弹韧性，使月饼产品坚硬，收缩变形。转化糖浆的浓度要适当。糖浆浓度是决定面团软硬度和加工工艺性能的重要因素。

改进措施如下：

(1) 面粉的筋力。在糖浆面团中主要靠糖的反水化性质来限制面筋蛋白质的吸水和胀润，防止面团形成过多的面筋。

(2) 适宜的温度（30～40℃）可促进面筋大量形成。气温、室温、原辅料的温度都直接影响着糖浆、面团加工工艺性能，其中气温的变化是主要因素。

(3) 糖浆面团中含有一定量的油脂。油脂既限制面筋蛋白质吸水、胀润，又与糖浆作用。糖浆具有很大的黏性，可以使油脂在面团中保持稳定，避免发生“走油”等质量问题。因此，调制糖浆面团时如果配方中用油量增加，糖浆的浓度也应增大，即糖浆浓度与油脂用量成正比。

• 月饼底部产生焦煳、有黑色斑点怎么办?

月饼底部产生焦煳、有黑色斑点的原因及改进措施如下所述:

(1) 底火烘烤温度过高。正确的烘烤工艺为:饼坯入炉后,上火大(210~250℃),下火小(180~200℃),达到炉温后,饼坯入炉,目的是使月饼定型,防止变形和底部焦煳。烤至月饼皮呈金黄色时(一般3~5min),将整盘月饼取出,先薄薄地刷上一次鸡蛋液,再薄薄地刷第二次鸡蛋液,一定要刷均匀,这道工序对广式月饼的饼皮着色和光亮非常重要。再次入炉烘烤8~12min,烤至饼皮呈均匀的枣红色为止。

(2) 皮馅比例不适当,馅料包入过多,造成饼坯底皮过薄、破皮、漏馅、漏糖、渗油,产生焦化现象。皮馅比例3/7比较合适。

(3) 烤盘不干净,前次加工使用的烤盘内污物未清理。每次在饼坯装盘前应严格清除掉盘内的污物。

• 为什么月饼会漏馅、表面开裂?

月饼会漏馅、表面开裂主要原因及改进措施如下所述:

(1) 包馅时剂口封闭不紧,应封严剂口。

(2) 馅料质量差,配比不合理,烘焙时造成“胀馅”、破皮,应严格控制馅质量。

(3) 饼皮中加入了过量膨松剂、枧水、小苏打等。每批枧水使用前应先小批量试验,确认取得理想的月饼色泽后,再大批量投入使用。

(4) 馅料中使用了较多的膨胀原料,如椰蓉、大豆蛋白、面包废渣等。

• 饼皮没有黏性、不易成型怎么办?

饼皮没有黏性、不易成型,其主要原因及改进措施如下所述:

(1) 饼皮配方不合理、油脂过多或糖浆不足,都会引起饼皮脆、没有黏性。要解决这个问题就是增加糖浆用量,相对减少油脂用量,以增加饼皮黏度。转化糖浆的用量是影响饼皮回油质量的关键,所以正常的广式月饼糖浆用量都高达80%以上。

(2) 搅拌饼皮的加料顺序和搅拌时间也影响饼皮的脆性。在饼皮搅拌时,通常是糖浆与水搅拌均匀,然后加入油脂,再搅拌均匀,接着加入2/3的面粉,充分搅拌均匀,停放20min左右后再加入剩下的面粉,少许搅拌即可。如果不按这种顺序搅拌,常会引起饼皮出毛病。例如:一次性加入面粉,若没有充分搅拌,饼皮黏性就不好,不易成型;若搅拌过度,面筋形成太多,饼皮易收缩。广式月饼的搅拌通常分两次拌入面粉。

• 出现馅料质量问题如何改进?

常见月饼馅料质量问题及改进措施如下所述:

(1) 馅料不纯正。有的厂家掺杂使假,以次充好。红白莲中加入了大量淀粉和白云豆粉冒充莲蓉。检验方法:制成月饼后,用刀将月饼切开,如果馅料不沾刀,切口断面处光滑细腻,即表示这是纯正莲蓉馅。如果切口断面处非常粗糙,即表示这是假莲蓉。

(2) 馅料不细腻,在馅料中加油过多,造成馅料粗糙、干燥、发渣、不油润、不光滑、不细腻。此外,馅料还从饼皮中吸油,影响饼皮不油润、不光亮、不柔软。

二、苏式月饼主要质量问题分析及改进措施

（一）饼皮的层次不分明的问题

饼皮的层次不分明的主要原因有以下几个方面：

（1）筋性面团（水油面团）的面粉选择不当或面达不到标准，必须选用高筋面粉，和面时搅拌至面筋充分形成，而且要松弛20min左右方可使用。

（2）筋性面团和油酥面团的比例不合适，筋性面团太少。

（3）筋性面团和油酥面团的软硬度不合适，在破酥时容易跑酥或者破裂。

（4）破酥的操作方法不当。

（二）烤制后月饼皮色泽不均匀或色过深，甚至焦煳问题

烤制后月饼皮色泽不均匀或色过深，甚至焦煳主要原因及改进措施如下所述：

（1）成型时表面干粉太多，或者表皮刷蛋液过多，蛋液刷不匀。

（2）烘烤温度过高。如果面火温度过高过大，烤制时间过长，饼皮颜色过深，甚至焦煳。

（三）月饼的漏馅、表面开裂的问题

月饼会漏馅、表面开裂主要原因及改进措施如下所述：

（1）包馅时剂口封闭不紧，应封严剂口。而且封口朝下码在烤盘里。

（2）馅料质量差，或者水分太多，配比不合理，烘焙时造成“胀馅”、破皮，应严格控制馅质量。

（3）皮面和馅料的软硬度不合适，应控制好皮面和馅料的软硬度。

学习引导

（1）我国月饼按地区以及其风味特点分为哪几类？其主要特点是什么？

（2）简述广式月饼皮面的基本配方和操作工艺。

（3）目前月饼馅料的主要有哪些种类？传统的五仁是指哪几种果仁类？

（4）简述苏式月饼皮面的基本配方和操作工艺。

（5）苏式月饼皮面和京式月饼皮面的用料和调制有什么分别？

（6）广式月饼饼皮不回软、不回油、没有光泽的主要有哪几方面的原因？

（7）广式为什么月饼会漏馅、表面开裂？

（8）苏式月饼饼皮的层次不分明的主要原因是什么？

（9）简述广式月饼糖浆煮制工艺和配料比例。

项目四 蛋糕加工技术

☞ 学习目标

(1) 根据消费者对蛋糕产品的要求，分析产品特点，进行蛋糕产品配方及加工工艺设计。

(2) 制定蛋糕产品质量标准和可行的加工方案。

(3) 依照蛋糕要求及标准，选择相应原辅材料及制定相关产品验收标准。

(4) 根据加工方案，按照食品安全生产的有关法律法规要求进行生产前的准备、生产的实施与控制。

(5) 评价与分析蛋糕产品的质量。

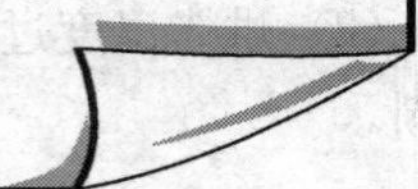

任务一 蛋糕生产基础知识

一、蛋糕的概念及分类

(一) 蛋糕的概念

蛋糕是以鸡蛋、食糖、面粉等为主要原料，经搅打充气，辅以膨松剂，通过烘烤或汽蒸而使组织松发的一种酥松绵软、适口性好的食品。蛋糕具有浓郁的香味，新出炉的蛋糕质地柔软，富有弹性，组织细腻多孔，软似海绵，易消化，是一种营养丰富的食品。

蛋糕是传统且最具有代表性的西点，它是西点中的一大类，深受消费者喜爱。现代社会中，无论是国内还是国外，在如生日聚会、周年庆典、新婚典礼、各种表演及朋友聚会等的很多场合都会有蛋糕的出现，在很多时候人们也把蛋糕作为点心食用。而这些蛋糕有大的，有小的，有简单的，也有装饰以奶油、鲜花的，品种、花色应有尽有，蛋糕已经成为人们生活中不可缺少的一种食品。

20世纪初蛋糕传入中国，要讲普及能被各阶层人们所接受，是在20世纪70～80年代，例如各式各样的生日蛋糕，祝寿蛋糕就把传统的象征着长寿的吉祥物寿桃、寿星、松柏等用在蛋糕的装饰上，使其更具有民族化的特点。

(二) 蛋糕的分类及性质

蛋糕的分类方法有很多，不同的分类方法得到的结果也不同。目前常用的分类方法主要是根据配方和搅拌方式以及材料和做法的不同来划分的。

1. 根据配方和搅拌方式的不同分类

1）面糊类

面糊类蛋糕是利用大量融合性好的油脂，通过搅拌而蓬松，或利用化学膨松剂，在烘烤时受热而蓬松糕体。面糊特质又因其蓬松方式不同而有所区别，以机械蓬松的面糊，通常稠度比较厚；而以化学蓬松的面糊，稠度比较薄。面糊类蛋糕主要原料是油脂、糖、蛋、面粉，其中油脂的用量较多，又根据油脂的多少，可分为重油蛋糕和轻油蛋糕。重油蛋糕配方中油脂含量在40%～60%，而轻油蛋糕在20%～40%。产品的特点是组织较紧密，口感扎实。

2）乳沫类

乳沫类蛋糕是利用蛋的蛋白质特性，通过高速搅拌而蓬松，其面糊搅拌时不含任何油脂，而相对密度是最轻的。主要原料有面粉、蛋、糖。产品的特点是组织具有弹性，口感具有韧性，如天使蛋糕、海绵蛋糕。

3）戚风类

戚风类蛋糕是一种混合上述两种方法制作而成的，面糊质地介于以上两种蛋糕之间，含水量比较多，烘烤时，流变性比较低。其搅拌方法分两组三步调制面糊，原料分两组，一组调面糊，一组打发蛋清，第三步再而把两组混合。戚风类主要原料有面粉、蛋、糖、油、水。产品的特点是组织最松软，口感细腻。

2. 根据材料和做法的不同分类

1）海绵蛋糕（sponge cake）

海绵蛋糕是一种乳沫类蛋糕，构成的主体是鸡蛋、糖搅打出来的泡沫和面粉结合而成的网状结构。因为海绵蛋糕的内部组织有很多圆洞，类似海绵一样，所以叫作海绵蛋糕。海绵蛋糕又分为全蛋海绵蛋糕和分蛋海绵蛋糕，这是按照制作方法的不同来分的，全蛋海绵蛋糕是全蛋打发后加入面粉制作而成的；分蛋海绵蛋糕在制作的时候，要把蛋清和蛋黄分开后分别打发再与面粉混合制作而成的。

2）戚风蛋糕（chiffon cake）

戚风蛋糕是比较常见的一种基础蛋糕，也是现在很受西点烘焙爱好者喜欢的一种蛋糕，像是生日蛋糕一般就是用戚风蛋糕来作底，所以说戚风蛋糕算是一个比较基础的蛋糕。

戚风蛋糕的做法很像分蛋海绵蛋糕，其不同之处就是材料的比例，新手还可以加入发粉和塔塔粉，因此蛋糕的组织非常松软。

3）天使蛋糕（angel fool cake）

天使蛋糕也是一种乳沫类蛋糕，就是蛋液经过搅打后产生的松软的泡沫，所不同的是天使蛋糕中不加入一滴油脂，连鸡蛋中含有油脂的蛋黄也去掉，只用蛋清来做这个蛋糕，因此做好的蛋糕颜色清爽雪白，故称为天使蛋糕。

4）重油蛋糕（pound cake）

重油蛋糕也称为磅蛋糕，是用大量的黄油经过搅打再加入鸡蛋和面粉制成的一种面糊类蛋糕。因为不像上述几种蛋糕一样是通过打发的蛋液来增加蛋糕组织的松软，所以重油蛋糕在口感上会比上面几类蛋糕来得实一些，但因为加入了大量的黄油，所以口味非常香醇。

比较常见的是在面糊中加入一些水果或果脯，这样可以减轻蛋糕的油腻味。

5）奶酪蛋糕（cheese cake）

奶酪蛋糕音译也可以称为芝士蛋糕，是指加入了多量的乳酪做成的蛋糕，是现在比较受大家喜欢的一种蛋糕。一般奶酪蛋糕中加入的都是奶油奶酪（cream cheese）。

奶酪蛋糕又分为以下几种：

（1）重奶酪蛋糕。即奶酪的分量加得比较多，一般1个8in（1in＝2.54cm）的奶酪蛋糕，奶油奶酪的分量应该不少于250g。因为奶酪的分量比较多，所以重奶酪蛋糕的口味比较实，奶酪味很重，所以在制作时多会加入一些果酱来增加口味。

（2）轻奶酪蛋糕。轻奶酪蛋糕在制作时奶油奶酪加得比较少，同时还会用打发的蛋清来增加蛋糕的松软度，粉类也会加得很少，所以轻奶酪蛋糕吃起来的口感会非常绵软，入口即化。

（3）冻奶酪蛋糕。是一种免烤蛋糕，会在奶酪蛋糕中加入明胶之类的凝固剂，然后放冰箱冷藏至蛋糕凝固，因为不经过烘烤，所以不会加入粉类材料。

6）慕斯蛋糕（mousse cake）

慕斯蛋糕也是一种免烤蛋糕，是通过打发的鲜奶油，一些水果果泥和胶类凝固剂冷藏制成的蛋糕，一般会以戚风蛋糕片作底。

（三）蛋糕制作中的搅拌方法

根据蛋糕分类，搅拌方法可分为以下几种。

1. 面糊类

（1）糖油拌和法。用糖和油脂先打发。

（2）粉油拌和法。用粉和油脂先搅拌。

（3）两步拌和法。把所有原料（蛋除外）先搅拌，后加蛋。

（4）糖水拌和法。先将糖及糖量60%的水量先搅打，再加其他干性原料及油脂用高速打发，最后加蛋及其他液态材料。

（5）直接拌和法。所有原料一起搅拌。

2. 乳沫类

（1）全蛋法。蛋和糖先打发。

（2）分蛋法。将蛋黄及蛋清分开打发。

（3）乳化法。利用乳化剂的增泡性，把蛋糊打发。

3. 戚风类

1）戚风打法

戚风打法即分蛋打法，蛋白加糖打发的蛋白糖与另蛋黄加其他液态材料及粉类材料拌匀的面糊拌和。

2）海绵打法

海绵打法即全蛋打法，蛋白加蛋黄加糖一起搅拌至浓稠状，呈乳白色且勾起乳沫约2s才滴下，再加入其他液态材料及粉类拌和。

3）法式海绵打法

法式海绵打法即分蛋法而蛋白加1/2糖打发与另蛋黄加1/2糖打发至乳白色，两者拌和后再加入其他粉类材料及液态材料拌和。

4）天使蛋糕法

天使蛋糕法即指蛋白加塔塔粉打发泡再分次加入1/2糖搅拌至湿性发泡（不可搅至干性），面粉加1/2糖过筛后加入拌和至吸收即可。

5）糖油拌和法

糖油拌和法即先将油类打软后加糖或糖粉搅拌至松软绒毛状，再加蛋拌匀，最后加入粉类材料拌和。如饼干类、重奶油蛋糕。

6）粉油拌和法

粉油拌和法是先将油类打软再加面粉打至蓬松后，加糖再打发呈绒毛状，加蛋搅拌至光滑，适用于油量60%以上之配方，如水果蛋糕。

二、蛋糕加工的现状与发展趋势

（一）蛋糕加工的现状

蛋糕加工的现状是品种多，产品保质期短。多数低档蛋糕出炉后，一两天即变得较硬、口感粗糙，保质期短，这种现象的出现是由于蛋糕中水分散失，糖分含量高。

（二）蛋糕加工的发展趋势

随着生产的不断发展和人民生活水平逐渐提高，对蛋糕有着更高的要求。近年来，随着改革开放的深入，西式蛋糕加工技术的加入使中式蛋糕加工不断地有所改进和提高，从目前蛋糕制作来说，中式蛋糕的加工方法和制作品种已融合了西式蛋糕的加工技术。因此，对中式蛋糕发展起到了推波助澜的作用，因而使中、西式蛋糕派别很难区分和分辨。

对于未来蛋糕产业来讲，一定会朝着绿色、健康、环保的方向发展。所以蛋糕的生产首先要解决的是健康问题，比如无糖蛋糕、果蔬蛋糕。其次要解决产品保质期的问题。目前，蛋糕行业基本上是当地生产，当地销售，这就阻碍了行业的发展。再次，要加强与国际的交流与合作，取人之长，补己之短，把我国的蛋糕产业推向国际大舞台！

任务二　蛋糕加工工艺

蛋糕可以分为海绵蛋糕和油脂蛋糕两大基本类型，这两类蛋糕除了配料的不同外，加工技术也有较大的区别，蛋糕的主要用途的也有两种情况，一种主要用于各种庆祝场合，如生日聚会、周年庆祝，蛋糕的体积比较大，以制作蛋糕坯为基础，然后用挤糊、裱花等方法加以进行装饰。另一种主要作为甜点、小食品，蛋糕的体积比较小，通常是制作为各种形状，熟化后简单装饰或不装饰。但是不论哪一种蛋糕，哪一种分类方法，蛋糕的加工过程通常都包括：原料选择、面糊的调制、注模、成型、烘烤、冷却、装饰等工序，而面糊的调制主要是配料、搅打及原料的混合。

一、原料选择

制作蛋糕的主要原料有鸡蛋、白糖、面粉、饴糖、油脂等，它们各自起着很重要的作用，因此也要有一定的要求。

（一）蛋及蛋制品

蛋品在焙烤食品加工起着重要的作用，它是蛋糕加工中不可缺少的原料，蛋品有着多种特性，对蛋糕的品质起着多方面的作用。

由于鸭蛋、鹅蛋有异味，蛋糕加工中所用的蛋品主要是新鲜鸡蛋及其加工品。

1. 鸡蛋的加工性能

鸡蛋的加工性能主要包括：可稀释性、打发性（起泡性）、热凝固性和乳化性。

1）鸡蛋的可稀释性

鸡蛋的可稀释性是指鸡蛋可以同其他原料均匀混合，并被稀释到任意浓度的特性。如果不进行特殊的处理，鸡蛋不能和油脂类的原料均匀混合。

2）鸡蛋的打发性

鸡蛋的打发性是指鸡蛋白在空气中搅拌时有卷入并包裹气体的能力。

当蛋白被强烈搅打时，空气会被卷入蛋液中，同时搅打的作用也会使空气在蛋液中分散而形成泡沫，最终泡沫的体积可以变为原始体积的6～8倍，形成的泡沫同时也失去蛋清的流动性，成类似固体状。鸡蛋的打发性可以用打擦度和相对密度来表示。

打擦度：是指蛋液在搅打过程中泡沫所达到的体积与打发初始蛋液体积的比值（常用百分比表示）。通常用于测定蛋白或全蛋液的打发性。即

$$\text{打擦度} = \frac{\text{搅打后蛋液泡沫的体积}}{\text{搅打前蛋液的体积}} \times 100\%$$

相对密度：测定一定体积蛋液（发泡蛋液）质量与同体积水的质量的比值，当此比值达到最小时，即为打发的最适点。

$$\text{相对密度} = \frac{\text{一定体积发泡蛋液的质量}}{\text{同体积水的质量}} \times 100\%$$

鸡蛋搅打形成的泡沫受热时，包裹在小气室中的空气膨胀，包围这些小气室的蛋白受热到一定程度会由于变性而凝固，从而使这些膨胀了的小气室固定下来，形成蛋糕的多孔组织，这就是海绵蛋糕加工的原理。

打蛋时间与温度有很大的关系。温度高蛋液黏度低，容易打发，所需打蛋时间短，但保持空气泡的能力也比较低；反之，温度过低，鸡蛋白过于黏稠，空气不易充入，会延长打蛋时间。搅打鸡蛋白的适宜温度一般在 17～22℃。另外，有些配方的蛋糕在鸡蛋同其他物料（如油脂、糖）混合打之前，需要将鸡蛋在室温条件下放置 30min 左右，以防低温造成油脂的硬化。另外打发温度也会影响到打发体积，鸡蛋搅打前在室温条件下放置 30min 左右可以使其打发体积达到最大。

打蛋时，蛋液需要和糖一起搅打。糖在蛋糕加工中不仅可以增加甜味，而且还具有化学稳定性。单独的蛋液虽然也能打发，但是泡膜干燥、脆弱，易于失去弹性而破裂，而且难以膨胀。糖和蛋液混合后，蛋液的黏度增加，而黏度大的物质有利于泡沫的形成和稳定。调制全蛋海绵蛋糕面糊时，添加糖一起搅打的蛋液温度需控制在 40℃左右时最易充入空气，温度过高，鸡蛋蛋白易变性凝固，不利于发泡；温度过低，则需延长搅打时间才能达到需要的发松程度。调制奶油蛋糕面糊时，搅打脂肪与砂糖粉或面粉发松的最适温度在 22℃左右，温度过低，脂肪的固体脂肪指数过高，稠度较大，搅打时不易充入空气；温度过高，固体脂肪指数太低，包含空气气泡的能力降低，影响面糊中空气泡含量。

酸性物质的适量添加有利于鸡蛋泡沫的稳定。目前在蛋糕加工中用得比较多的是塔塔粉（有效成分为酒石酸氢钾和碳酸钠），有些配方中也使用柠檬汁或食醋等。同时采用酸性物质调整陈鸡蛋的 pH 可以有效地改善其打发性。

油脂也对鸡蛋的打发性有很大的影响。油脂是消泡剂，可使打发的泡沫破裂、消失，因此打蛋时蛋液不可以与油脂接触。蛋黄和全蛋都可以形成泡沫，但是打发性比蛋白差很多，同时，蛋黄中含有大量的脂肪，对蛋白的打发性有削弱的作用，因此，如果能将蛋白和蛋黄分开搅打或仅使用蛋白制作海绵蛋糕，效果会比全蛋好。

另外，新鲜鸡蛋的打发时间比陈蛋的长，但是形成的泡沫稳定；食盐的添加会降低泡沫的稳定性；水分的添加也会影响到蛋清的发泡性。

3）热凝固性

热凝固性是鸡蛋重要的特性之一。是指鸡蛋白加热到一定温度后，会凝固变性，形成凝胶的特性。蛋白的形成的凝胶具有热不可逆性，也就是说，即使温度再降低到室温时，受热形成的凝胶也不能恢复到原始的液体状。

4）鸡蛋的乳化性

乳化是将油脂类物质和水分等互不混溶的物质均匀分散的过程，能使两种或两种以上不相混合的液体均匀分散的物质就是乳化剂。鸡蛋是一种天然的乳化剂，鸡蛋中起乳化作用的物质是卵磷脂。卵磷脂是良好的天然乳化剂，亲油部分是两个脂肪酸基，亲水部分是甘油磷酸和氨基醇。

2. 鸡蛋在蛋糕加工中的作用

鸡蛋在蛋糕加工中的作用主要有以下几个方面：

1）蓬松作用

鸡蛋蛋白质受热凝固时失水较轻，可以保证蛋糕制品润湿柔软。所以鸡蛋用量大的海绵蛋糕制品体积大，润湿柔软。

2）营养作用

鸡蛋营养丰富，可以赋予制品脂肪、蛋白质等营养物质。

3）增加蛋糕的风味和色泽

鸡蛋所含的蛋白质和氨基酸在蛋糕的烘烤过程中会在蛋糕表面发生美拉德反应（羰氨反应），产生特有的令人愉悦风味和棕黄的色泽，使蛋糕产生诱人的风味和色泽。

鸡蛋中的类叶黄素、核黄素等会使蛋糕内部色泽呈橙黄色。

4）改善制品组织结构

蛋品对原料中的油脂和其他液体物料还可以起到乳化的作用，使蛋糕制品的风味和结构均一。

（二）小麦粉

小麦粉（俗称面粉）是由小麦籽粒磨粉而得到的，是生产蛋糕的主要原料之一。生产蛋糕通常采用软质小麦磨制的小麦粉。

1. 小麦的分类

小麦的分类方法有多种，可以以产地、表皮的色泽、种植的季节、籽粒的硬度等不同形式分类，同焙烤食品密切相关的分类方法是按照籽粒的硬度区分，因为籽粒的硬度同胚乳所含的成分有很大的关系，而这些成分又会影响到焙烤制品的品质。

按照籽粒硬度的不同，小麦可以分为三类：硬质小麦、中间质小麦、软质小麦。

1）硬质小麦

硬质小麦籽粒的硬度大，从组成上看，小麦的硬度的不同是由于小麦籽粒中胚乳部分成分构成和结合方式上的不同而造成的。硬质小麦胚乳断面呈玻璃质状，是由于胚乳细胞中蛋白质含量高，使淀粉分子之间塞满了蛋白质，淀粉分子之间的间隙小，蛋白质和淀粉基本紧密结成一体，粒质硬。硬质小麦磨制的小麦粉一般呈砂粒性，大部分是完整的胚乳细胞，面筋质量好，小麦粉呈乳黄色，适宜于制作面包、馒头、饺子等食品，不适宜做饼干、蛋糕。

2）软质小麦

软质小麦籽粒的硬度比较小，软质小麦胚乳中蛋白质含量低，淀粉粒之间的空隙较大，胚乳断面呈粉状，粒质软。软质小麦生产的小麦粉颗粒细小，破损淀粉粒少，蛋白质含量较低，适宜于制作饼干、蛋糕。

蛋糕体积与小麦粉细度显著相关，小麦粉越细，蛋糕体积越大。在美国，烘烤蛋糕要求出粉率为50%，经过漂白的精白粉，同时要求淀粉破损少。

蛋糕加工要求小麦粉面筋含量和面筋的筋力都比较低。一般湿面筋含量宜低于24%，面团形成时间小于2min。但是筋力过弱的小麦粉可能影响蛋糕的成型，不利于蛋糕加工。因为小麦粉是蛋糕重要的原料之一，其中的蛋白质吸水后会形成面筋，与蛋白质在蛋糕结构中形成骨架，如果筋力过弱将难以保证足够的筋力来承受蛋糕烘烤时的膨胀力，同时也不宜于蛋糕的运输。

3）中间质小麦

在组成和硬度上介于硬质小麦和软质小麦之间的小麦。

2. 小麦粉的成分及加工性能

小麦粉的主要成分包括：碳水化合物、蛋白质、水分、矿物质、脂肪等。影响蛋糕加工品质的主要是碳水化合物和蛋白质。

1）碳水化合物

小麦粉中的碳水化合物主要包括淀粉、糊精、纤维素以及各种游离糖和苷聚糖。对蛋糕品质影响较大的主要是淀粉，淀粉对蛋糕品质的作用主要是通过影响蛋糕烘烤过程中淀粉的糊化和蛋糕制品的老化体现出的。

2）蛋白质

小麦粉中的蛋白质的含量和品质不仅决定小麦的营养价值，而且小麦蛋白质是构成面筋的主要成分，因此，它与小麦粉的烘焙性能有着极为密切的关系。在各种谷物面粉中，只有小麦粉的蛋白质能吸水而形成面筋。

蛋糕糊的调制过程中蛋白质会吸收原料中的水分而形成面筋，面筋形成的程度对蛋糕制品的品质有重要的影响，面筋形成程度不足，会造成蛋糕骨架强度不够，这个强度不足以支撑原料中的淀粉、糖等原料，会使蛋糕结构致密，组织不疏松，体积小；如果面筋形成过度，会由于面筋形成夺取了鸡蛋中的水分而使鸡蛋蛋白质吸水少，同时由于蛋糕烘烤时面筋蛋白的水分会转移给淀粉，而鸡蛋蛋白质不会，这样的结果会造成蛋糕制品组织僵硬，不柔润，同时过强的面筋的强度也会降低烘烤时鸡蛋泡沫的受热膨胀的程度。蛋糕加工时，面筋形成程度的控制，取决于加工中小麦粉品质的选择、加水量以及加入小麦粉以后的搅拌操作。

小麦粉中的蛋白质除了具有吸水形成的面筋以外还会由于受热等其他原因而发生变性。蛋白质的热变性对蛋糕的烘焙品质有重要影响。加热会使蛋白质分子中的水分失去而凝固。即在蛋糕的烘烤过程中会由于面筋蛋白受热变性而形成蛋糕的骨架。

3. 蛋糕用小麦粉的改良

在生产专用小麦粉时，往往由于小麦本身的质量或制粉工艺的原因，不能满足专用的需要，还需要对小麦粉进行化学性或物理性处理。对小麦粉的处理，就其目的而言，可分为改善食品品质、强化小麦粉营养和其他处理三类。在此主要介绍改善蛋糕品质的小麦粉的改良。

改善制品品质的蛋糕用小麦粉的改良主要包括氯化处理、添加表面活性剂和漂白处理。

1）氯化处理

蛋糕用面粉一般用筋力弱的软麦制成。为了满足制作高品质蛋糕的要求，往往还需要对蛋糕用粉进行氯化处理以进一步降低小麦粉的筋力，同时降低小麦粉的 pH。经过氯化处理的小麦粉的蛋白质的分散性增加，从而削弱了面筋形成的强度，使搅拌操作更易控制；氯化处理后的蛋糕面糊的黏度增加，持气性也增加，蛋糕体积增大且内部组织结构也好。

2）添加表面活性剂（乳化剂）

在小麦粉中添加乳化剂的主要目的是通过增加面糊中不同组分之间的交联键而使最终产品的内部组织得到改善，制品体积增大，同时延缓淀粉的老化，延长制品的货架期。小麦粉改良常用的乳化剂有单硬脂酸甘油酯、脂肪酸蔗糖酯、卵磷脂等。具体内容将在乳化剂一节中介绍。

3）漂白处理

为了改善小麦粉的色泽，有时需要对小麦粉进行漂白处理。目前我国广泛使用的增白剂是含27％过氧化苯甲酰的白色粉状增白剂。美、英等国的允许添加量为50mg/kg。根据我国的一些制粉厂的实践，以这一量为宜，过多，反而会使小麦粉色泽加深。在小麦粉的增白过程中，小麦粉中的维生素E遭到破坏，同时该增白剂有微毒性，有些国家和地区（如法国和我国台湾）禁止使用。

（三）乳化剂

近来，蛋糕的制作工艺发生了很大的变化，这种变化的取得是以乳化剂为基础的搅打起泡剂的发展为基础的。搅打起泡剂通过形成膜使空气稳定，空气泡和配料分布均匀，从而制得蜂窝均匀和蜂窝壁薄的蛋糕。

乳化剂属表面活性剂，它所能起的典型作用是乳化作用，即能使两种或两种以上不相混溶的液体均匀分散，另外，乳化剂还能与碳水化合物、脂类化合物和蛋白质等食品成分发生特殊的相互作用，从而起到改善食品品质的作用。乳化剂是蛋糕生产中很重要的添加剂，它对蛋糕的质地结构、感官性能和食用质量分别起重要作用。

1. 乳化剂在蛋糕加工中的作用

乳化剂对海绵蛋糕的作用主要有以下几个方面：

1）缩短打发时间

用传统方法调制海绵蛋糕面糊，需要0.5h左右，使用乳化剂后只需要几分钟就可完成。增加了蛋糕泡沫的稳定性。

2）增加蛋糕的体积

使用乳化剂调制形成的面糊泡沫数量多，细小且均匀，经过烘烤后蛋糕制品比不用乳化剂的体积增加20％～30％，内部组织疏松，孔洞多而细小，孔洞壁薄。

3）防止淀粉的老化，延长制品保鲜

乳化剂可以和淀粉形成复合体，尤其是乳化剂和直链淀粉形成的复合体，可以防止直链淀粉在蛋糕贮存过程中的重新取向，从而防止蛋糕的老化，使蛋糕在长时间内保持润湿，柔软状态，延长保鲜期。

4）提高经济效益

使用乳化剂的配方可以比传统的配方添加更多的水，提高蛋糕的收得率；乳化剂的添加还可以在保证产品质量的前提下，减少鸡蛋的用量，以降低成本。

2. 蛋糕常用乳化剂

蛋糕常用的乳化剂有单硬脂酸甘油酯、脂肪酸丙二醇酯、脂肪酸山梨糖醇酐酯、卵磷脂、脂肪酸蔗糖酯、脂肪酸聚甘油酯。

海绵蛋糕制作时常用的乳化剂制品是泡打粉和蛋糕油，一般含有20%～40%的乳化剂。

1）泡打粉

泡打粉是一种粉状的搅打起泡剂，是以乳化剂为主要作用物质，以牛奶的一些成分（酪蛋白酸盐、脱脂奶粉）、麦芽糖糊精及降解淀粉的混合物为载体，经过复配而制成的。泡打粉使用方便，也可以直接掺入小麦粉中制成蛋糕专用粉。

2）蛋糕油

蛋糕油是一种膏状搅打起泡剂，具有发泡和乳化的双重功能，其中以发泡作用最为明显。除乳化剂外，其余部分由山梨醇和水或山梨醇、丙二醇和水组成。是在山梨醇溶液中加入单硬脂酸甘油酯、脂肪酸丙二醇酯和脂肪酸蔗糖酯形成的稳定的单硬脂酸甘油酯α结晶状胶体，呈透明状。发泡力的主体是单硬脂酸甘油酯。

蛋糕油即蛋糕乳化剂，在海绵蛋糕中广泛应用。目前，市场上已经有多种蛋糕油产品，各产品有效乳化剂浓度不同而有不同的添加量，一般为4%～6%。它加入蛋糕面糊中，能加强泡沫体系的稳定性，使制品得到一个致密而疏松的结构。

油脂蛋糕制作时可以直接添加乳化剂，同时含有乳化剂的起酥油的添加对蛋糕品质也有比较大的影响。

（四）糖及其他甜味剂

1. 糖在蛋糕加工中的作用

糖和其他甜味剂是制作蛋糕的主要原料之一，对蛋糕的口感和质量起着很多重要的作用。

（1）它赋以食品甜味，蔗糖的甜味具有甜味纯正，反应快，甜度高低适当，甜味消失迅速等特点，故蔗糖是较理想的甜味剂，它能赋以蛋糕纯正的甜味。如果以蔗糖的甜度为100，则其他几种甜味剂的甜度分别为：葡萄糖的为74，麦芽糖为40，饴糖为32，果葡糖浆为60，转化糖为127，最甜的糖要算果糖，它的甜度值为173。

（2）赋以蛋糕特殊的香味和色泽，糖类是形成烘烤香气的重要前驱物质。在高温时，糖能分解成各种风味成分；在烘烤时所发生的焦糖化反应和美拉德反应，都可使制品呈现良好的烘烤香味。麦芽酚和乙基麦芽酚等产物具有强烈的焦糖气味，同时反应可使制品表面呈现金黄色和红褐色，提高制品的外观质量，它们也是甜味增强剂。

（3）提高制品的质量。糖在高温时会发生焦糖化反应和美拉德反应，同时，它还能改善成品的口感，防止产品老化；改善面糊的物理性质。糖可以增加面糊的黏度，提高鸡蛋气泡的稳定性，并可以调节面筋的胀润度。糖的高渗透压可以限制面筋的形成，这样可以使制品酥脆。

(4) 糖具有生理作用。糖可提供人体能源，是能源营养素中最经济的一种。糖食用后在体内氧化成二氧化碳和水同时释放出能量，人体所需的能量有70%由糖提供。此外糖也是细胞的组成成分。

由于糖的这一系列作用，故在各种蛋糕的配方中糖的含量都很高。

2. 蛋糕加工中常用的糖和甜味剂

蛋糕加工中使用的糖主要有：蔗糖、蜂蜜、液体糖，其他甜味剂有木糖醇、山梨糖醇、甜菊苷等。

蛋糕加工用到糖主要是蔗糖。蔗糖是食糖中的主要种类，是一种使用最广泛的，较理想的甜味剂。但蔗糖的缺点主要是，当达到一定浓度时，易结晶析出，析出的砂糖一方面影响了制品的外观，同时也会对成品的口感产生不良影响。另外，蔗糖的发热量较高，促进龋齿，且与心脏病的发生有一定的关系，同时添加蔗糖的食品糖尿病人也不宜使用，因此，在现代食品加工中，蔗糖用量逐渐减少，蔗糖的取代品正在逐渐被研制与开发。

国内使用的以蔗糖为主要成分的糖主要有白砂糖、绵白糖和赤砂糖。

白砂糖是纯净蔗糖的结晶体，蔗糖含量＞99%，白砂糖品质优良，甜味纯正，不含杂质，是蛋糕加工中使用最多的一种糖料。

绵白糖是由白砂糖加入部分转化糖浆加工制成的，味甜，晶粒洁白，细小绵软，也是制作蛋糕的最佳糖料之一。

赤砂糖又名原糖，是没有经过精制的蔗糖，也称粗制糖。它是由蔗糖结晶与糖蜜组成，颜色黄褐或棕红，纯度较低，在蛋糕加工中使用的比较少。

蜂蜜是一种天然的甜味剂，它的主要成分为转化糖，其中含有果糖36.3%、葡萄糖35%、蔗糖2.7%和其他如蛋白质、糊精、水分、酶、有机酸、维生素、矿物质以及蜂蜡等成分，味道很甜，也具有较高的营养价值。由于在蛋糕焙烤过程中一些活性成分会受到破坏，故不常使用。

液体糖是淀粉水解的产物，主要包括饴糖、淀粉糖浆和果葡糖浆。饴糖是淀粉酶法水解的产物，它的主要成分是麦芽糖、糊精和水，一般饴糖的固体物质含量在73%～88%之间，主要糖分为麦芽糖。饴糖吸湿性强，可用来保持糕点的柔软。目前，已经有人研制成功以一定量的饴糖代替白砂糖，以保持蛋糕湿润，柔软的品质。淀粉糖浆也是常用的原料之一，又称为葡萄糖浆，是淀粉酸水解的产物，主要成分是糊精、高糖、麦芽糖、葡萄糖等，淀粉糖浆品质较饴糖好，但成本较高。淀粉糖浆甜味柔和，吸湿性强，并具有阻止砂糖重新结晶的能力。果葡糖浆也称为异构糖或高果糖浆，是20世纪60年代末出现的一种新型淀粉糖，近年来在国内有所发展。它是由淀粉先经酶法水解制成葡萄糖，再经异构酶作用，将其中一部分转化为果糖。这种糖对糖尿病、肝病、肥胖病等患者较为适宜。果葡糖浆由于其原料来源广，甜度值高，甜味纯正，因而具有广阔的发展前景。它在蛋糕中可以部分代替蔗糖。

木糖醇含热量与蔗糖相似，甜度略高于蔗糖，可以作为人体能源物质，但其代谢不影响糖元的合成，故不会使糖尿病人因食用而增加血糖值，可作为糖尿病患者食用的食品。另外，它不能为酵母菌和细菌所发酵，因此还有防龋齿的效果。目前，一些糕点及蛋糕加工厂已经研制出了以木糖醇为甜味剂的糕点和蛋糕。

山梨糖醇的甜度为蔗糖的60%。在低热能食品和糖尿病、肝病、胆囊炎患者食品中，山梨糖醇是蔗糖的良好代用品，由于山梨糖醇在溶解时吸收热量，所以在口中给人以清凉的甜味感。山梨糖醇的吸湿性强，在食品中能防止干燥，延缓淀粉老化。它还有不褐变、耐热、耐酸等优点，用量一般为2%～5%。

（五）油脂

1. 油脂在蛋糕加工中的作用

油脂在蛋糕加工中的作用依所添加油脂种类和用量及蛋糕的品种的不同而不同。油脂在蛋糕及其加工中的主要作用有以下几个方面。

1）营养作用

蛋糕中加入油脂，不仅为人体提供大量热能，还有利于人体对脂溶性维生素A、维生素D和维生素E的吸收，因而提高了制品的营养价值。

2）改善制品的口感、外观

有些油脂本身具有一定的香味，特别是奶油，有其独特的风味，能提高制品的风味。另外，油脂能够溶解一定的香味物质，起着保香剂的作用。

3）影响制品的组织结构

由于油脂的疏水性，在面团调制时能阻止蛋白质吸水膨胀，控制面筋的形成，降低面团的内聚力，使面团酥软，弹性低，可塑性强，因而使产品滋润、柔软。

4）增大制品的体积

油脂具有搅打发泡的能力，当油脂在搅拌机中高速搅打时，能够卷入大量空气，形成无数微小的气泡。这些微小气泡被包裹在油膜中，不会逸出，在蛋糕面糊中不仅能增加体积，还起着气泡核心作用。当面糊烘烤受热时，其中的膨松剂分解产生的气体便进入这些气泡核心，使产品体积大大增加。

5）延长保质期

对于水分较高的糕点，油脂有功于保持水分，使产品柔软，从而提高货架寿命。

2. 蛋糕加工中常用的油脂

蛋糕加工用油脂需要有良好的融合性和乳化性，尤其是制作油脂蛋糕时尤为关键。由于油脂蛋糕配料中含有大量的脂肪和糖，一方面鸡蛋的起泡性受到了抑制，需要油脂有较好的融合性，以保证蛋糕疏松的结构和较大的体积；另一方面，由于糖多，必须有多量水才能溶解，若面糊没有乳化作用，则面团中的水与油脂易分离，得不到理想的品质。例如，在制作奶油蛋糕时，常常需要加更多的糖，这样水、奶、蛋等均要增加，含水就会增多，油脂的分散就困难一些，因此需要乳化分散性好的油脂。

由以上可知，蛋糕用油脂以含有乳化剂的氢化油最为理想，配上奶油可调味。奶油只可使用一部分作为调整风味用，不能全部使用，因为奶油融合力差，做出的蛋糕体积小。蛋糕加工常用的油脂有：起酥油、奶油和人造奶油。

1）起酥油

起酥油也称为更白奶油，通常是指以动物、植物油脂为原料，经过加氢硬化、混合、捏合等加工工序而得到的具有很好的起酥性、可塑性和乳化性等加工特性的油脂。

2）奶油

奶油又称白脱油或黄油，是从牛奶中提炼得到的，是以牛奶中的脂肪为主要成分的油脂。优质的奶油为透明状，色泽为淡黄色，具有奶油特有的芳香。奶油的起酥性及搅打发泡性并不比其他油脂好，但由于它的独特风味深受人们喜爱，因而也常用来制作糕点，特别在西点中使用更多，除制作各类糕点外，还常用来调制奶油膏。

3）人造奶油

人造奶油在我国常称为“麦淇淋”。人造奶油需要有以下几方面的性质：

（1）保形性。是指人造奶油置于室温下时，不溶化不变形态。

（2）延展性。是指人造奶油放在低温处时，往面包上涂抹伸展性较好。

（3）口溶性。人造奶油放入口中应该能迅速溶化。

（4）营养性。是指人造奶油中亚油酸的含量高低。

随着科学技术的不断发展，人造奶油的质量也在不断地提高。人造奶油现在已具有胜过奶油的品质，不但因用途不同而被作为具有各种加工特性的油脂，而且还有许多制品加进了各种营养元素，同时由于原料是植物油，人造奶油的消费量已远远超过了奶油。

（六）蛋糕加工其他原料

1. 膨松剂

除了鸡蛋的打发性和油脂的融合性所卷入的空气对蛋糕所产生的多孔状结构外，目前大部分的蛋糕都使用了化学膨松剂。化学膨松剂的性能对蛋糕的品质有直接的关系。

目前蛋糕制作中使用的膨松剂主要有以下几种：碳酸氢铵（又名重碳酸氨或食臭粉）或碳酸铵，所制作的蛋糕蓬松度好，但容易使成品的内部或表面出现大的空洞，造成成品过度疏松，同时加热过程会产生强烈刺激性的氨气，由于蛋糕中含有大量的水分而使氨残留一部分在成品中，影响成品风味，所制作的蛋糕蓬松较差。碳酸氢钠，俗称小苏打，使用后有碱性物质残留在成品中，使成品呈碱性，影响口味，另外混合不匀时还会使成品表面或内部出现黄色斑点。还有一种是塔塔粉，以酒石酸氢钾和碳酸钠为其主要作用物质。这几种膨松剂的作用机理都是它们在酸性水溶液中会产生二氧化碳气体，这部分气体会进入蛋糕的气泡中，受热时膨胀而使蛋糕体积增大。

化学膨松剂如果使用合理并且用量恰当，会使蛋糕的体积增大，组织疏松。如果不当，将对制品的色泽、组织结构以及口感产生很多负面影响。以上三种化学膨松剂中，前两种最好在有酸性物质、成品色泽比较深（如巧克力蛋糕）的配方中使用。因为这两种膨松剂的分解的产物都会残留在制品中，呈碱性，如果没有酸性物质中和的话，会使制品有苦味，而碱性物质会使制品色泽加深，同时会使制品组织干硬、不柔软。另外，如果过量使用化学膨松剂会由于碱性物质同油脂发生皂化反应而造成制品有皂味。

2. 赋香剂

在蛋糕加工中，常常需要以各种香料来烘托其风味，另外使用香料还可以掩盖蛋腥味。香料是具有挥发性的发香物质，食品使用的香料也称赋香剂，香料中还分为天然香料和合成香料。天然香料是从天然存在的动物、植物原料中提取出来的。合成香料是应用化学的方法合成的，也具有一定香味。一般食品工厂多使用合成香料，焙烤食品使用的合成香料主要有乳脂香型、果香型和草香型等。香兰素俗称香草粉，属乳脂香型是蛋糕加工中使用最多的赋香剂之一。天然存在于香荚兰豆、安息香膏、秘鲁香膏中，目前多为人工合成的产品。除此之外，蛋糕常用的赋香剂还有奶油、巧克力、可可型、乐口福、蜂蜜、桂花等香精油，柠檬、橘子、椰子等果香型有时也有应用。欧美人士常用的香料有香草片、香草精、柠檬或柳橙的皮末，以及酒类，如朗姆酒、樱桃酒、葡萄酒等，他们还喜欢添加丁香、豆蔻、肉桂和姜等，我们可依自己的喜好取舍。此外，盐也是一种重要的调味料，少量的盐可使蛋糕不甜腻，增加风味。但如果使用有咸味的奶油，就可以不加盐。

3. 色素

色素也是重要的原料之一。除了蛋糕主体需要适宜的色素以得到所需要的色泽外，色素对蛋糕装饰加工尤为重要，在装饰时注意好色彩的搭配与色彩和谐，一方面可以给人以美的享受；另一方面也刺激人的食欲。

1）色素的分类

根据其来源和加工方法的不同，色素可以分为天然色素和合成色素两大类。

2）色素使用应注意事项

(1) 严格遵照色素使用限量的规定。

(2) 装饰表面使用人工合成色素时，只能调成水溶液使用（可微加盐），装饰后颜色要清淡、均匀，不可发现色粒。

(3) 严禁直接使用人工合成色素投入面坯内。

(4) 使用色素要与产品的名称、香味符合。如巧克力点心，可用咖啡或可可粉调，奶油点心可喷以乳黄色，什锦点心可装饰几种色彩。

4. 常用乳制品

乳制品由于其具有很好的营养，良好的加工性能及特有的奶酪香味，是蛋糕加工的重要原料。所用的乳制品主要有以下几种：

(1) 新鲜牛奶。牛奶主要包括水、脂肪、蛋白质、乳糖及灰分等几类物质，此外还有一些维生素、酶等微量成分，新鲜牛奶具有良好的风味。在制作中低档蛋糕时，蛋量的减少也往往用新鲜牛奶来补充。为了减少微生物的污染，蛋糕加工所用的主要是经消毒处理的新鲜牛奶，有全脂、半脱脂和脱脂三种类型。脱脂加工中分离出来的乳脂即可用来制作新鲜奶油和固体奶油。新鲜牛奶的缺点是不便运输和贮存，容易变质，因此，目前在生产中一般都以奶粉来代替新鲜牛奶。

（2）奶粉。奶粉是由新鲜牛奶经浓缩干燥而制成。奶粉不易变质、污染，贮存时间长，使用方便。目前，很多蛋糕的配方已直接使用奶粉。

（3）炼乳。炼乳是牛奶浓缩的制品，分甜炼乳和淡炼乳两种。炼乳，特别是甜炼乳的保存期较长，并较好地保持了鲜牛奶的香味，可代替新鲜牛奶使用。

（4）乳酪。乳酪是牛奶中的酪蛋白经凝乳酶的作用凝集，再经适当加工、发酵而制成的，其营养丰富、风味独特，可用来做乳酪蛋糕。

5. 巧克力（可可）

巧克力（可可）无论用在蛋糕本体或用在霜饰，巧克力味总是大受欢迎。一般蛋糕店都使用人造巧克力。

6. 胶冻剂

西式糕点常用冻粉作胶冻剂。冻粉与其他料配合，可使制品形成胶冻状的表面，并可对制品美化装饰，如在制作西式糕点大蛋糕（即大点心）、小蛋糕类和花篮等经常使用。

冻粉又叫琼脂，俗称洋粉、洋菜，是植物性胶质，为海藻、石花菜的萃取物。

1）冻粉的作用

（1）作蛋糕表面的胶冻剂。

（2）和蛋清、糖等配合制成冻粉蛋白膏，用来抹挤大蛋糕、小蛋糕的表面及挤花纹图案和花鸟等。

（3）制成冻粉胶冻块，可散布制品表面，美化、装饰制品。

（4）冻粉本身有一定营养物质，如含粗蛋白质、维生素等，可增加制品的营养价值。

2）冻粉使用应注意事项

（1）冻粉不耐热，长时间受热或受较高的温度，会破坏其胶凝力。

（2）酸和盐对冻粉的凝胶能力有一定影响，在熬制时要掌握酸、盐等添加的用量。

（3）熬制冻粉块不宜长时间存放，以防变质，干燥的冻粉可久藏。

7. 果仁、果酱、果干

各种果仁、果料等是糕点加工中的辅料，它能黏附在制品表面，可美化装饰制品，增加色彩，增加营养成分，增添制品风味、口味、香气，又可作制品的黏合剂。并且它们有较多的碳水化合物、蛋白质、脂肪及磷、铁、胡萝卜素、硫胺素、核黄素、抗坏血酸等，可提高制品的营养价值。制作蛋糕常用的有果仁、糖渍果料、果酱、果干等。

（1）果仁有：花生仁、核桃仁、芝麻、杏仁、松子仁、瓜子仁、榛子仁、葵花仁等。

（2）糖渍果料有：苹果脯、杏脯、桃脯、瓜条、橘饼、梨脯、枣、青红梅、糖渍李子、糖渍菠萝、糖渍西瓜皮等。

（3）果酱有：苹果酱、桃酱、杏酱、草莓酱等。

（4）果干有：葡萄干、干红枣等。

（5）其他有：山楂糕、山楂条，部分西点用的糖水桃、梨、杨梅等多种水果罐头和果汁。

二、配料原则

蛋糕的配料是以鸡蛋、食糖、面粉等为主要原料，以奶制品、膨松剂、赋香剂等为辅料。由于这些原料的加工性能有差异，所以各种原料之间的配比间也要遵从一定的原则，这个原则就是配方平衡原则，包括干性原料和湿性原料之间的平衡，强性原料和弱性原料之间的平衡。

配方平衡原则对蛋糕制作具有重要的指导意义，它是产品质量分析、配方调整或修改以及新配方设计的依据。

原料按其在蛋糕加工中的作用的不同可分为以下几组：

干性原料：面粉、奶粉、膨松剂、可可粉。

湿性原料：鸡蛋、牛乳、水。

强性原料：面粉、鸡蛋、牛乳。

弱性原料：糖、油、膨松剂、乳化剂。

（一）干性原料和湿性原料之间的平衡

蛋糕配方中干性原料需要一定量的湿性原料润湿，才能调制成蛋糕糊，湿性原料是鸡蛋、牛乳和水。蛋糕配方中的面粉约需等量的蛋液来润湿，尽管如此，海绵蛋糕和油脂蛋糕又稍有所不同。海绵蛋糕主要表现为泡沫体系，水量可以稍微多点；而油脂蛋糕则主要表现为乳化体系，水太多不利于油、水乳化。

蛋糕制品配方中的加水量（对面粉百分比）如下：

海绵蛋糕：加蛋量100%～200%，相当于加水量75%～150%。

油脂蛋糕：加蛋量100%，相当于加水量75%。

配料时，当配方中蛋量减少时，可用牛奶或水来补充总液体量，但须注意，液体间的换算不是等量关系，减少1份的鸡蛋需要以0.75份的水或0.86份的牛奶来代替，或牛奶和水按一定的比例同时加入，这是因为鸡蛋含水约为75%，而牛奶含水约为87.5%，例如在制作可可型蛋糕时，加入的可可粉可以算作是代替原配方中的部分面粉，加入量一般不低于面粉量的4%，由于可可粉比面粉具有更强的吸水性，所以需要补充等量的牛奶或适量的水来调节干湿平衡。

如果配料中出现干湿物料失衡，对制品的体积、外观和口感都会产生影响。湿性物料太多会在蛋糕底部形成一条“湿带”，甚至使部分糕体随之坍塌，制品体积缩小；湿性物料不足，则会使制品出现外观紧缩，且内部结构粗糙，质地硬而干。

（二）强性原料和弱性原料之间的平衡

强弱平衡考虑的主要问题是油脂和糖对面粉的比例，不同特性的制品所加油脂量和糖量不同。各类主要蛋糕制品油脂和糖量的基本比例（对面粉百分比）大致如下：

海绵蛋糕：糖 80%～110%，油脂 5%～10%。

奶油海绵蛋糕：糖 80%～110%，油脂 10%～50%。

油脂蛋糕：糖 25%～50%，油脂 40%～70%。

调节强弱平衡的原则是：当配方中增加了强性原料时，应相应增加弱性原料来平衡，反之亦然。例如，油脂蛋糕配方中如增加了油脂量，在面粉量与糖量不变的情况下要相应增加蛋量来平衡；当鸡蛋量增加时，糖的量一般也要相应增加。可可粉和巧克力都含有一定量的可可脂，因此，当加入此两种原料时，可适当减少原配方中的油脂量。

强弱平衡还可以通过添加化学膨松剂进行调整。当海绵蛋糕配方中蛋量减少时，除应补充其他液体外，还应适当加入或增加少量化学膨松剂以弥补蓬松不足。油脂蛋糕也如此。

如果配料中出现强弱物料失衡，也会对制品的品质产生影响。糖和膨松剂过多会使蛋糕的结构变弱，造成顶部塌陷，油脂太多亦能弱化蛋糕的结构，致使顶部下陷。

三、搅打操作

搅打操作是蛋糕加工过程中最为重要的一个环节，其主要目的是通过对鸡蛋和糖或油脂和糖的强烈搅打而将空气卷入其中，形成泡沫，为蛋糕多孔状结构奠定基础。搅打操作工艺同原料的特性有很大的关系，制作蛋糕，面粉应用低筋面粉，如果没有低筋度面粉时，可用适量的玉米粉代替部分面粉。鸡蛋要新鲜，因为鲜鸡蛋的蛋白黏度比较高，形成的泡沫稳定性好；油脂要选用可塑性、融合性好的油脂以提高空气和拌和能力；其他微量原料如赋香剂、色素需要在搅打时加入，以便混合均匀。由于海绵蛋糕和油脂蛋糕分别利用的是鸡蛋白的打发性和油脂的融合性，而鸡蛋和油脂的加工性能有比较大的差异，两者搅打操作也不同。

蛋糕的蓬松主要是物理性能变化的结果。它是经过机械搅拌，使空气充分进入于坯料中，经过加热，使空气膨胀，使坏料体积疏松膨大。蛋糕用于蓬松充气的原料主要是蛋白和奶油（又称黄油）。

1. 蛋白质的蓬松

鸡蛋是由蛋白和蛋黄两部分组成。蛋白是一种黏稠的胶体，具有起泡性，当蛋白液受到急速连续的搅打时，应使空气充入蛋液内形成细小的气泡，被均匀地包在蛋白膜内，受热后空气膨胀时，凭借胶体物质的韧性，使其不至于破裂。蛋糕糊内气泡受热膨胀至蛋糕凝固为止，烘烤中的蛋糕体积因此膨大。

2. 奶油的蓬松原理

制作奶油蛋糕时，糖奶油在进行搅拌过程中，奶油里拌入了大量空气并产生气泡。加入蛋液继续搅拌，油蛋料中的气泡就随之增多。这些气泡受热膨胀会使蛋糕体积膨大，质地松软。为使油蛋糕糊在搅拌过程中能拌入大量的空气时，在选用油脂要注意油脂的以下特性：

(1) 可塑性。塑性好的油脂，触摸时有粘连感，把油脂放在手掌上可塑成各种形态。这种油脂与其他原料一起搅拌，可以提高坯料保存空气的能力，使面糊内有充足的空气，促使蛋糕膨胀。

(2) 融合性。融合性好的油脂，搅拌时面糊的充气性高，能产生更多的气泡。油的融合性和可塑性是相互作用的，前者易于拌入空气，后者易于保存空气。如果任何一方品种不良，要么面糊充气不足，要么充入的空气保留不佳，易于泄漏，都会影响制品的质量。

(3) 油性。油脂所具有的良好的油性，也是蛋糕松软的重要因素。在坯料中，油脂的用量也应恰到好处，否则会影响制品的质量。

此外，在制作蛋糕制品时，加入乳化剂能起油脂同样的作用，有时也加入一些化学蓬松剂，如泡打粉等。它们在制品成熟过程中，能产生二氧化碳气体，从而使制品更加松软、更加膨胀。

四、混料

得到鸡蛋和糖或油脂和糖的混合泡沫以后，需要将剩余的原料混入其中，以形成蛋糕糊，面粉一般筛入蛋糊中，边筛入边搅拌，拌至见不到生粉为止。另外在投入面粉时，不能搅拌时间过长，以防形成过量的面筋降低蛋糕糊的可塑性，而影响注模及成品的体积。

五、注模成型

得到蛋糕糊后，应立即注模成型，蛋糕成型一般都要借助于模具，因此首先要选择好模具，选用模具时要根据制品特点及需要灵活掌握，如果蛋糕糊中油脂含量较高，制品不易成熟选用模具不能过大，蛋糕糊中的油脂成分少，组织松软，容易成熟，选择模具的范围比较广。一般常用模具的材料用不锈钢、马口铁、金属铝制成，其形状有圆形、长方形、桃心形、花边形等，还有高边和低边之分。

注模操作应该在15～20min之内完成，以防蛋糕糊中的面粉下沉，使产品质地变结。成型模具使用前事先涂一层植物油或猪油。注模时还应掌握好灌注量，一般填充模具的7～8成为宜。不能过满，以防烘烤后体积膨胀溢出模外，既影响了制品外形美观，又造成了蛋糕糊的浪费；相反，如果模具中蛋糕糊灌注量过少，制品在烘烤过程中，会由于水分挥发相对过多，而使蛋糕制品的松软度下降。

六、烘烤

蛋糕的熟制是蛋糕制作中最关键的环节之一。常见的熟制方法是烘烤、蒸制。因此大多数制品特点的形成，主要是炉内高温作用的结果。

制品的熟制是在高温下进行的。制品内部所含的水分受热蒸发，气泡受热膨胀，淀粉受热糊化，膨松剂受热分解，面筋蛋白质受热变性而凝固、固定，最后蛋糕体积增大，才使制品成熟。同时面糊中糖分在高温作用下焦化，使制品获得美观的色泽。氨基酸与糖相互作用，又使制品产生特殊的芳香味。因此，制品在整个熟制过程中所发生的一系列物理、化学变化，都是通过加热而产生的，这种加热是通过热传导、热对流、热辐射三种方式形成。

（一）蛋糕的烘烤原理

蛋糕面糊浇注入烤模送入烤炉中烘烤，由于烤炉中热的作用改变了蛋糕面糊的理化性质，使原来呈可流动的黏稠状气/液乳化液转变成具有固定组织结构的气/固相凝胶体，蛋糕内部组织形成多孔洞的糕瓤状结构，使蛋糕松软而有一定弹性。面糊外表皮层在烘烤高温下，糖类发生美拉德和焦糖化反应，颜色逐渐加深，形成悦目的棕黄褐色泽，具有令人愉快的蛋糕香味。

Shepherd 和 YeeU（1976）曾将蛋糕的结构比喻成由许多砖块用黏泥黏合起来的建筑物。其意思说，小麦中的淀粉与水受热糊化凝结之后像砖块一样，起着支撑蛋糕本身重量，保持蛋糕一定形态的作用。鸡蛋的蛋白质受热变性凝固，将糊化的淀粉黏合在一起。鸡蛋多，表示结构中黏合物多，则蛋糕柔软。蛋白质和淀粉是构成蛋糕组织结构的重要成分。

1. 鸡蛋的热凝固性

鸡蛋蛋白质热凝固现象至少包括三个阶段的复杂过程，即变性、聚集和胶凝。后两个阶段的变化机理至今尚不够了解，一般只能用物理的方法，如测定黏度、透光度、浑浊度、硬度等来确定其变化情况，没有一个统一的标准测定方法。测试结果表明，当全蛋的温度在 74～82℃之间聚集和胶凝的变化最大。蛋糕的配方成分中唯有砂糖能明显提高鸡蛋液的凝固温度。例如，全鸡蛋液 150 份，砂糖 120 份，水 40 份的混合液，测定其透光度，得到的曲线转折点为 85～96℃，其黏度突然上升点，也要提高 14℃左右。

2. 小麦淀粉的受热糊化

小麦淀粉与冷水混合时，大约会吸收它本身质量 30%的水分，并稍有膨胀。在室温下，没有发生变化，这一过程是可逆的。但是淀粉与水的混合物被加热到 55℃以上时，淀粉的吸水量迅速增加，形成半透明的胶体。糊化程度越高，其透光度也越高。砂糖也能提高小麦淀粉的糊化温度。

蛋糕面糊在烘烤过程中的理化变化由于蛋糕体积较大、较厚，且呈可流动黏稠的糊状，在烤烤过程中，仅可以看到体积胀发，而定型、脱水和上色这三个阶段，几乎在同一时间内完成，很难区分开。

在烘烤过程中，由于热的作用使蛋糕面糊的温度逐渐升高，其中所包含空气泡的直径也随温度的升高而增大。使空气泡直径增大的主要因素，却是部分水分受热之后所形成的蒸汽，进入蛋糕面糊中原有的空气泡中，以原有的空气泡为基础，增加了空气泡中的压力，使空气泡的直径进一步增大。另外还有化学膨松剂的受热分解所产生的二氧化碳等气体，也可能形成新的气泡。因此，蛋糕面糊中的空气气泡对蛋糕的体积膨胀增大和品质的优良与否起着关键的作用。在烘烤时，蛋糕面糊中直径大的空气泡容易发生，合并上浮破裂而消失，空气泡直径越大越易上浮破裂。因此要求蛋糕面糊中空气泡直径越小，数量越多越好，而化学膨松剂只是起辅助蛋糕体积增大的作用。

蛋糕面糊在烤炉中烘烤时，可以从烤炉观孔观察到面糊体积膨胀，当膨胀停止，即可发现有较多水蒸气从炉门缝隙处泄出，此时中心部位的面糊已凝固生成蛋糕结构，但硬度尚不足。若此时取出蛋糕，或蛋糕发生碰撞，因抵挡不住蛋糕的上层的重量而引起坍塌，会严重影响制品品质。

蛋糕表层色泽由浅黄逐渐加热变成棕黄色，这种变化习惯上称之为“上色”。在上色的同时也产生了一种特殊的香味。“上色”是糖的羟基化合物与蛋白质中的氨基化合物在较高的温度下产生的棕黄色反应，亦称美拉德反应。蛋糕表层上色以美拉德反应为主，但在更高的温度下烘烤，配方中的糖本身也会产生焦糖化反应，形成黑褐色的同时，伴随有一定的焦糖香，且略有苦味。这时若再继续烘烤，面粉等原料将炭化形成黑色，即为烘烤过度，应尽量避免。

糖类中砂糖不易上色，葡萄糖、蜂蜜和饴糖等则较易上色。鸡蛋中含有少量葡萄糖，面粉中含有少量阿拉伯糖、木糖等苷糖也很容易上色。面粉和鸡蛋的蛋白质也能与糖类起美拉德反应。美拉德反应在常温下也能缓慢进行，但反应程度有限。温度每上升10℃，其反应速率可增加3～5倍。当表层温度在150℃以上，美拉德反应进行得最激烈。在200℃下焦糖化反应加快。

在烘焙食品行业中，素有“三分做，七分火”之说。所谓“火”即火候，是指烘烤设备的性能，操作时烘烤温度、时间、烤室中湿度等因素。只有这些条件都配合得当，才能烤出品质优良的蛋糕制品。

烘烤是完成蛋糕制品的最后加工步骤，是决定产品质量的重要一环，烘烤不仅仅是熟化的过程，而且对成品的色泽、体积、内部组织、口感和风味也有重要的作用。

烘烤的主要目的是使拌入蛋糕糊中的空气受热膨胀，或使膨松剂发生反应，产生气体，形成蛋糕蓬松的结构；使蛋糕糊中的蛋白质凝固，形成蛋糕蓬松结构的骨架，将气泡胀大的结构固定下来；使蛋糕糊中的淀粉糊化，即蛋糕的熟化；通过蛋糕糊中一些成分在受热时发生的反应而得到好的色香、味。

（二）蛋糕的烘烤工艺条件

蛋糕的烘烤工艺条件主要是指烘烤温度和烘烤时间，工艺条件同原料种类，制品大小和厚薄有关。一般油蛋糕的烘烤温度为160～180℃，清蛋糕的烘烤温度为180～200℃，烘烤时间为10～15min。在相同的烘烤条件下，油脂蛋糕比清蛋糕的温度低，时间长一些。因为油蛋糕的油脂用量大，配料中各种干性原料较多，含水分量较少，面糊干燥、坚韧，如果烘烤烘烤温度高，时间短就会发生内部未熟、外部烤煳的现象。而清蛋糕的油脂含量少，组织松软，易于成熟，烘烤时要求温度高一点，时间短一些。长方形大蛋糕坯的烘烤温度要低于小圆型蛋糕和花边型蛋糕，时间要稍长些。

蛋糕在烘焙过程中一般会经历胀发、定型、上色和熟化四个阶段。

（1）胀发。制品内部的气体受热膨胀，体积迅速增大。

（2）定型。蛋糕糊中的蛋白质凝固，制品结构定型。

（3）上色。表面温度较高发生焦糖化和美拉德反应，表皮色泽逐渐加深。

（4）熟化。随着热的进一步渗透，蛋糕内部温度继续升高，原料中的淀粉糊化而使制品熟化，制品内部组织烤至最佳程度，既不黏湿，也不发干，具表皮色泽和硬度适当。蛋糕熟化程度的判定通常都采用感官评定方法。一种方法是用手在蛋糕面上轻轻的按一下，松手后可复原，表示已烤熟，不能复原说明未熟透。第二种方法是用一根细竹签插入蛋糕中心，然后拔出，若竹签上不粘蛋糕糊，表示已熟透，如果蛋浆粘手，说明未熟透，需再烤一会，待熟透后出炉。

七、冷却

蛋糕出炉后，应趁热从烤模（盘）中取出，并在蛋糕面上刷一层食油，使表面光滑细润，同时起着保护层的作用，减少蛋糕内水分的蒸发。之后，平放在铺有一层布的木台上自然冷却，对于大圆蛋糕，应立即翻倒，底面向上冷却，可防止蛋糕顶面遇冷收缩变形。对油脂蛋糕，出炉后，应继续留置在烤模（盘）内，待温度降低烤模（盘）不烫手时，将蛋糕取出冷却。在蛋糕的冷却过程中应尽量避免重压，以减少破损和变形。

八、装饰

蛋糕在我国糕点食品中是颇受广大人民青睐的品种之一。由于制作人员的独特的创造才能，和各地区间广泛的技术交流，使蛋糕的花色品种名目繁多，数不胜数。特别是装饰蛋糕，更是花样百出，其色、香、味、形都十分令人赏心悦目，成为独具匠心的艺术品。常言说：蛋糕制作是一门科学，蛋糕装饰是一门艺术。蛋糕的装饰是蛋糕制作工艺的最终环节。通过装饰与点缀，不但增加蛋糕的风味特点，提高产品的营养价值和质量，更重要的是给人们带来美的享受，增进食欲。

（一）装饰的目的

装饰就是用可食的材料被覆在蛋糕外表，其目的为：

（1）使蛋糕外表美观以提高其价值。蛋糕是所有食物中最重视外表装饰的一种，虽然所有食物都讲究色、香、味俱全，但以“色”（外表）而论，很难有食物能像蛋糕这样千变万化，争奇斗妍。一个装饰美丽鲜艳的蛋糕，不仅令食者赏心悦目，亦提高了蛋糕的价值。

（2）增加蛋糕口味的变化。蛋糕本身的品味虽多，总有吃腻的时候。如果加上各种装饰的搭配，则变化更多。同时装饰也能衬托出蛋糕的特别风味，或弥补其口味甜腻的缺点，例如太甜的蛋糕可加咸性装饰来调和，尝起来更美味。

（3）保护蛋糕烘焙食品，比其他食品耐存放，这是一大优点。不过在存放过程中，若放冰箱会使蛋糕干燥；不放冰箱，湿热的空气又易使蛋糕发霉。如果蛋糕外表加上装饰则可保持蛋糕内部组织和风味不变。

（二）装饰调制法

装饰的种类极为繁多，但其中有些原料较难取得，有些则做法太复杂，因此这里只介绍少数几种做法简易而口味甚佳的装饰配方，这些配方，口味都可以自由变化。

1. 洋菜亮光胶

【配方】 水 250g，糖 45g，洋菜粉 15g。

【操作要点】

(1) 上述材料混合搅匀，煮沸即可。

(2) 趁热滴在蛋糕表面，即会凝成一层亮光胶膜，以增加蛋糕的色泽亮度。

(3) 有时候也可用果酱隔水加温，软化后涂抹在蛋糕表面，其作用类似洋菜亮光胶，只是效果不太持久。

2. 糖装

【配方】 糖粉 120g，热开水 15～30mL。

【操作要点】

(1) 糖粉过筛，加热水调到需要的浓度即可。

(2) 糖汁滴到蛋糕上会扩散成为光滑均匀的表面，多余的糖汁会流下来，刮去即可。糖汁干后即成为一层硬糖壳，称为糖装。

(3) 糖汁中调入可可粉即为黑糖装，还可调入咖啡、果汁，甚至各种香料、色素则为不同口味与颜色的糖装。

3. 各种奶油酱

奶油酱包括：①咸奶油酱；②咖啡奶油酱；③巧克力奶油酱；④柳橙奶油酱。

【配方】 主料：奶油或人造奶油 227g，糖粉 80g，

副料：①牛奶 400g，盐 10g。②水 400g，即溶咖啡 100g。③水 400g，可可粉 100g。④柳橙汁 400g，柳橙皮末 100g。

【操作要点】

(1) 主材料加任何一项副材料，隔水加热到奶油呈半溶化状，离开热水用力搅拌至光滑均匀即可。

(2) 加副料①即为咸奶油酱。加副料②即为咖啡奶油酱。加副料③即为巧克力奶油酱。加副料④即为柳橙奶油酱。

(3) 以少量的奶油酱涂抹在蛋糕上或挤成奶油花作装饰皆可。大量使用则稍觉油腻。

4. 鲜奶油

鲜奶油是一种高级的装饰材料，尤其冰凉了后更如冰淇淋般松软可口，一点也不油腻，所以相当受大众欢迎。真正的鲜奶油是鲜奶经过离心处理后，浮在上面一层乳脂肪含量特别高的牛奶。乳脂肪一经搅打便能包含空气，而使鲜奶油体积膨胀，并由液体变成可涂抹的浓稠状固体。目前生产鲜奶油的厂商很少，销售地点也不多，再加上鲜奶油只能冷藏保存 2～3d，因此大都使用人造鲜奶油制作装饰。

5. 人造鲜奶油

人造鲜奶油是由棕榈油制成的，其优点为：

(1) 价钱便宜。

(2) 可冷冻保存较长的时间。

(3) 使用方便，不但已调好甜味，甚至有其他口味，如草莓、巧克力等可供选择。

(4) 搅打不易失败，不像真正的鲜奶油搅打过度便会出水。不过在营养及风味上，真正的鲜奶油要比人造鲜奶油更胜一筹。

【配方】人造鲜奶油 120g。

【操作要点】

(1) 鲜奶油半解冻后，用电动打蛋器搅打到需要的浓度即可使用。搅打时间越长，鲜奶油打发的程度就越硬。一般说来，涂抹蛋糕用的鲜奶油打得较软，挤花用的则打得较硬。

(2) 鲜奶油搅打非常费时费力，一定要用电动打蛋器打，约需 5～7min 才够硬。

【注意事项】

(1) 鲜奶油买回后应保存于冰箱冷冻室内，使用时取出，待其解冻呈半结冰状即可打发。

(2) 打好的鲜奶油最好立刻使用，如果放置一段时间再用来涂抹蛋糕，表面往往不够光滑洁净。

(3) 鲜奶油受热会溶化，故鲜奶油蛋糕装饰好后必须冷藏在冰箱中，吃时再取出。

6. 巧克力

上述的各种装饰都可添加可可粉做成巧克力口味，这里要介绍的是以巧克力为主原料做出的高级装饰。巧克力香浓美味，能使平凡的蛋糕变得更可口。可是品质好的巧克力价钱昂贵，会使蛋糕成本提高 2～3 倍，蛋糕店是不会大量使用的。要想尝最可口的巧克力蛋糕，还是自制的好。

制作巧克力装饰可以把适量的巧克力块切碎，隔水加温溶化，直接涂抹在蛋糕表面，冷却后凝成一层巧克力外皮，即为“脆皮巧克力”。

为了操作方便，初学者不宜做纯粹的脆皮巧克力装饰，可以在巧克力中添加些其他材料，如液体或奶油。

(1) 添加液体。巧克力添加液体，如牛奶、咖啡、蜂蜜、果汁、酒类等，再隔水加温搅拌一下就成为软巧克力，又叫“巧克力酱”，超市有售现成的。软巧克力口味也很好，但冷却后仍有点软，不会变成脆皮巧克力。

(2) 添加奶油。巧克力加奶油一起隔水加温，搅拌均匀后即可涂抹。冷却后的奶油巧克力较像脆皮巧克力，但奶油加多了会觉得太腻。巧克力须添加多少液体或奶油可随意，两样都添加也可以。以下介绍一种常用的巧克力装饰配方，称为“巧克力富奇”，就是液体和奶油两种原料都加。

【配方】巧克力 225g，液体 7g，奶油 100g。

【操作要点】

（1）巧克力切碎，加液体隔水加温，搅拌到巧克力完全溶化。

（2）离开热水，加奶油搅拌到完全均匀。

（3）将“巧克力富奇”趁热涂抹在蛋糕表面。如用不完，剩下的可包好冷藏起来，下次使用时取出，加温软化后可继续使用。

【注意事项】

液体可以选用下列数种之一：

（1）黑咖啡：成品颜色深，有咖啡香。

（2）牛奶：成品颜色浅，有乳香。

（3）蜂蜜水：成品较甜，有蜂蜜香。

（4）朗姆酒：成品带有朗姆酒的香味。

7. 其他

除了以上六类涂抹用装饰外，还有一些撒在蛋糕上的装饰性材料，包括糖粉、可可粉、椰子粉、彩色糖珠、银珠、巧克力米、巧克力屑（以削皮刀或擦丝板削巧克力块即成）及各种干果、水果、蜜饯等，这些装饰材料可以使蛋糕不仅好吃而且更好看。

（三）装饰与挤花技术

1. 装饰技术

曾经在开放式厨房看过蛋糕师傅用鲜奶油装饰蛋糕的人，一定会对师傅利落的挤花动作留下深刻的印象。师傅一边用左手推着转台使之旋转，一边拿着大大、满满的挤花袋随着转台的速度，顷刻间就把奶油光洁均匀地涂抹在蛋糕表面，再转一圈，蛋糕边缘上也挤好一圈花边，不一会儿工夫就装饰好一个蛋糕了，真令人称赞。“工欲善其事，必先利其器”，如果没有转台，鲜奶油装饰较不易涂抹得光滑浑圆，则须考虑以自然的形式与花样来装饰蛋糕。此时，不妨用刮刀或橡皮刀在蛋糕周围刮出波纹，如同的“婚礼蛋糕”一样；挤花也以挤单朵花较好，不宜做连续花样。

下面以一个普通的鲜奶油蛋糕为例，说明其装饰的步骤，其他装饰方法也可触类旁通。

（1）准备好装饰材料：鲜奶油、洋菜亮光胶或果酱、草莓。

（2）将蛋糕放在一个铝箔纸盘上，确定其完全冷却才可开始装饰，以免蛋糕的余热把装饰溶化了。

（3）表面如不整齐需用刀修平整，再将蛋糕横剖为两片。

（4）将底片蛋糕（连铝箔纸一起）放在转台上，用橡皮刀挖约 60g 打发的鲜奶油涂抹在蛋糕上。

（5）将鲜奶油抹平，加上草莓作为夹心馅。

（6）再加入一些鲜奶油，抹平，盖住草莓。注意鲜奶油的厚度须均匀一致。

（7）将第二片蛋糕叠上去。注意整个蛋糕看起来须很平整，不可高低不匀。

(8) 用洋菜亮光胶涂抹整个蛋糕外表，或用隔水加温过的果酱也可以。

(9) 用橡皮刀挖鲜奶油涂抹整个蛋糕，厚薄差不多均匀即可。

(10) 一边旋转台子，一边用抹刀或刮片抹平鲜奶油。

(11) 挤上鲜奶油花。

(12) 排入切半的草莓等作装饰。

其他较简易的装饰涂抹要领亦简述于下。

① 糖装。糖装无法挤花，只能用于涂抹。见其黏成一团不必用力涂开，稍等一下就会自然流开。如果糖装浓度调得适宜，等其流开布满蛋糕表面时，即会变得干硬，形成一层糖壳。如果调得太稀，就会一直往下流，须刮去多余的糖装。

② 奶油酱。与鲜奶油的涂抹方法差不多，但不要涂得太厚，以免油腻。以前的蛋糕师傅很喜欢挤奶油玖瑰花，其方法是用花瓣嘴将奶油酱挤在倒拿的布丁杯底，一瓣瓣挤上去，挤成立体花形，再用小刀挑起整朵花移到蛋糕上。玖瑰花虽美，但一大团的奶油酱却难以下咽，所以要用奶油酱挤花，以挤成小花为宜。

③ 巧克力富奇。巧克力富奇的涂抹方法也和鲜奶油差不多，但天气太冷时涂抹动作要快，以免装饰变硬不好涂抹。挤花时也与挤奶油酱一样，不要挤太厚重的花饰。

2. 挤花技术

1) 装饰工具

为了使蛋糕的外表美丽且富变化，我们除了要多尝试各种不同的装饰外，还要将这些装饰以不同的方式呈现出来，这就要靠挤花的工夫。无论挤奶油花、鲜奶油花或糖花，其方法都是一样的，而挤花工具，传统上都使用塑胶布的挤花袋加金属花嘴；近年来，流行整套的塑胶挤花筒和花嘴，其外表精巧可爱，使用方便又卫生，可惜容量太小，如果给稍大的蛋糕做装饰就要装填多次，比较麻烦。下面介绍常用的花嘴和其挤出的花样。

(1) 菊花嘴。有大有小，瓣数有多有少。这是最重要的一种花嘴，如果家庭自制蛋糕有这一个花嘴就够用了。

(2) 圆嘴。有粗有细，可挤圆点及线条。

(3) 多孔嘴。只能挤出大量细丝，挤时用力一点，细丝才不会粘在一起。

(4) 条纹嘴。有粗有细，可挤出条纹状的宽、细线条。

(5) 花瓣嘴。挤出花瓣或波浪花边之用，开口粗的一端是瓣心，细的一端是瓣边。

(6) 叶形嘴。可挤叶子、花瓣及双波浪花边。

2) 糖花制作

糖花是用糖粉、蛋白加食用色素调打后，以花嘴挤出来的花朵，经阴干硬化后便可使用。由于它可做成多种颜色及式样，用来装饰蛋糕非常漂亮，并且糖花是可以食用的，所以特别受小朋友的喜爱。制作糖花是项专门的技术，初学者不容易挤得漂亮。而且一份材料一次只能调出一种颜色，如果想做五六种不同颜色的糖花就要准备多份材料，分多次调打，比较麻烦。可是多花一点时间，一次制作上百朵五颜六色不同形式的糖花，做好后放在干燥、防潮的盒中就可保存很久，随时可以取用，相当方便。

3）挤花的要领和要求

（1）掌握好花嘴子的角度和高度。花嘴子的高度和倾斜度关系到挤花的质量。嘴子低挤出的花扁，嘴子高挤出的花厚或尖。倾斜度对锁大蛋糕边子最为重要，倾斜度小挤出的花边显得圆势小，倾斜角度大，挤出的花边容易垮掉。

（2）掌握好挤花的速度和用力轻重。挤的力量轻重和快慢与挤出的花卉是否生动美观，有着密切联系。如常挤的“∞”形，要达到两端圆而略粗，中间稍细的效果，就要轻重有别，快慢适当，若平均用力，则挤出的花显得呆板。

（3）配色要协调、鲜艳、深浅适宜。西点在传统上均用奶油蛋黄，或巧克力本色。做花蛋糕时常用樱桃、菠萝等水果的自然色来装饰。但在写字时一般调点红色，叶子调配绿色或翠绿色。配色时要掌握深浅适宜，不宜太深。

（4）适宜时代要求和顾客需要。如定做寿辰蛋糕，可挤寿桃、松柏、仙鹤之类的图案。如做喜庆蛋糕时，可挤鸳鸯、龙凤呈祥之类的图案。

（5）根据蛋糕的大小和形状选定花的粗细和大小，如方形、腰圆型蛋糕上的花卉、要有区别。花卉的位置摆布要得当，使人看起来不模糊，要清晰、美观大方。

总之，挤花基本要领是：双手配合要默契，动作要灵活，用力要均匀，操作姿势要正确，图案纹路要清晰，线条要流畅，大小均匀，薄厚一致。

（四）装饰的基本要求

1. 装饰效果的要求

蛋糕装饰要注意色彩搭配，造型完美，具有特色和丰富的营养价值。

（1）不同品种的蛋糕，具有不同的特色，尤其在色彩方面，不同品质的蛋糕应配以不同的色彩烘托。如婚礼蛋糕多以白色为基调，白色显得纯洁淡雅；儿童蛋糕多以五颜六色，使蛋糕显得活泼而富有生机。制作巧克力蛋糕时，又多以巧克力本色为基调进行行装饰，从而使蛋糕显得庄重典雅。总而言之，蛋糕装饰要求用明快、低彩、雅洁、冷暖含蓄相结合为主体的色调。局部的点缀以高明度色彩的花、叶图案来烘托，以达到高雅、恬静、赏心悦目的效果。

（2）装饰具有特定内容的蛋糕时，要根据不同国家和地区的习惯进行装饰，西方制作生日蛋糕，无论男女老幼都在蛋糕上写有“Happy Birthday”的字样，而我国对这种蛋糕的要求比较严格，要根据过生日人的年龄来制作。年龄小的写生日快乐，年长的则要写“福”字、“寿”字，挤上老寿星、寿桃和“松鹤延年”等图案，以表示对老年人的尊重和祝愿。

圣诞节是西方国家的传统节日，制作圣诞蛋糕时，大都根据西方文化的传统风俗，在蛋糕上装饰雪白的庭院，披上银装的圣诞树和长须红装的圣诞老人。此种蛋糕的制作不仅是美味的食品，更像一幅富有诗情画意的艺术雕塑品。

2. 装饰质量要求

一般蛋糕的制作要求是形态规范，表面平整，图案清晰美观。在装饰有特殊内容的蛋糕时，构图主题要突出鲜明，色彩装饰协调，避免颜色堆砌零乱繁杂，切忌认为越鲜艳的色彩越浓越好。要严格遵守国家颁布的关于食用色素的用量标准，不许超量。

任务三　各类蛋糕加工技术

一、海绵蛋糕（清蛋糕）加工技术

烘焙蛋糕是清蛋糕中的一种，它是经过高温烘焙成的一种不用油脂或很少用油脂的蛋糕。其外表棕黄、油润、有光泽，内质乳黄。它的形状、规格因成型模具不同而异。

（一）海绵蛋糕（清蛋糕）加工技术

1. 原料配方

面粉 25%～45%，蛋浆 25%～45%，白砂糖 25%～45%。一般说来，鸡蛋与面粉的配比越大，蛋糕越绵软爽口，质量好，也不需要泡打粉协助蓬松，反之，蛋糕质量差，则需加适量泡打粉协助蓬松，在搅拌时还需要加适量水。清蛋糕也可佐辅以果仁等面料。

2. 工艺流程（图 4-1）

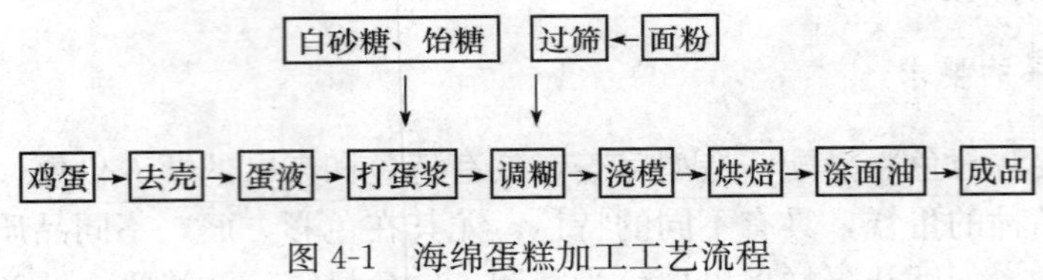

图 4-1　海绵蛋糕加工工艺流程

3. 操作步骤

（1）打蛋浆。先把鸡蛋和糖放入搅拌机内，启动搅蛋机，经高速搅拌，使空气大量混入蛋液、糖充分溶化，形成饱和稳定的泡沫黏稠胶体。为使蛋的打发度更好，在蛋液搅拌 3～5min 后加入一定量的速发蛋糕油（用量为面粉含量的 3%～5%），继续搅打使蛋浆泡发基本完成时加入适量温水，再继续搅打约 2min。

（2）调糊。调糊又称和粉或拌面。面粉先过筛，如需用泡打粉，则将泡打粉预先与面粉拌匀。调糊最好两个人协同操作，一个人将面粉慢慢加入，另一个人不断搅拌蛋浆，使面粉均匀地混入蛋浆内。调糊蛋浆的时间不宜过长，只要把面粉和匀，不见生粉团粒即可。

（3）浇模。蛋浆调糊结束后，应立即浇模，不可久置。蛋糕浇模一般都是用铁皮模，在使用前涂上一层植物油或猪油。入模方法一般是用匙勺装入模或用裱花袋将蛋糊挤入模内，大批量生产也有用注料机的。不管哪种方式，注入模具内的蛋糊量在 7～8 成，不可太满。如需在表面撒果仁、蜜饯等，应在入炉时撒上，过早撒放易沉下。

（4）烘烤。烘烤蛋糕进炉温度可在 160～180℃，10min 后升至 180～200℃，出炉温度在 200～220℃。炉温控制要求一般是：蛋糕规格大而厚时，炉温可适当低一些，烘烤时间长一些，反之，炉温可适当高一些，烘烤时间短一点。蛋糕在炉内定型前出于半流体状态，烤盘不能随意振动，以免“走气”，造成蛋糕中心下陷。

蛋糕熟化程度的判定通常都采用感官评定方法。一种方法是用于在蛋糕面上轻轻的按一下，松手后可复原，表示已烤熟，不能复原说明未熟透。第二种方法是用一根细竹签插入蛋糕中心，然后拔出，若竹签上不粘蛋糕糊，表示已熟透，如果蛋浆粘手，说明未熟透，需再烤一会，待熟透后出炉。

蛋糕出炉后可在表面刷上一层食用植物油，使之光滑油亮，同时也具有一定的保湿和防止微生物生长的作用。

（二）海绵蛋糕的代表品种

1. 普通海绵蛋糕

【配方】 鸡蛋 2000g，中筋粉 1000g，砂糖 1000g，香精少量。

【操作要点】

（1）打料。先把鸡蛋和糖放入搅拌机内，用机器搅拌打泡之后，加香精加面拌匀。

（2）成型。逐量放入经油擦拭的铁模子里。

（3）烘烤。用 220℃的炉温烘烤。

附：

【原料配方 1】（中高档海绵蛋糕）低筋面粉 1000g，鸡蛋（可加甘油 55g）1460g，白砂糖 1000g。

【原料配方 2】（中档海绵蛋糕）低筋面粉 1000g，牛奶（或水 170g）205g，白砂糖 1000g，泡打粉（可加甘油 70g）10g，鸡蛋 1045g。

【原料配方 3】（低档海绵蛋糕）低筋面粉 1000g，牛奶（或水 520g）625g，白砂糖 1000g，泡打粉（可加甘油 85g）30g，鸡蛋 500g。

【注意事项】

（1）普通海绵蛋糕既可作为花式蛋糕的糕坯，又可通过模具或切块直接成产品。

（2）高档的海绵蛋糕配方中，如加入蛋量 20%左右的蛋黄（代替等量的全蛋），将改善制品的色泽，风味和质地，且切块时不易脱渣。蛋黄或全蛋和糖一起搅打。

（3）配方中还可加入少量柑橘、柠檬或草莓等色素和香精，制成不同色泽与相应风味的海绵蛋糕。

2. 香草海绵蛋糕

【配方】 鸡蛋 630g，低筋粉 310g，白糖 310g，生菜油 100g，香兰素或香草粉 5g，脱脂淡奶适量。

【操作要点】

（1）预热烤箱至 180℃（或上火 180℃，下火 165℃）备用。

（2）将鸡蛋打入搅拌桶内，加入白糖和香兰素或香草粉，放在搅拌机中搅拌至稠厚并泛白。

(3) 轻轻地向搅拌桶内拌入筛过的面粉，稍加拌匀后，加入生菜油及脱脂淡奶继续拌匀透成蛋糕司。

(4) 将蛋糕糊装入铺好垫纸，放在烤盘里的蛋糕圈内，并用手顺势抹平，入烤箱烘烤。

(5) 约烤 30min，蛋糕完全熟透取出，趁热覆在蛋糕板上，冷却后可食用。搅打蛋糕的器具必须洁净，尤其不能碰油脂类物质，否则蛋糕会打不松发，而影响质量及口感。

3. 果仁纸杯蛋糕

【配方】低筋面粉 1000g，奶油或人造奶油 660g，白砂糖 660g，鸡蛋 1000g，泡打粉 10g，果仁（花生仁、核桃仁、杏仁、椰蓉等）适量。

【操作要点】

(1) 按糖油浆法或混合法调制蛋糕浆料。

(2) 把浆料分装于放有纸杯的模具中，填装高度约为纸杯高的 2/3。

(3) 表面撒上果仁（花生仁、核桃仁、杏仁、椰蓉等）碎粒或碎片。

(4) 温度为 190℃，烘烤约 25min。

4. 云纹蛋糕

【配方】鸡蛋 1500g，蛋糕乳化剂 85g，白砂糖 850g，奶水 400g，中筋粉 850g，溶化奶油 400g，泡打粉微量，溶化香草巧克力适量，细盐微量。

【操作要点】

(1) 将鸡蛋、白砂糖、过筛的中筋粉以及泡打粉和细盐，加速搅打片刻，再加入蛋糕乳化剂继续搅打成浓稠奶油状，加入奶水和溶化奶油慢速搅打片刻，最后细心地加入溶化香草巧克力，稍稍拌和成云纹状。

(2) 将蛋糕混合物装入铺有一张白纸的烤盘，内装至约 3/4 满，进入上火为 195℃、下火为 120℃的烤箱内，烤至蛋糕表面呈金黄色并熟透时取出，冷却后分割成块状即成。

5. 双色夹心蛋糕

【配方】鸡蛋 2400g，泡打粉微量，白砂糖 1200g，精制油 480g，细盐微量，奶水 160g，塔塔粉微量，柠檬香料和草莓香料各适量，低筋粉 900g，夹心用柠檬酱适量。

【操作要点】

(1) 将鸡蛋分离成蛋白和蛋黄。

(2) 把蛋黄和一半白砂糖放在一起搅打，至浓稠乳沫状时，加入过筛的低筋粉和泡打粉，搅打均匀后再加入精制油和奶水搅拌均匀。

(3) 将蛋白和剩下的白砂糖、细盐及塔塔粉放在一起搅打成雪花状，加入 1/3 的蛋黄混合物先行拌和，再加入其余蛋黄混合物一起完全拌和均匀，分成 2 份，并分别加入柠檬和草莓香料，装入两只铺有白纸的烤盘内，并将表面刮平。

(4) 进入上火约 180℃、下火约 150℃的烤箱内，烤至蛋糕表面呈淡金黄色并熟透时取出，表面盖上一张白纸白纸并压上一块薄板，翻除去烤盘，再盖上另一块板，再翻转除去起先的白纸和木板，放一边冷却。

(5) 将柠檬蛋糕剥去纸，表面向上铺在洁净的平板上，涂上薄薄一层柠檬酱；再盖上剥去纸、表面向下的草莓蛋糕，轻轻压紧，用刀分割成所需形状即成。

二、油脂蛋糕加工技术

(一) 概述

油脂蛋糕是西点中的品种之一，其原料配方是 1lb (0.454kg) 鸡蛋、1lb 白砂糖、1lb 油脂、1lb 面粉，所以，又称磅蛋糕。但经不断研制和改进，原料配方变化较多，花色品种已不少，磅蛋糕已基本失去其原有含义。不过其基本特点和风味依存。油脂蛋糕不重视鸡蛋的搅打充气，而是依靠配方中的油脂使制品油润松滑。油脂蛋糕系高蛋白、高热能兼备，口味美好、口感柔软润滑的食品。

(二) 油脂蛋糕的代表品种

1. 油蛋糕

【配方】面粉 120g，白砂糖粉 155g，鸡蛋 205g，蜂蜜 5g，猪油 155g，核桃仁 15g。

【操作要点】

(1) 打蛋浆。鸡蛋液放入搅蛋桶，在打蛋机上打至发白起泡呈稠厚状蓬松体。

(2) 制糖油面团。面粉置于台案上开塘，加入猪油、蜂蜜、白砂糖粉，塘内物料拌均匀，和入面粉，用力搓匀，搓透即成糖油面团。

(3) 拌蛋糕糊。糖油面团放入已打泡的鸡蛋浆内，慢速调制成糊状，时间不宜过长，以防起筋。

(4) 注模。先将蛋糕模放在烤盘上入炉烘热，出炉后在模内涂上油，再将调和好油糊定量注入模内，糊面撒上少许核桃仁碎粒，及时入炉烘烤，以防核桃仁下沉。

(5) 烘烤。炉温 170℃，烘烤约 15min，蛋糕面呈棕红色即可出炉、冷却、脱模，包装即为成品。

2. 奶油蛋糕

奶油蛋糕系用奶油膏和蛋糕两部分制成。营养丰富，外表极为美观。此种蛋糕易变质，气候炎热时不宜陈列在橱窗中，应用冰箱保藏。

【配方】砂糖 450g，香草粉 5g，鸡蛋 150g，奶油 320g，鲜牛奶 45g，面粉 500g。

【操作要点】

(1) 奶油膏的制作。将砂糖、鸡蛋、鲜牛奶、香草粉在锅内煮温搅和，稍冷后加入奶油，用打蛋机（或手工）充分打和，使呈乳白色（与冰淇淋相仿），即成奶油膏。此种油膏也可用来作各种点心的夹心和装饰涂料。

(2) 蛋糕坯的制作。鸡蛋、砂糖、面粉、香草粉少许，用打蛋机打透，倒入烘盘内（盘底先铺以白纸），放在烘炉约烘 15min，熟后即成蛋糕。根据需要，可切成各种形状和大小不同的坯子。

(3) 蛋糕的制成。先将蛋糕坯分切成3片，在切口和糕面上洒上一层糖酒液稍行润湿，以增加香味，并使糕层不易分离。当奶油膏在蛋糕坯中制成糕层（两层）以后，可将剩余奶油膏根据需要加入不同的食用色素，用挤射器在表层浇注成各种花卉、人物、字样、建筑物等各种装饰图案。

3. 黄油蛋糕

黄油蛋糕色泽金黄、质地松软、香甜、有黄油香味。

【配方】 奶油（黄油）1000g，牛乳240g，糖1000g，葡萄干150g，鸡蛋1200g，泡打粉10g，面粉1400g，香草粉适量。

【操作要点】

(1) 奶油、砂糖放入搅拌机里，搅拌蓬松。

(2) 将鸡蛋分次加入搅拌，直至蓬松细腻为止。

(3) 泡打粉、面粉、香草粉过筛后放入（2）中轻轻搅拌，然后放入洗净的葡萄干，最后加入牛乳搅拌均匀。

(4) 将圆柱形小模子（直径4cm，高5cm）擦净放在烤盘上，模具内壁垫一层油纸，将油糕糊装入布袋挤入模具中，以1/2满为宜。挤完后送入170℃的烤箱烘烤30min，熟后出箱冷却从模具中取出，在表面撒一层糖粉即可。

三、戚风蛋糕加工技术

戚风蛋糕又名泡沫蛋白松糕，它是采用分蛋法，即蛋白与蛋黄分开搅打再混合而制成的一种海绵蛋糕。其质地非常松软，柔韧性好；此外，戚风蛋糕水分含量高，口感滋润嫩爽，存放时不易发干，而且不含乳化剂，蛋糕风味突出，因而特别适合高档卷筒蛋糕及鲜奶装饰的蛋糕坯。

【配方】 蛋黄250g，泡打粉10g，低筋面粉500g，盐5g，白砂糖350g，蛋白500g，水325g，塔塔粉5g，色拉油250g。

【操作要点】

(1) 蛋黄糊制作。先将水、白砂糖和盐放入盆子中，搅拌至糖溶化，加入色拉油混合；再加面粉、泡打粉（事先过筛），拌成糊状。最后加入蛋黄并搅拌均匀，备用。

(2) 蛋白膏制作。将蛋白与塔塔粉放入搅拌缸中，高速搅打；当蛋白打至乳白时，加入糖，继续搅打。不时检查蛋白的搅打程度，一直搅打到蛋白呈峰状为止。

(3) 蛋黄糊和蛋白膏的混合。先将约1/3蛋白膏倒入蛋黄糊中用手搅匀；再将其倒回搅拌缸中与剩余蛋白膏一起用手搅拌均匀即可。

(4) 烘烤。烘烤戚风蛋糕的温度比一般海绵蛋糕低，厚坯炉温上火180℃、下火150℃。薄坯炉温：上火200℃、下火170℃。蛋糕出炉后应尽快从烤盘中取出，否则会引起收缩。

【注意事项】

(1) 制作戚风蛋糕时，蛋白的搅打程度应控制在软峰阶段，即以蛋白膏的峰尖略为下弯为宜。蛋白的搅打程度对戚风蛋糕的质量有重要影响。搅打不足，蛋糕体积小，不疏松；搅打过度，由于蛋白膏太硬，与蛋黄部分不能均匀混合，使成品的质地变差。

（2）塔塔粉的作用在于稳定蛋白泡沫。塔塔粉是一种有机酸盐（酒石酸氢钾），它可以使蛋白膏的 pH 降低至 5～7，此时蛋白泡沫稳定。塔塔粉的加入量约为蛋白量的 0.5%～1%。

（3）糖可增加蛋液的黏度，使泡沫稳定。但黏度太大，蛋液不容易充分发泡，使搅打时间延长。故搅打时，一般后加糖，这样打出的蛋白膏体积较大，但为了安全起见，糖不宜加得太迟。

（4）油脂具有消泡作用。在制作乳化海绵蛋糕时，加入蛋糕油可以抵抗油脂的消泡作用。由于制作戚风蛋糕不加蛋糕油，所以要注意油脂的影响。在分蛋时，蛋黄不能混入蛋白，因蛋黄含有较多的脂肪。此外，搅打蛋白的设备（搅拌缸、搅拌头）事先应清洗干净。

四、裱花蛋糕加工技术

（一）概述

裱花蛋糕是在清蛋糕坯上外加涂料如奶油膏、蛋白膏或白马糖膏等裱制成各类图案、花朵、中外文字等，再用果酱、糖帽、琼脂等辅料点缀，在制品底部垫上花边纸衬托，装入特制的盒中即成，造型美观，故又称艺术蛋糕。裱花型蛋糕由于蛋糕坯组成不同和选用的涂料不同，其品种特色各不相同，随着消费者要求的提高，裱花型蛋糕将是一种很有前途的食品。

（二）工艺流程（图 4-2）

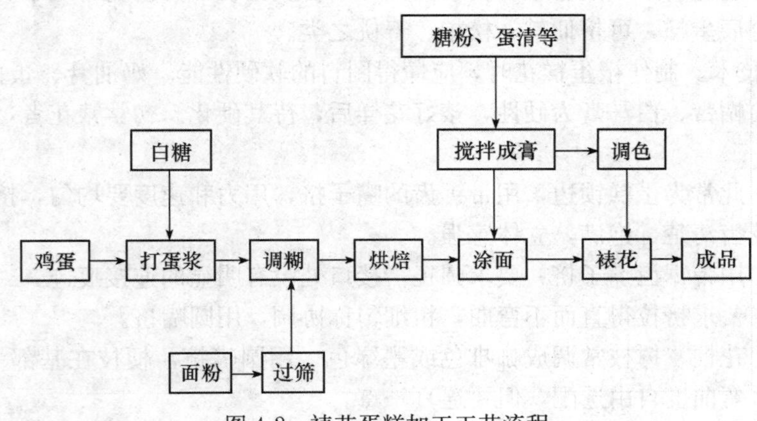

图 4-2　裱花蛋糕加工工艺流程

（三）制作方法

（1）打蛋浆、调糊到烘焙过程，均与清蛋糕的制作相同，只是制蛋糕坯子的蛋浆用量是面粉用量的 2 倍或更高，用糖量也稍低，烘焙的出炉温度常控制在 200℃以下。糕坯的形状有圆形、桃形、方形等，各种生日、喜庆蛋糕以圆形居多。

(2) 糖膏或奶油膏制作（方法见本章的第三节）

(3) 涂面。涂面前在糕坯和切口处用喷水壶喷洒一次糖酒液，以增加香味和固结作用，然后用刀子挑上奶膏或糖膏往糕坯四周表面涂刮，刮膏时，要刮平整，厚薄均匀向一个方向进行，这有利于刮平而不起毛（糖酒液的制备是在1000mL水中，加0.5kg白糖，煮沸冷却后，再酌量添加朗姆酒100mL左右）。

(4) 裱花。西式蛋糕的裱花是一项重要工序和技艺，原料主要是奶油膏或糖膏，主要方法是挤注。主要工具是挤注器（俗称“嘴子”）。学习裱花者应有一定的美术和书法基础，要求构图美观大方，布局合理，形象生动，色彩协调。

① 裱花要领。

• 准备好合适的工具：买齐备各种裱花的嘴子；准备韧性好的洁净牛皮纸或者其他洁净有韧性的防油纸；将纸卷成近似漏斗的圆锥形，尖端剪去小孔，将所需用嘴子从锥形袋内装入小孔处，至此，挤花的工具准备工作基本完成。

• 掌握好嘴子的角度和高低：嘴子高低、倾斜角度关系到挤花的花卉图案的质量。

嘴子低，挤出的花线粗扁，嘴子高挤出的花边厚或尖。特别是对大蛋糕锁边，若倾角小、挤出的花边瘦小，反之，挤出的花边易脱落。

• 掌握好挤花的速度和用力的轻重：用力的轻重和挤花的速度与挤出的花卉图案是否生动美观有重要关系。若什么情况都是平均用力，匀速前进没有轻重之别、快慢之分，则挤出的花卉图案等会显得呆板。

• 配色要协调、鲜艳、深浅相宜：西点在传统上是以奶油、巧克力、蛋黄等本色为主的。总之，图、字、花不但布局要协调，色彩也要协调，既要栩栩如生，又要避免过分仿真，做花蛋糕的叶子常配绿色，写字常用红色。

• 图案要适应喜庆气氛和顾客要求：节日、喜庆蛋糕，可挤鸳鸯戏水、龙凤吉祥之类的图案；寿辰蛋糕，可挤仙鹤、松柏、寿桃之类。

② 裱花技术。制作裱蛋糕花时，应懂得图料的软硬性能。奶油膏、蛋白膏为软性，裱软性花。白帽膏、白马膏为硬性，裱好花样后，待其硬化。初学裱花者，应学会挤以下花卉图案：

• 拉坨。此常为蛋糕锁边，用带锯齿的嘴子挤，用力和速度要均匀，挤出的花大小匀称一致，花齿清楚、饱满，立体感强。

• 圆圈。用带锯齿嘴子挤，要求圆正，接口处没有明显的连接痕迹。

• 条形。要求挤拉得直而不弯曲，粗细匀称协调，用圆嘴挤。

• 梗枝。花梗、树枝常调成咖啡色或墨绿色，用圆嘴挤，梗枝在基部一般要稍粗，大小、长短、弯曲度自由选配，但要逼真一点。

• 叶子。挤叶片常用V形叶嘴子，挤叶子的尖部要向上拉断，大小、长短自行掌握，只要协调、逼真即可，颜色常为翠绿色。

• 花。最常见的花为玫瑰花和蔷薇花，其挤法是：用呈星月形的嘴子作裱带，嘴子贴住铁杆，一边轻挤，一边旋转铁杆，用涂料由里向外逐层裱制，花瓣向外翻，如此挤5～6瓣时，像一朵花就可以了。然后，用剪刀或镊子轻夹住铁杆，将铁杆轻轻抽出，花则落在剪刀或镊子上。

③ 黏附。将制作好的花叶等黏附到蛋糕上。至于颜色，常是绿叶扶红花，当然也是要根据所设计的花卉图案的具体情况配置。

（四）几种裱花蛋糕的配方及制作

1. 奶油花蛋糕

（1）原料配方。蛋糕坯：鸡蛋 5kg，白糖 2.5kg，面粉 2.5kg。奶油膏：白糖 2kg，奶油 1.5kg，蛋白 0.5kg。糖水：白糖 0.5kg，水 1kg，朗姆酒 0.2kg。

（2）工艺流程（图 4-3）。

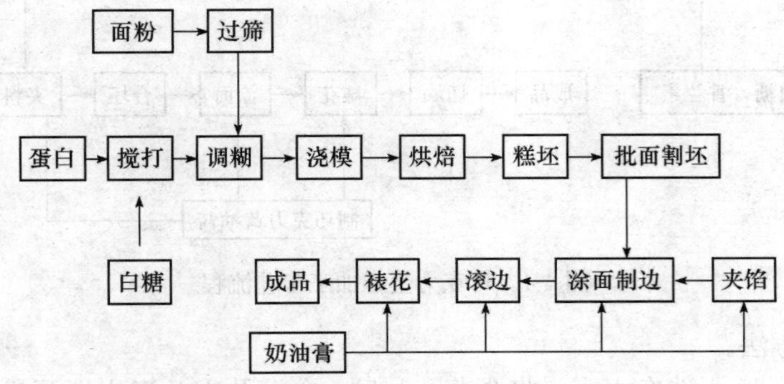

图 4-3　奶油花蛋糕加工工艺流程

（3）制作方法。

① 制清蛋糕坯。方法和原理与制清蛋糕相同，但烘焙的炉温要控制在 200℃以下。烘焙以后，从铁皮圆糕模中脱出，即为糕坯。铁圈模直径有 20cm、25cm、30cm 等不同规格，成型时，模底要垫白纸。

② 批面割坯。糕坯冷却后，用力批去表面焦皮，然后薄剖成两层，厚薄要求一致。上层一片的鹅黄色内层朝上，原表面朝下。

③ 喷糖水。预先将 0.5kg 的白糖溶于 1kg 水中煮沸，冷却后加入朗姆酒即为糖酒水。将此糖酒水用喷水壶喷至糕坯切面，使糕质柔软，增加甜度和酒香度，亦有利于涂面。

④ 夹馅。在所剖的两糕坯之间均匀地夹一层奶油膏。

⑤ 涂面、封边。用力挑奶油膏于糕坯上刮平整均匀，四周亦用之封边，不留糕底。最后把刀烤热将糕面和四周搪光。

⑥ 滚边。将批割下来的蛋糕碎片搓成碎末，过粗目筛，用手抓一把糕末均匀地粘满蛋糕四周边。注意不要将糕末撒于糕面上。

⑦ 裱花。准备好裱花袋、裱花嘴子。将调好的奶油膏倒入裱花袋，按照设计要求裱制图案、花卉或文字。至此奶油裱花蛋糕制成。

奶油裱花蛋糕也有不夹馅的，不夹馅的蛋糕，则不需剖面。夹馅的馅料也可以是糖膏、巧克力、果酱或果脯蜜饯等。

2. 巧克力蛋糕

(1) 原料配方。蛋糕坯：鸡蛋 3kg，白糖 1.5kg，可可粉 0.1kg，面粉 1.5kg，黄油 0.1kg，香兰素少许。涂料：巧克力黄油酱 2kg，糖水 0.5kg，白兰地酒 100mL。

(2) 工艺流程（图 4-4）。

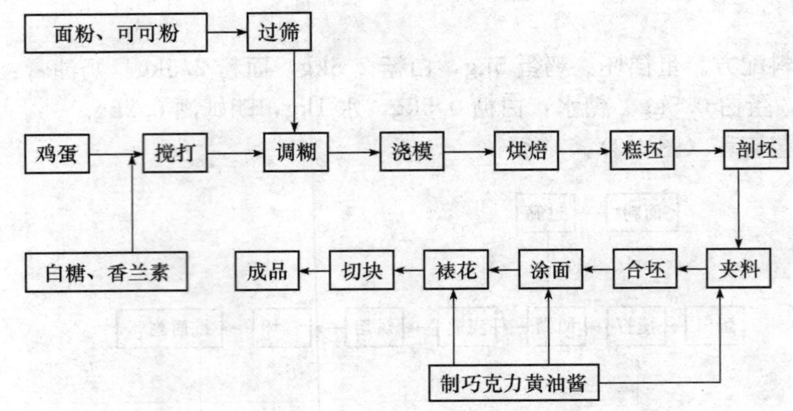

图 4-4　巧克力蛋糕加工工艺流程

(3) 制作方法。

① 打蛋浆。鸡蛋洗净去壳，将蛋浆、1.5kg 白糖及香兰素入搅蛋机搅打成乳化状的蓬松体，比原体积增大 2.5～3 倍。

② 调糊。将可可粉掺入面粉中，过筛，然后倒入蛋浆里搅和成均匀蛋糊，然后把经 60℃左右熔化的黄油倒入蛋糊拌匀。

③ 浇模与烘焙。烤盘底铺好白纸，将蛋糊倒入烤盘、摊平，送至炉温 180℃烤炉，大约烘 30min 成熟。出炉后在平台上铺白纸，将烤盘反扣脱模。

④ 剖坯、夹料合坯。糕坯脱模后，撕去白纸，用力从侧面中央把糕坯平剖为上下两片。然后用喷壶在下片面上喷上一层糖酒水，抹一层巧克力黄油酱，再把上片糕坯对正黏合好，用手压平。

⑤ 涂面。在黏合好的糕坯上喷一层糖酒水，抹一层巧克力黄油酱，抹匀，刮平整。

⑥ 裱花。用涂面等剩余的巧克力黄油酱装入裱花袋中，在糕面上挤射设计的图案，然后用刀切成规格的长方形，即为成品。

注：① 糖酒水制作。取白糖 300g 兑水 300mL，上火煮沸，冷却即为 500g 糖水，使用时兑入 100mL 白兰地酒即可。

② 巧克力黄油酱制作。0.8kg 白糖兑水 800mL，上火煮沸，撤火晾凉备用，在另一容器中，将 1.6kg 黄油搅打蓬松，然后边搅打黄油边兑入糖水，直至糖水全加完。最后将 100g 可可粉过筛后倒入黄油酱中搅拌均匀，即为 3kg 巧克力黄油酱。

3. 圣诞老人蛋糕

(1) 原料配方。鸡蛋 1kg，白糖 1kg，黄油 1kg，面粉 1.5kg，泡打粉 0.015kg，香

草粉少许，葡萄干 0.2kg，罐头菠萝 0.1kg，橘饼 0.05kg，柠檬皮 0.005kg，白兰地酒 50mL，糖粉 0.5kg，巧克力黄油酱 1kg，小蘑菇 10 个，红、绿色素少许，可可粉 0.05kg。

(2) 工艺流程（图 4-5）。

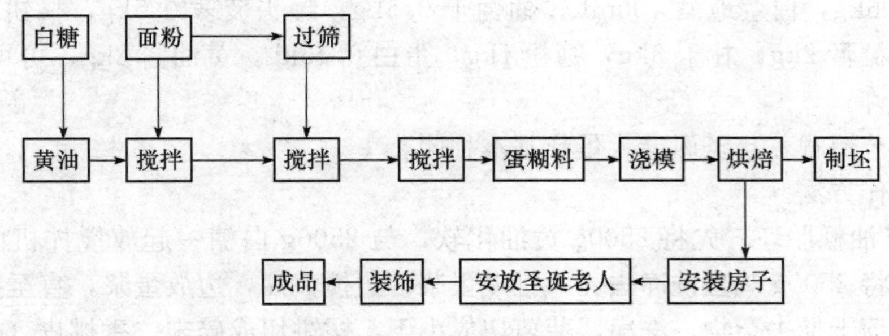

图 4-5　圣诞老人蛋糕加工工艺流程

(3) 制作方法。

① 制坯糊料。将 1kg 黄油软化，加入 1kg 白糖，放在容器里搅拌成蓬松体。把 1kg 鸡蛋去壳，将蛋浆分次放进搅松的黄油中边放边搅，直至蛋液全部放进为止。葡萄干去杂，洗净，罐头菠萝切丁，橘饼切细，柠檬皮碎末，即这些果料、白兰地酒、香草粉、面粉一起放入黄油混合物内搅拌均匀，即为坯糊料。

② 浇模与烘焙。烤盘底铺纸，坯糊料入烤盘摊平成 3cm 厚，送入 180℃烤炉，烘焙约 1h，烤至黄色，则成熟，即可出炉，晾凉。

③ 制坯。将烤好的坯料用力切成 30cm 宽、35cm 长的片（一般厚度以 5cm 为宜，可将两片蛋糕片平，中间抹果酱粘接起来），四边抹一层巧克力黄油酱。即为大蛋糕的基础，糕面上安装小房子和圣诞老人。

④ 安装房子。将密面用擀面棍擀成面片，然后用力切成设计要求的围墙和小房子的“构件”，放在铁烤盘上，入炉烘焙，烤熟后取出晾凉。围墙用蛋白搅的糖粉粘在糕坯上，小房子的“构件”也可用蛋白搅的糖粉粘接成小房子安装在糕面。把可可粉过筛兑入风糖内溶化，然后在小房子墙壁上半部挂一层。在小房子的墙根处挤上蛋白搅的糖粉，作为积雪。

⑤ 制放圣诞老人。在制蛋糕的两天前预先用机干制圣诞老人的初坯，使其干燥。在制蛋糕时，再用蛋白搅的糖粉，兑入所需的食用色素加工制圣诞老人，安立在小房子前面。

⑥ 外装饰。在小房子周围用褐色巧克力作树皮堆放（这是圣诞老人住房里取暖的干柴）。房子周围再栽种 10 棵左右蛋白小蘑菇，此时圣诞老人蛋糕全部完成。

注：① 密面制法。100g 黄油加水 500mL，入锅煮沸。面粉 500g 过筛，倒入锅中搅拌，烫熟离火晾凉，兑入蜂蜜 250g，过筛的点心渣 500g，加入少许碳酸氢铵，拌和均匀，即成密面。

② 札干制法。取“结力片”（一种胶蛋白制品，市场有售）2 片，放在大碗里凉水泡软，控去水，再将碗置于沸水锅，使锅中结力片全部化开。然后，将糖过筛，倒在面板操作台上，开槽，把化开的结力片放在槽中央，搅拌均匀，调好软硬，揉成糖粉团即

为札干。其特点是质地细腻，可塑性强。

4. 寿星大蛋糕

(1) 原料配方。黄油 2.5kg，白糖 2.5kg，鸡蛋 2.5kg，面粉 3kg，泡打粉 0.05kg，香草粉 0.006kg，白兰地酒 100mL，葡萄干 0.5kg，罐头菠萝 0.5kg，橘饼 0.2kg，香桃皮少许，糖膏 2kg，札干 3kg，糖粉 1kg，蛋白 0.15kg，黄油酱 2kg，可可粉 0.2kg，食用色素少许。

(2) 工艺流程。与圣诞老人蛋糕基本相同。

(3) 制作方法。

① 制作油糕胎坯。先将 2500g 黄油化软，与 2500g 白糖一起放搅拌机内，搅拌成蓬松体，再将 2500g 鸡蛋洗净去壳，打成蛋浆，边搅黄油，边放蛋浆，直至把蛋浆全部放完，将葡萄干择去杂物，洗净，菠萝切成小丁，橘饼切成碎末，香桃皮（柠檬皮）擦成细末，和香草粉、白兰地酒都放入黄油混合物内，搅拌均匀，再把泡打粉掺在面粉里过筛倒入，再次搅拌均匀。再将搅好的油糕糊，装在铺好纸的模子里或者铁烤盘里，摊成 4cm 厚，摊平，入炉烘焙。在 180℃条件下，焙烤大约 1h 左右，成熟即可，晾凉备用。

② 胎坯加工。将烤熟的油糕，用力片成直径 60cm，厚 10cm 的胎坯。如果 1 盘油糕不够，可以用 2 盘或者 3 盘拼在一起，接口处用果酱粘住。在胎坯的上边和周围，薄薄地抹一层苹果酱。用糖膏擀成薄片，在胎坯的上边和周围包上一层，用苹果酱粘住。把搅好的黄油酱对入适量的可可粉，搅拌均匀，抹在包好糖膏的外层，要抹光抹平。把其余的黄油酱，装入带有花嘴子的油纸卷里，在蛋糕胎坯的周围挤上图案。

③ 制作装饰品。用札干先捏出老寿星的坯形，放在干燥处，经 1～2d 的干燥后，先用刻刀雕刻，再用蛋白搅的糖粉对入需要的食用色素，涂在老寿星的头部和身部。把兑好色素的糖粉，再装入油纸卷里，挤老寿星身上的花纹图案。用搅拌好的糖粉装入油纸卷里，在老寿星的脸部挤上胡须。用札干捏出松树和石山，放在干燥处，经 1～2d 的干燥，再用一部分札干兑入绿色，用擀面棍擀成薄片，切成小细丝。把十几根小细丝，用搅好的糖粉粘在一起，成为松枝，再把松枝一个一个地用糖粉粘在松枝的枝干上。用札干捏出小鹿的坯形，经 1～2d 的干燥后，再用刻刀雕刻，刻好后，外皮用搅好的稀糖粉，少兑一点可可粉，涂上一层，再用搅拌好的白色糖粉在小鹿的身部挤上白点，安上用札干捏的鹿角。

④ 装饰成型。用一个直径 70cm，厚 2cm 的木板，洗刷干净，在上边铺一层白纸，黏住，再垫上一层油光纸。把用黄油酱挤好图案的油膏胎坯，摆置上边。根据设计好的图案，先把石山、松树摆好，再把老寿星、小鹿放上摆好，就成为一个整体的大型生日蛋糕。

5. 婚礼大蛋糕

(1) 原料配方。黄油 5kg，白糖 5kg，鸡蛋 5kg，面粉 7kg，泡打粉 0.075kg，香草粉 0.05kg，白兰地酒 250mL，葡萄干 1kg，罐头菠萝 1kg，橘饼 0.25kg，瓜条 0.5kg，红樱桃 0.25kg，香桃皮 0.05kg，糖膏 5kg，札干 2kg，糖粉 5kg，蛋白 1kg，醋精少许、食用色素少许。

（2）工艺流程。与圣诞老人蛋糕基本相同。

（3）制作方法

① 胎坯的制作。胎坯的制作与加工同寿星大蛋糕。

② 制作装饰品。先用机干捏出糖人的坯形，放在干燥处，经1～2d的干燥后，用刻刀雕刻，再用蛋白搅好的糖粉，兑入需要的食用色素，涂在人的头部和身部。将机干用手搓一搓，使其细腻柔软，分成小剂若干，用擀面棍将小剂擀成一片一片的花瓣，用蛋白搅好的稀糖粉粘上，对成花朵，晾干使用。

③ 木架子加工。做大型立体点心，两层以上或多层，在每一层的中间，都需要有一个木架子承托，木架子的构造是：上边一个薄板，下边一个薄板，上、下板的大小与上、下蛋糕胎坯的大小相等，两块板之间有圆立柱，立柱长度10cm左右，粗细程度一般为3～4cm，也可以根据需要再粗一些或再细一些。

将机干擀成薄片，包在立柱上一层，再在立柱上和上、下板上刷一层蛋白搅好的糖粉，晾干后使用。

④ 装饰成型。做一个木板底托，直径60cm，厚3cm，下边钉上两根2cm厚的木条（抬点心时，便于向里面伸进手指）。把木板洗干净，粘上一层白纸。把底层45cm（直径）的油糕胎坯，摆在木板托上，在油糕胎坯的上边放上一个与油糕胎坯大小一致木架。在木架的上边再摆上直径30cm的油蛋糕胎坯，油糕胎坯和木架的接触点，都必须用蛋白搅好的糖粉粘住。整个大蛋糕的全部，包括木架子、蛋糕胎坯都挂上一层蛋白搅好的糖粉，使其全白。把蛋白搅好的糖粉装入带有花嘴或圆嘴的油纸卷里，挤上装饰图案。最后，把糖人摆在上边，成为一个大型的立体蛋糕。

任务四　蛋糕质量鉴定

蛋糕卫生要求：参见糕点、面包卫生要求（GB 7099—2003）。

1. 感官要求

具有各自的正常色泽、气味、滋味及组织状态，不得有酸败、发霉等异味，食品内外不得有霉变、生虫及其他外来污染物。

2. 理化指标

理化指标应符合表4-1要求。

表4-1　理化指标

项　目		指　标
酸价（以脂肪计）	≤	5
过氧化值（以脂肪计）	≤	0.25
砷（以As计）/(mg/kg)	≤	0.5
铅（以Pb计）/(mg/kg)	≤	0.5
黄曲霉毒素B_1/(μg/kg)	≤	5

3. 微生物指标

微生物指标应符合表4-2要求。

表4-2 微生物指标

项 目		指 标	
		热加工	冷加工
细菌总数/(cfu/g)	≤	1500	10000
大肠菌群/(MPN/100g)	≤	30	300
霉菌计数/(cfu/g)	≤	100	150
致病菌（沙门氏菌、志贺氏菌、金黄葡萄球菌）		不得检出	

任务五 蛋糕加工中出现的问题及解决办法

评判蛋糕制品的品质，不仅要看其外观形态，体积大小和色泽，还要对其内部组织结构、口感和风味等进行综合评价。蛋糕制品中的某一缺陷，往往不是由单一因素造成，须将各种相关因素综合考虑。如蛋糕的体积大小，就和原料使用量不当、原料品质不良操作失误等方面有关。

近年来，由于科学技术的进步，生产设备的改善和新的食品添加剂、蛋糕乳化发泡剂的应用，使蛋糕的制作工艺越来越简单，蛋糕的品质也有很大提高。但难免还是会遇到一些问题，因而将制作蛋糕时常见的各种问题和引发因素汇集如下，以供蛋糕制作者参考。

(1) 蛋糕制品组织比较结实，体积显得较小，表皮层较硬。

• 产生的原因

① 面粉用量过多。

② 蛋糕面糊中水分较低，面糊浓稠。

③ 面粉的面筋量太高、筋力太强。

• 解决方法

① 适当减少面粉量。

② 适当增加砂糖、油脂、鸡蛋、水等配料，使整个配方平衡。

③ 选用面筋量和筋力较弱的低筋蛋糕专用粉，在没有这种面粉的情况下，可用适量的小麦淀粉取代部分面粉，以降低面筋含量。

(2) 蛋糕的体积不够大。

• 产生的原因

① 鸡蛋用量不足。

② 搅打鸡蛋液充入空气不足或搅打过度。

③ 膨松剂用量不足或品质不好。

④ 油脂用量不当。

⑤ 鸡蛋品质不新鲜。

• 解决方法

① 增加配方中鸡蛋用量。

② 正确搅打蛋糕糊及判断搅打发松最适点。

③ 适当增加膨松剂的用量或选用膨胀性好的膨松剂（特别在较黏稠的奶油蛋糕面糊）。

④ 严格控制油脂配合量及加入方法。

⑤ 选用新鲜鸡蛋。

（3）表面色泽较浅、蛋糕顶面不平甚至发生裂纹或裂口。

• 产生的原因

① 砂糖用量不足。

② 烘烤温度太高或烤室内面火过强。

• 解决方法

① 适当增加砂糖用量。

② 选用合适的温度进行烘烤。

（4）蛋糕顶面易向下凹陷。

• 产生的原因

① 配方中面粉用量太少。

② 油脂用量太多。

③ 膨松剂用量过多。

④ 加水量过多。

⑤ 面粉的品质不当即面粉中的面筋含量或筋力不足，或掺和淀粉过多。

⑥ 烤炉烘烤温度太低。

⑦ 烘烤操作不当，外表看似乎已烤熟，而内部尚未凝固熟透。

• 解决方法

① 适量增加面粉用量或使用面筋含量中等的面粉。

② 适当调整油脂用量。

③ 适当减少膨松剂的用量。

④ 适当减少蛋糕面糊中总水量。

⑤ 选用面筋量较高，筋力较强的面粉。

⑥ 适当提高烘烤温度。

⑦ 在蛋糕尚未熟透之前，切不可受到震动和受到冷空气侵袭。

（5）蛋糕表面色泽过深。

• 产生的原因

① 烘烤温度太高或烤室内面火过强。

② 砂糖及其他糖类如蜂蜜、淀粉糖、饴糖等用量过多。

③ 奶制品含量较多。

④ 烘烤时间过长。

• 解决方法

① 选用合适的温度进行烘烤。

② 减少砂糖及其他糖类的用量。

③ 适当减少乳制品的用量。

④ 尽可能用较高的温度烘烤，以求缩短烘烤时间。

(6) 蛋糕瓤组织粗糙、孔洞大小不均、蛋糕表面出现斑点。

• 产生的原因

① 砂糖用量太多或砂糖颗粒太粗。

② 水的用量不足。

③ 搅打时间太短，砂糖尚未完全溶化。

④ 搅拌混合不均匀。

• 解决方法

① 适量减少糖的用量或选用颗粒较细的砂糖、糖粉。

② 适量增加配方中的水分用量。

③ 将鸡蛋与砂糖先行搅拌数分钟，待糖溶化后再加入发泡乳化剂。

④ 搅拌过程中，适时停机检查，刮下黏附的物料，使全部物料混合均匀。

学习引导

(1) 什么是蛋糕？它分为几类，其特点是什么？

(2) 海绵蛋糕多孔泡沫组织形成的原理是什么？

(3) 油脂蛋糕的冷油法和热油法是如何进行的？

(4) 蛋糕加工使用的蛋品是什么？其他蛋品少用或不用的原因是什么？

(5) 乳化的含义是什么？乳化剂的含义是什么？

(6) 鸡蛋在蛋糕加工中的作用有哪些？

(7) 蛋糕加工对小麦粉的要求有哪些？

(8) 小麦粉含有哪些成分？其对蛋糕加工的影响如何？

(9) 什么是淀粉的老化？

(10) 蛋糕加工专用小麦粉的改良方法有几种？及其改良所达到的目的是什么？

(11) 乳化剂在蛋糕加工中的作用是什么？蛋糕加工常用的乳化剂有哪几种？

(12) 在蛋糕加工中的作用有哪些？常用的糖和甜味剂有哪几种？

(13) 脂在蛋糕加工中的作用是什么？蛋糕加工常用的油脂有哪几种？

(14) 蛋糕制作中使用膨松剂有几种？各自有什么优缺点？

(15) 蛋糕加工中使用最多的香味剂是哪几种？

(16) 海绵蛋糕泡沫体形成的影响因素有哪些？各自所起的作用如何？

(17) 蛋糕烘烤的目的是什么？

(18) 蛋糕加工的基本过程如何？

(19) 面粉按其蛋白质含量高低可分为哪几种？

项目五　饼干加工技术

☞ 学习目标

(1) 根据市场或客户对饼干产品的要求，分析产品特点，进行饼干产品配方及工艺设计。

(2) 制定产品质量标准和可行的加工方案。

(3) 依照饼干要求及标准，选择原辅料及制定相关验收标准。

(4) 根据加工方案，按照食品安全生产的有关法律法规要求进行生产前的准备、生产的实施与控制。

(5) 评价与分析饼干产品的质量。

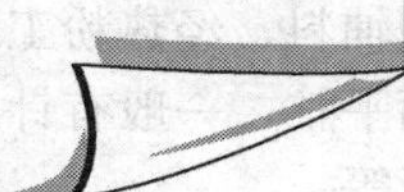

任务一　饼干生产基础知识

饼干是以小麦粉（可添加糯米粉\淀粉等）为主要原料，加入（或不加入）糖、油脂及其他原料，经调粉（或调浆）、成型、烘烤（或煎烤）制成的口感酥松或松脆的食品。饼干具有口感酥松、营养丰富、水分含量少、体积轻、块形完整，便于包装和携带且易于保藏等优点。它已作为军需、旅行、野外作业、航海、登山等方面的重要食品。

饼干生产历史悠久，品种多样，有人把它列为面包的一个分支，因为饼干一词来源与法国，称为 biscuit。法语中 biscuit 的意思是再次烘烤的面包的意思，所以至今还有国家把发酵饼干称为干面包。由于饼干在食品中不是主食，于是一些国家把饼干列为嗜好食品，属于嗜好食品的糕点类，与点心、蛋糕、糖及巧克力等并列，这是商业上的分类。从生产工艺来看饼干应与面包并列属焙烤食品。

饼干很受人们的喜爱。1985 年至今，全国曾先后引进数十条先进饼干生产线，合资企业蓬勃涌现，中国饼干产品的生产能力得到大幅度提高，2002 年饼干产销量统计达到 140 万 t 左右。目前，饼干产品的年产销量正以每年 15%左右的速度递增。近年来，饼干的配方和生产工艺都有了很大改进，特别是在新工艺、新技术、新设备、新材料应用方面，使饼干的生产在质量、花色品种和产量上都有了很大幅度的改进和提高。在遍布全国的食品市场中，饼干业已成为我国食品行业中的一个亮点。

一、饼干的分类

饼干的花色品种很多，根据《中华人民共和国国家标准　饼干》（QB/T 20980—2007），按加工工艺分为13类。

1. 酥性饼干（short biscuit）

酥性饼干是指以小麦粉、糖、油脂为主要原料，加入膨松剂和其他辅料，经冷粉工艺调粉、辊压或不辊压、成型、烘烤制成的表面花纹多为凸花，断面结构呈多孔状组织，口感酥松或松脆的饼干。如奶油饼干、葱香饼干、芝麻饼干、蛋酥饼干、大圆饼干等。

2. 韧性饼干（semi hard biscuit）

韧性饼干是指以小麦粉、糖（或无糖）、油脂为主要原料，加入膨松剂、改良剂及其他辅料，经热粉工艺调粉、辊压、成型、烘烤制成的表面花纹多为凹花，外观光滑，表面平整，一般有针眼，断面有层次，口感松脆的饼干。如牛乳饼干、香草饼干、蛋味饼干等。

韧性饼干又可细分为普通型、冲泡型（易溶水膨胀的韧性饼干）和可可型（添加可可粉原料的韧性饼干）三种类型。

3. 发酵饼干（fermented biscuit）

发酵饼干是指以小麦粉、油脂为主要原料，酵母为膨松剂，加入各种辅料，经调粉、发酵、辊压、叠层、成型、烘烤制成的酥松或松脆、具有发酵制品特有香味的饼干。如甜苏打饼干、手指形饼干、什锦饼干、哈哈饼干、咸奶苏打饼干、芝麻苏打饼干、蛋黄苏打饼干、葱油苏打饼干等。

4. 压缩饼干（compressed biscuit）

压缩饼干是指以小麦粉、糖、油脂、乳制品为主要原料，加入其他辅料，经冷粉工艺调粉、辊印、烘烤、冷却、粉碎、外拌，可夹入其他干果、肉松等，再压缩而成的饼干。

5. 曲奇饼干（cookie）

曲奇饼干是指以小麦粉、糖、糖浆、油脂、乳制品为主要原料，加入膨松剂及其他辅料，经冷粉工艺调粉、采用挤注或挤条、钢丝切割或辊印方法中的一种形式成型、烘烤制成的具有立体花纹或表面有规则波纹的饼干。如雷司饼干、福来饼干、爱司酥饼干等均属这类饼干。

曲奇饼干又可分为普通型、花色型（在面团中加入椰丝、果仁、巧克力碎粒或不同谷物、葡萄干等糖渍果脯构成曲奇饼干）、可可型（添加可可粉原料的曲奇饼干）和软型（添加糖浆原料，口感松软的曲奇饼干）四种类型。

6. 夹心（或注心）饼干［sandwich（or filled）biscuit］

夹心饼干是指在饼干单片之间（或饼干空心部分）添加糖、油脂、乳制品、各种复合调味酱或果酱等夹心料的饼干。

夹心（或注心）饼干又可分为油脂型（以油脂类原料为夹心料的夹心饼干）和果酱型（以水分含量较高的果酱或调味酱原料为夹心料的夹心饼干）两种类型。

7. 威化饼干（wafer）

威化饼干又称华夫饼干是以小麦粉（或糯米粉）、淀粉为主要原料，加入乳化剂、膨松剂等辅料，经调浆、浇注、烘烤制成多孔状片子，在片子之间添加糖、油脂等夹心料的两层或多层以上的威化饼干。如奶油威化饼干、可可威化饼干、橘子威化饼干、柠檬威化饼干、草莓威化饼干、杨梅威化饼干、香蕉威化饼干、香草威化饼干等。

威化饼干可分为普通型和可可型（添加可可粉原料的威化饼干）两种类型。

8. 蛋圆饼干（macaroon）

蛋圆饼干是指以小麦粉、糖、鸡蛋为主要原料，加入膨松剂、香精等辅料，经搅打、调浆、挤注、烘烤制成的饼干。如杏元饼干、花生泡克饼干、芝麻泡克饼干、核桃泡克脆饼干、雪花泡克饼干、椰蓉泡克饼干等。

9. 蛋卷（egg roll）

蛋卷是指以小麦粉、糖、鸡蛋为主要原料，添加或不添加油脂，加入膨松剂、改良剂及其他辅料，经调浆、浇注或挂浆、烘烤卷制而成的蛋卷。如奶油鸡蛋卷、番茄沙司鸡蛋卷、椰丝鸡蛋卷等。

10. 煎饼（crisp film）

煎饼是指以小麦粉（或糯米粉、淀粉等）、糖、鸡蛋为主要原料，添加或不添加油脂，加入膨松剂、改良剂及其他辅料，经调浆或调粉、浇注或挂浆、煎烤而成的煎饼。

11. 装饰饼干（decoration biscuit）

装饰饼干是在饼干表面涂层巧克力酱、果酱等辅料或喷洒调味料或裱粘糖花而制成的表面有涂层、线条或图案的饼干。

装饰饼干又分为涂层型（饼干表面有涂层、线条或图案或喷洒调味料的饼干）和粘花型（饼干表面裱粘糖花的饼干）两种类型。

12. 水泡饼干（sponge biscuit）

水泡饼干是指以小麦粉、糖、鸡蛋为主要原料，加入膨松剂，经调粉、多次辊压、成型、热水烫漂、冷水浸泡、烘烤制成的具有浓郁蛋香味的酥松、轻质的饼干。

13. 其他饼干

除上述十二类之外的饼干，均为其他类。如压缩饼干等特制饼干和一些西式饼干等。

二、饼干的各种加工工艺流程

饼干生产的基本工艺为：原辅料预处理→面团调制→辊轧→成型→焙烤→冷却→包装→成品。但饼干的品种繁多，其加工工艺各有不同，随着品种、配方的不同而有很大的差别，主要取决于糖和油的用量以及饼干的成型方法。但基本有如下三种工艺，如用油量及用糖量大的饼干，多采用辊印成型的甜酥性饼干生产工艺；用油量稍小的饼干采用冲印成型的韧性饼干生产工艺；而用油量及用糖量都少且需要发酵的饼干，则采用苏打饼干的生产工艺，但使用冲印成型的方法。

1. 辊印甜酥性饼干工艺流程（图 5-1）

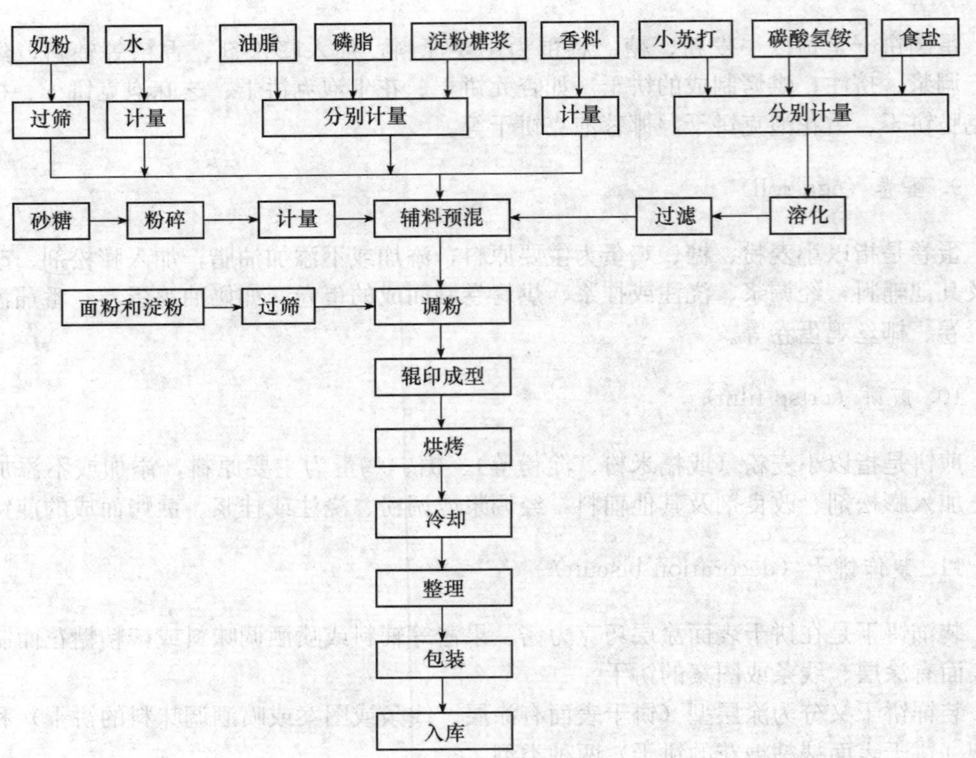

图 5-1 辊印甜酥性饼干工艺流程

2. 冲印韧性饼干的工艺流程（图 5-2）

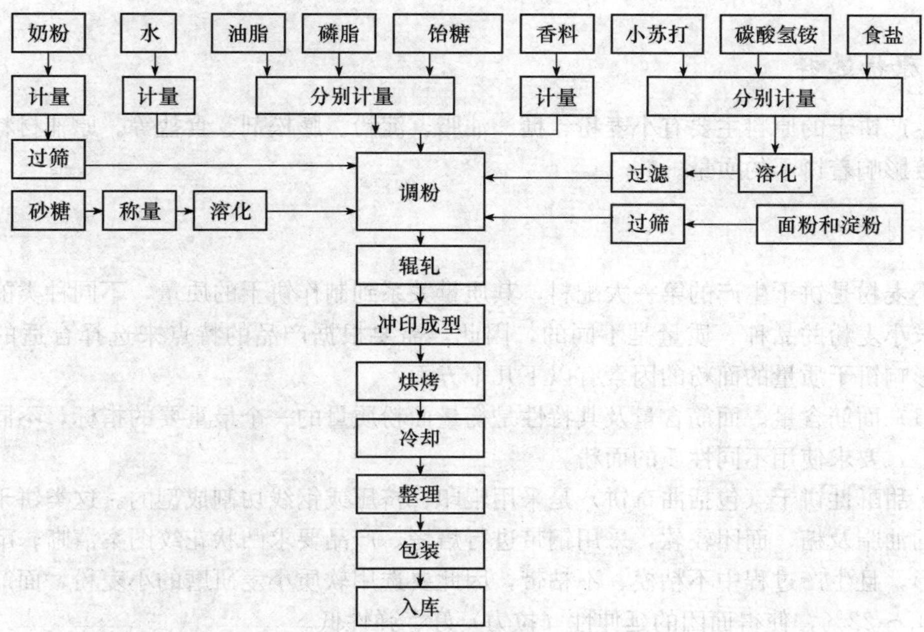

图 5-2　冲印韧性饼干的工艺流程

3. 发酵饼干工艺流程（图 5-3）

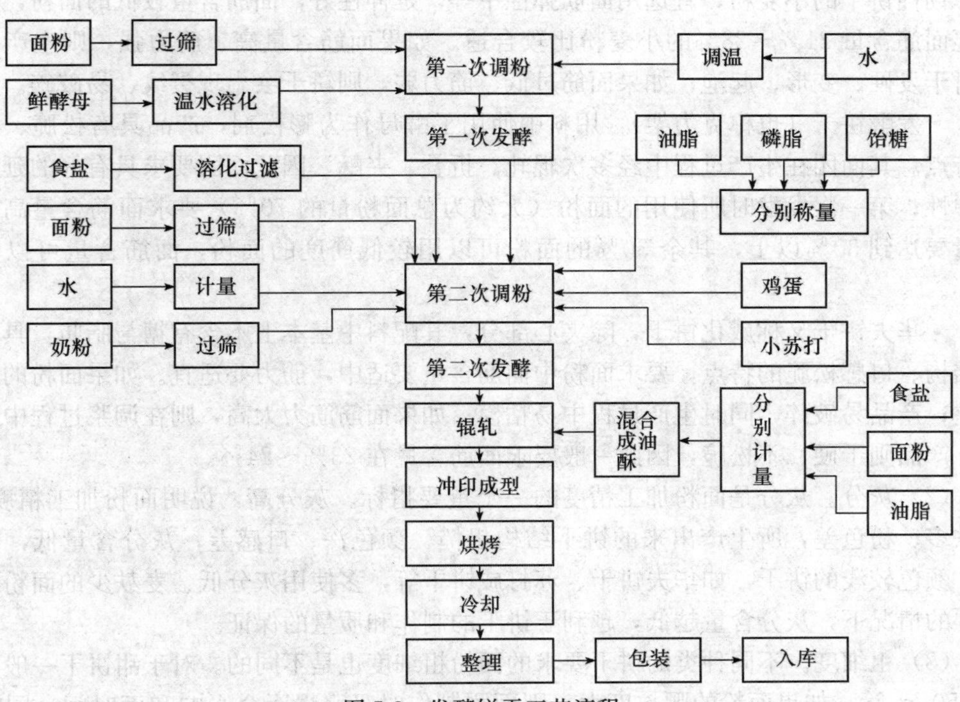

图 5-3　发酵饼干工艺流程

任务二 饼干加工工艺

一、原料选择

生产饼干的原料主要有小麦粉、糖、油脂、淀粉、膨松剂、食盐等。原辅材料的质量直接影响着饼干的质量。

1. 小麦粉

小麦粉是饼干生产的第一大配料，其质量关系到制作饼干的质量，不同种类的饼干所要求小麦粉的品种、质量是不同的，因此，需要根据产品的特点来选择合适的小麦粉。影响饼干质量的面粉的因素有以下几个方面：

（1）面筋含量。面筋含量及其特性是衡量面粉质量的一个最重要的指标，不同品种的饼干，要求使用不同性质的面粉。

• 甜酥性饼干（包括曲奇饼）是采用辊印、挤压或钢线切割成型的。这类饼干含有较高的油脂及糖，面团较软，采用钢带进行焙烤，产品要求凸状花纹图案清晰，酥松而不变形，且生产过程中不粘模、不粘带，因此要选用软质小麦研磨的小麦粉，面筋含量为19％～22％，使得面团的延伸性（拉力）好、弹性低。

• 韧性饼干图案为凹花、带有针孔，配料中油、糖含量较低。与甜酥性饼干面团相比较，韧性饼干面团易吸水膨胀而形成面筋，要求面团具有一定的延伸性和弹性，因此制作韧性饼干的小麦粉，宜选用面筋弹性中等，延伸性好，面筋含量较低的面粉，一般以湿面筋含量21％～28％的小麦粉比较合适。如果面筋含量高、筋力强，则生产出来的饼干发硬、变形、起泡；如果面筋过低、筋力弱，则饼干会出现裂纹、易破碎。

• 发酵饼干（也称克力架），用料中使用了酵母作为膨松剂，产品具有松脆、味香的特点。其面团在生产过程中经多次辊轧、折叠、夹酥，因此面团要求具有好的延伸性与弹性；第一次发酵时所使用的面粉（大约为总面粉量的70％）要求面筋含量高，面筋量要达到30％以上，其余30％的面粉可以用较低筋度的面粉，面筋含量可以低于26％。

• 华夫饼干又称威化饼干，除夹心部分，其配料中基本上不含有糖与脂肪，具有多孔结构、口感松脆的特点，要求面粉中面筋含量要适中，筋力要适宜。如果面粉的筋力太差；产品易破碎，同时生产过程中易粘模；如果面筋筋力太高，则在调浆过程中易起筋，产品则干硬、不松脆，因此一般要求面筋含量在23％～24％。

（2）灰分。灰分是面粉加工精度的一个重要指标。灰分高，说明面粉加工精度低、麦麸多、粉色差，所生产出来的饼干结构粗糙、颜色深、口感差；灰分含量低，则相反。颜色较浅的饼干，如华夫饼干、苏打咸饼干等，多使用灰分低、麦麸少的面粉。在同样的情况下，灰分含量越低，越利于饼干的制作和质量的保证。

（3）粗细度。不同种类的饼干要求的面粉粗细度也是不同的。对于甜饼干一般要求过150μm筛，如果面粉的颗粒度大，则面团制作时吸水慢，会影响和面时间，同时糊化温度升高，做出的饼干可能会有粘牙现象。如果面粉的颗粒度太小，饼干在焙烤过程中会向上扩张，影响饼干的形状。华夫饼干对面粉的粗细度要求更加严格，其面粉颗粒应尽可能细小，最好能全通过 125μm 筛，只有这样在制浆过程中才会均匀，生产出的饼干表面才会光滑幼细，入口易化，没有粗糙感。

小麦品种和面粉的加工工艺影响面粉中的破损淀粉含量。破损淀粉与面粉的粗细度有一定的关系。一般说来，面粉越细，则破损淀粉越多。破损淀粉量对甜饼干、华夫饼干质量影响不是很大，但对于发酵饼干，破损淀粉量对其质量有一定的影响。发酵饼干利用酵母进行发酵，破损淀粉极易被淀粉酶作用分解成为麦芽糖供酵母使用。如果破损淀粉过多，面粉的吸水量会增加，而造成面团变软，发酵速度加快，弹性降低，从而阻碍了面筋的形成，饼干会僵硬而不松脆。另外会增强淀粉酶对淀粉的作用（主要对破损淀粉），产生糊精，造成生产出来的饼干粘牙。如果破损淀粉量过少，则加水量减少，没有足够的淀粉分解物——麦芽糖供酵母所利用，因此面团较硬，发酵慢，制作出来的饼干酥松度不够。

（4）降落数值。主要是用于衡量面粉中 α-淀粉酶含量的高低。降落数值高，说明面粉中 α-淀粉酶量低；降落数值低，则反之。特别是发芽小麦研磨出来的面粉中含有大量的 α-淀粉酶，和面以后 α-淀粉酶就会分解淀粉分子，产生糊精及麦芽糖。对于降落数值太低的面粉，不适于制作韧性饼干、发酵饼干和华夫饼干。因为此类面粉中 α-淀粉酶作用于淀粉产生大量的麦芽糖。随后发生美拉德反应与焦糖化作用产生的褐色物质，使得饼干的颜色加深，不符合上述所要求的颜色。同时由于小麦发芽，会影响面筋的质和量，面筋量减少，面筋质变弱，面筋易断裂，制造出来的饼干会产生裂纹，容易破碎。

发酵饼干同面包制作一样，都需要用酵母进行发酵，因而对面粉的降落数值都应有严格要求。降落数值低，除了一些弊病之外，还会产生大量糊精，使得发酵饼干口感差。另外淀粉分解产生大量的糖供酵母使用，使得发酵速度加快，饼干易破皮变形。但降落数值过高，则 α-淀粉酶量低，没有足够的糖供酵母使用，产气速度慢，制出的饼干发硬不松脆，且会收缩变形。对于发酵饼干所用的面粉降落数值一般在 25～35s。如果超出这个范围，就应用不同品种的小麦进行调配或添加品质改良剂进行调整。

2. 油脂

油脂是饼干生产中的重要成分，具有以下功效：

（1）有良好的风味和外观色泽。

（2）可限制面团的吸水性，控制面筋的生成。

（3）由于油膜之间的相互隔离，使面筋微粒不易黏合而形成面筋网络，使面团的黏性与弹性降低，缩小变形。

（4）由于油脂分布在面粉中的蛋白质或淀粉微粒周围，形成一层油膜，所以不易粘压辊、印膜，饼干花纹清晰。

（5）能助长酥松起发，增加光泽度和外观。

（6）油脂含有人体必需脂肪酸，也是香料的载体，能改变粉团组织结构和口味。

饼干生产要求选择具有优良的起酥性和较高的稳定性的油脂，一般为起酥油，其选用的原则：价格便宜、来源充足、性质稳定、风味好。常用的油脂有棕榈油、猪油、花生油、麻油、奶油、起酥油以及脂类物质卵磷脂和香精油等，其中以棕榈油的使用最多。但不同的饼干对油脂还有不同的要求。

1）韧性饼干

韧性饼干的工艺特性，要求面筋在充分水化条件下形成面团。所以，一般不要求高油脂，以小麦粉总量的20％以下为宜。普通饼干只用6％～8％的油脂，但因油脂对饼干口味影响很大，故要求选用品质纯净的油脂为宜。对配方中添加小麦粉量的14％～20％油脂的中高档饼干，更应使用具有愉快风味的油脂，例如奶油、人造奶油、优质猪板油等。即使配方中油脂很少，如果油脂本身风味好，也可使饼干获得味香而可口的效果。

2）酥性饼干

酥性饼干生产时油脂用量较大，一般为14％～30％（以小麦粉为基数），甜酥性的曲奇饼干类则属高油脂，常用量为40％～60％。同时既要考虑油脂稳定性优良、起酥性较好的，这主要是酥性饼干调制面团时间很短，又要求选用熔点较高的油脂，否则极易造成因面团温度太高或油脂熔点太低而导致油脂流散度增加，发生“走油”现象，使饼干品质变劣，操作也困难。因此，一般以选用优质人造奶油为最佳，猪板油次之。甜酥性的曲奇饼干应选用风味好的优质黄油。

3）发酵饼干

发酵饼干要求使用起酥性与稳定性兼优的油脂，尤其是起酥性更重要。如苏打饼干的酥松度和它的层次结构，是衡量成品质量的重要指标，实践证明，猪油的起酥性能使苏打饼干具有组织细密、层次分明、口感松脆的效果，植物性的起酥油对改善饼干层次有利，松酥度较差，因此，植物油与猪板油混合使用，两种油脂互补，制成的苏打饼干品质优良。

3. 糖类

糖是饼干生产的重要原料之一，它的作用除了赋予饼干甜味，同时还使之具有好看的色泽，口感酥脆。特别对酥性饼干来说，由于糖的强烈反水化作用，因此使用较多的砂糖可以有效地防止面团在调制时起筋，能很好地保持产品的酥脆特点，这主要是因为糖在溶解时需要水，同时使溶液渗透压加大，这就抑制了面筋吸水胀润。糖用量在10％以下，对面团吸水影响不大，但在20％以上时对面筋形成有较大的抑制作用。

4. 膨松剂

多使用化学膨松剂。使用膨松剂时，如遇结块要先经粉碎，然后用冷水溶解（溶解用水量应计入总加水量），防止大颗粒直接混入面团而造成胀发不均匀。不得使用热水溶解，防止 NH_4HCO_3 和 $NaHCO_3$ 受热分解出一部分或大部分 CO_2，降低焙烤时面团的胀发力，影响胀发效果。调粉时膨松剂以后放为宜，这样可以减少在温度高、时间长的调粉条件下因受热分解而造成的挥发损失。由于 NH_4HCO_3 和 $NaHCO_3$ 的不稳定性，故应将它们存放在通风、阴凉、避光、密封的条件下，防止因分解而造成的胀发力下降或失效。

5. 食盐

食盐对饼干生产有以下几个方面的作用：

(1) 赋予饼干咸味，增强产品风味。

(2) 增强面筋弹性，使面团抗胀力提高。

(3) 作为淀粉酶的活化剂，提高淀粉的转化率，为酵母提供更多的糖分。

(4) 抑制杂菌繁殖，防止野生菌发酵带来的异臭。

除此以外，将盐撒在饼干表面，如苏打饼干和椒盐饼干等品种，盐可在其表面形成薄片状大小的结晶，为消费者所喜爱，所以撒盐成了制造工艺的重部分。

6. 淀粉

制作饼干，一般不希望产生过多的面筋，因此常选用筋力弱的小麦粉。当小麦粉的筋力高时，可以通过添加淀粉来减少面筋蛋白质的比例，从而降低面团的筋性。常用的有小麦淀粉、玉米淀粉、马铃薯淀粉。

7. 其他

为了丰富饼干的品种、改善品质和增添风味，常用的辅料有乳制品、蛋品、可可、巧克力制品、咖啡、果脯、果酱等。其他花样饼干的原料还有坚果类、果类、香料等。

二、面团调制

面团的调制是指将饼干生产中所用的各种原辅材料经过预处理后，按照配方的要求配合好，在和面机（混合机）中进行调制，使之成为均匀面团的过程。饼干生产过程中面团调制是最关键的一道工序，关系到饼干成品的花纹、形态、酥松度、表面的光滑程度及内部结构等质量指标。不仅对产品有重要的影响，还对后续工序的操作起决定性作用。

面粉的主要成分是其中所含有的淀粉和面筋蛋白质。面筋蛋白质包括麦胶蛋白和麦谷蛋白，这两种蛋白质吸水以后能形成具有一定黏弹性和延伸性的面筋，而面筋的存在则使面团也具有了一定的黏弹性和延伸性。面筋蛋白质吸水胀润能力是随着温度的升高而增加的，在30℃下，面筋蛋白质的吸水能力最强，吸水可以达到150%～200%，所以这个温度也是面团调制的最佳温度。由于面筋形成的多少和强弱直接影响饼干的生产操作和成品的酥松性，所以面粉中蛋白质的含量和质量对饼干的质量起着非常重要的作用，生产中可以通过控制面筋蛋白质的质量和面团中面筋形成的数量来控制面团的性能和成品的质量。

配料中含有的其他成分也会影响到面团的调制，其中糖、油脂、水和淀粉的用量是影响面团调制的重要因素。例如糖具有吸湿性，它可以吸收蛋白质胶粒之间的游离水，并使胶粒外部的浓度增加，使胶粒内部的水分产生反渗透作用，从而降低蛋白质胶粒的胀润度，即具有强烈的反水化作用；而油脂可以吸附在蛋白质的分子表面，阻碍面筋蛋白质的吸水胀润，所以也具有一定的反水化作用，因此油、糖的用量和添加的顺序会直接影响面团的黏弹性和延伸性；在30℃下，淀粉的吸水量只有30%。所以淀粉含量的增加会降低面团的吸水量。

此外，面团调制的时间以及调制后静置的时间等，对面团的性能也有一定的影响。

生产不同类型的饼干所需面团的加工性能不同，在面团调制工艺上区别也很大。

1. 酥性面团的调制

酥性或甜酥性面团俗称冷粉，由于酥性及甜酥性饼干生产采用的是印模冲印或辊印成型的方式，产品的外形多呈浮雕状的斑纹，这就要求面团具有较大程度的可塑性和一定的黏弹性，同时还要求轧制成的面皮有一定的结合力，以便机器连续操作和不粘辊筒、模型。在调粉过程面筋的形成会使面团的弹性和强度增大，可塑性降低，从而引起成型饼坯的韧缩变形，在焙烤过程中产品表面会胀发起泡。所以在调制酥性面团时，还要注意减少面筋蛋白水化作用，控制面筋的形成。酥性面团调制时，要考虑以下几方面的因素。

1）配料顺序

酥性面团的调制，是先将经过预处理的糖、油、水等各种辅料混合成糨糊状的混合物，这称为辅料预混。而对于奶粉、面粉等易结块的原料要预先过筛，如添加脂肪及乳制品较多时应适当添加乳化剂，然后投入面粉、淀粉等原料，调制成面团。这样的配料顺序是使面筋蛋白质在一定浓度的糖浆及油脂存在的状况下吸水胀润，由于糖和油脂的反水化作用，面筋蛋白质的水化作用受到阻碍，因而限制了面筋蛋白质的形成程度，保证了面团具有较大的可塑性。而糨糊状的预混物一般有三种情况：第一种是预混浆乳化不充分；第二种是预混浆乳化充分，乳化呈O/W型；第三种是预混浆乳化液为W/O型。

2）糖、油用量

由于酥性面团要求面筋含量少，所以在面团调制中，糖和油脂用量都可比较高，起到反水化作用。但酥性面团糖和油脂的用量应根据实际用量来控制，当配料中油、糖用量较多时，由于它们的反水化作用，面团不会很快形成较多的面筋，面团的调制比较容易控制，而有些酥性饼干，要求配料中油、糖用量较少，这时就需要特别注意面团的调制，在适宜的胀润度时停止调粉，避免面团起筋。

3）加水量和面团的软硬度

面筋的形成是面筋蛋白质吸水胀润发生水化作用的结果，因此加水量的多少是控制面筋形成的重要方法之一。较软的面团含有较多的水分，可以提供给面筋蛋白质充足的水分使其水化，形成较多的面筋，因此缩短了调粉时间；而较硬的面团，水分含量较少，需要适当延长调粉时间，增加面团的结合力，否则会形成散沙状面团。同样，油、糖等辅料用量较少的面团，由于反水化的作用减弱，所以通过减少加水量以抑制水化作用，减少面筋的形成；反之，油、糖用量较多的面团，反水化作用较强，也就是抑制面筋形成的作用较强，所以加水量可多一些。

在实际生产中，加工机械的特性对面团的软硬度的要求也不同。采用冲印成型，由于面团在成型之前要经过多次的辊压，为了避免辊压过程中面片断裂和粘辊，这就要求面团有一定的强度和黏弹性，因此面团调制要软一点，并有一定的面筋形成。辊印成型的面团，由于不形成面皮，无头子分离阶段，它是将面团直接压入印模成型，过软的面团则会造成印模充填不足以及脱模困难，所以要求面团调制硬一些。

4）加淀粉和头子量

淀粉含量的增加会降低面筋蛋白质的浓度，同时淀粉也能吸水胀润，因此对面筋的形成也具有一定的抑制作用，从而降低面团的强度和弹性，增加面团的可塑性。

头子是在生产中产生的一些不能再加工成型的面团和不合格的饼坯。但头子中的面筋蛋白质已经经过了长时间的吸水胀润，蛋白质胶粒表面的附着水以及游离水在静置过程中逐步转化成了水化水，所以头子中面筋的含量是比较高的。在将头子重新利用加到面团中时，要根据需要，严格控制加入量。正常情况下，只加入1/10～1/8，但是当需要增强面团筋力时，可以适当多加入一些。

5）调粉的时间和静置的时间

机械地捏合和搅拌会促进面筋的形成，因此控制调粉时间是控制面筋形成程度和限制面团弹性的又一十分重要的因素。这主要是由于各种原辅材料在和面机中受到不断地捏合和搅拌，在混合的同时，其内部也发生一系列的反应，面筋的形成为其一。调粉时间过短，面筋蛋白质的水化时间不足，会导致面筋形成不足，表现为面团发黏、拉伸强度低；而调粉过度，会使面团形成过多的面筋，在后续成型以及焙烤工序中发生韧缩、花纹模糊、表面粗糙、起泡、凹底、胀发不良、产品不酥松等现象。但在实际生产中要根据原料成分和预混状态来确定最佳的调粉时间，一般由操作人员判断。

静置是酥性面团调制过程中的常用一种补救方法，是否需要静置应根据面团的具体情况而定，如面团筋力不足时，适当的静置可以使面筋蛋白质继续进行水化作用，形成面筋，增加面团的弹性和结合力；但如果静置过度，面团的性能也会变差，表现为面团发硬、黏弹性和结合力下降，最终无法进行正常的生产操作。

6）调粉温度

温度也是影响面团的调制重要的因素，一般可利用水的温度来调整或控制调粉的温度，通常，面团调制的温度控制在30℃左右。例如，夏季温度高时，可以使用冰水来调制面团；冬季温度低时，可以用热水调粉。面团调制温度与面粉中面筋的含量、质量、油脂等辅料的含量和特性以及后续成型的方法有关。首先面筋蛋白质的吸水胀润能力与温度有关。温度高，吸水胀润能力强，面筋形成能力强；反之，温度低，吸水胀润能力弱，面筋形成程度低。所以可以通过调节温度来控制面筋的形成。其次，不同的油脂具有不同的熔点，要根据所使用的油脂来调整调粉温度，以防止油脂含量高时发生走油现象。

2. 韧性面团的调制

韧性面团俗称热粉，这是因为调制后的韧性面团的温度要比酥性面团高，所以称作热粉。韧性面团主要是用来生产韧性饼干，与酥性饼干相比具有如下特点：第一，糖油用量少，调粉时面筋容易形成；第二，产品容重较轻，口味松脆，即胀发率要大，且组织细致的层状结构；第三，加工采用多次压延操作，采用冲印成型和要求头子顺利分离等。这就要求面团的面筋不仅形成充分，还要有较强的延伸性、适度的弹性和一定的可塑性，表面柔软且光滑。

为了达到工艺的要求，韧性面团可以分为两个阶段来调制。在第一阶段中，使面筋蛋白质有一定的吸水量和胀润程度，形成适量的面筋；在第二阶段中，使已经形成的面筋在机桨不断的撕裂、剪切下降低弹性，增加面团的柔软度。影响韧性面团调制的主要因素有：

（1）配料顺序。韧性面团在调粉时可一次将面粉、水和辅料投入机器搅拌，但也有按酥性面团的方法将油、糖、乳、蛋等辅料加热水或热糖浆在和面机中搅匀，再加入面粉。如使用改良剂，则应在面团初步形成时（约 10min 后）加入。在调制过程中由于温度高，为了防止膨松剂的分解和香料的挥发损失，一般在调制过程中加入，也可以一次加入。

（2）面团温度。调制韧性面团时，和面机的搅拌强度大、搅拌时间长，由于面团之间及面团与容器壁之间的不断摩擦，产生了较多的热量，使面团的温度升高。温度高有利于面筋的形成，缩短搅拌时间，但也容易使膨松剂在温度高的情况下提前分解，影响胀发率，所以调制温度一般多控制在 35～38℃。冬天气温低时，可以将面粉先行预热或使用热水调粉，使面团温度保持在适当范围，同时热水调粉时还可以使部分面筋蛋白质变性，降低能形成面筋的蛋白质的量，减少面筋的形成。

（3）加水量。韧性面团要求面团比较柔软，加水量需要根据面粉和辅料的含量及其性质而定，一般加水量为面粉的 22%～28%。

（4）面团的静置。与酥性面团一样是否需要静置应根据面团的具体情况而定，当面团强度过大，主要是由于面团在长时间的机桨拉伸和撕裂作用下产生一定强度的张力，所以可通过静置使面团消除张力，恢复松弛状态，使面团具有适度的弹性和良好的加工性能。如果调制后的面团的弹性已经符合要求，则无须静置，否则面团弹性下降，延伸性和结合力也随之下降，造成成型操作困难。

（5）淀粉用量。调制韧性面团，常需要加入一定量的淀粉。主要是由于韧性面团中糖、油用量比较少，反水化作用较弱，因此调制时面团容易起筋，使面团的弹性过大，所以使用一定量的淀粉作为填充剂，以降低面筋蛋白质的浓度，控制形成过多的面筋。另一方面，淀粉的使用还有助于缩短调粉时间，使面团表面光滑，降低面团黏性，增加面团可塑性，增强花纹的保持能力。但过量的使用，也会使饼干胀发率降低、破碎率增加。一般用量为面粉的 5%～10%。

3. 发酵饼干面团的调制

发酵饼干用面团需要经过发酵，为了得到发酵均匀的面团，常常采用二次发酵法。

第一次发酵也称中种发酵，是使用总面粉量 40%～50%的面粉、全部的酵母（用量为总配料量的 0.5%～0.7%以及适量的水，在和面机中调制成中种面团后进行发酵。第一次发酵的主要目的是使酵母在面团静置发酵的过程中得到充分的繁殖，提高酵母的发酵潜力。在发酵初期，酵母是利用配料中本身含有的氮源和碳源作为营养物进行新陈代谢和繁殖的，在发酵的过程中，随之产生乳酸、醋酸等有机酸和酒精等代谢产物，使面筋蛋白质溶解和变性，被酵母及面粉中的蛋白酶分解为低分子物质，从而成为酵母繁殖的主要氮源。发酵中产生的二氧化碳气体使面团体积蓬松，面筋的网络结构随着二氧化碳气体的增多而逐渐处于紧张状态。继续产生的二氧化碳气体，则使面筋受到的膨胀力超出其本身的抗胀能力，导致面团塌架，从而降低了面团的弹性，为第二次发酵提供有利条件。第一次发酵的温度为28℃左右，总发酵时间为6～10h，发酵完成后，面团的pH为4.5～5。

第二次发酵也称延续发酵，是将第一次发酵好的中种面团，加上其余全部原辅材料，在和面机中进行第二次调粉，而后进行第二次发酵。第二次发酵的目的是在第一次发酵的基础上，利用已经产生的大量的酵母，进一步降低面团的弹性，并尽可能地使面团结构疏松。所以第二次调粉要选用弱质粉，以保证成品口感酥松、形态完美。第二次调粉时的加水量要根据第一次发酵的程度做一定的调整。一般来说，第一次发酵越老，加水量越少。小苏打应在调粉将要完成时加入，有助于使面团光滑。第二次发酵时，尽管由于油脂、食盐以及碱性膨松剂等配料的加入，使酵母的繁殖变得很难，但由于中种面团中已经产生了大量的繁殖酵母，从而使面团具有较强的发酵潜力，经过3～4h的发酵以后，即可达到发酵终点。

影响发酵的因素有以下几个方面：

(1) 面团温度。面团温度是影响发酵饼干的主要因素之一，由于酶的活力和酵母的活力对温度有严格的要求，只有在最合适的温度时，它们才能表现出最佳的活力，因此发酵饼干用面团在调粉和发酵时对温度的控制尤为重要。酵母繁殖的适宜温度为25～28℃，发酵最佳温度（在面团中）为28～32℃。第一次发酵主要目的是使酵母进行大量的繁殖，因而面团温度应控制在28℃左右。实践证明，发酵温度过高，面团中乳酸等有机酸的含量会显著增加，使面团变酸，所以必须缩短发酵时间。而发酵时间缩短，酵母的繁殖量又会受到限制；发酵温度过低，则发酵速度缓慢，即酵母繁殖速度慢，所以必须延长发酵时间，这样就延长了生产周期；另一方面也容易产生较多的有机酸，使面团酸度过高。

(2) 加水量。加水量与面粉的吸水率有关，主要受面粉中面筋蛋白质的质量和数量影响。同样筋力的面粉，在同样的配料和调粉下，加水量大则面团形成的面筋程度高。用于中种面团的面粉常用高筋粉，所以加水量比酥性饼干要多一些，但加水量不能过多，还要考虑到发酵中面筋的溶解和变性，面团会变湿且比调粉结束时更软。一般来说，较软的、湿面筋形成程度较高的面团，其抗胀力弱，发酵时体积膨胀得快，有可能导致发酵后的面团变得更柔软，不利于后续的成型操作，所以面团不能调制得过软。第一次调粉、发酵时，由于酵母的繁殖速度随面团加水量增加而增大，面团可适当调软一些，以利于酵母繁殖。对于第二次调粉，虽然加水量稍多可使湿面筋形成程度高，面团发得快，体积大，但由于发酵过程中有水生成，加之油脂、糖及盐的反水化作用，就会使面团变软和发黏，不利于辊轧和成型操作，所以调制的面团应稍硬些。但加水量也不能太少，使面团硬度过大，以免导致成品变形。

(3) 用糖量。糖作为酵母发酵时的主要碳源。在面粉本身淀粉酶活力低的情况下，第一次调粉时加入一些糖类，可以为第一次发酵时的酵母繁殖补充一些碳源，有助于加快发酵速度。但添加过量的糖，则不利于发酵，因为面团中的糖浓度过高，会在酵母细胞外产生较大的渗透压力，使酵母细胞脱水萎缩，最终造成酵母细胞原生质的分离而大大地降低酵母的活力。

(4) 用油量。油脂除了具有增强制品的风味，还与成品的酥松度有着密切的关系。油脂用量大，成品的酥松性好，但油脂用量大，会在酵母细胞膜的周围形成一层不透性的薄膜，抑制酵母正常的代谢作用，尤其是使用液体油脂时，由于油脂的流散度较高，使抑制作用变得更为剧烈，所以饼干生产通常使用猪油或固体起酥油等。油脂的用量一方面要保证成品具有一定酥松度，另一方面要尽量地减少它对酵母发酵的影响。可以将部分油脂与面粉、食盐等拌成油酥在面团辊轧时加入。

(5) 用盐量。发酵饼干的用盐量可以达到 1.8%～2.0%。盐不仅可以增强面筋的弹性与韧性，使面团的抗胀能力提高，还是面粉中淀粉酶的活化剂，可以提高淀粉的转化率，以供给酵母充分的碳源。但盐最显著的特性是其抑菌作用，它不仅对面团中的杂菌具有抑制作用，对酵母繁殖也有抑制作用，所以通常将总量 30%的食盐在第二次发酵时加入，防止它对酵母的大量繁殖产生不良的影响，而其余的食盐则在油酥中拌入。

三、面团的辊轧

辊轧就是将调粉后的面团在辊压机内经过多次压延，成为一定厚薄的面片的过程。经过反复辊轧，杂乱无序的面筋组织变为层状的均匀化的组织，并使面团在接近饼干薄厚的辊轧过程中消除内应力。它不仅是冲印成型的准备工序，而且是防止成型后饼干收缩变形的必要措施。

饼干种类不同，对面团的性能要求不同；而不同性能的面团，对辊轧的要求也不同。有些面团如半发酵饼干用面团及发酵饼干用面团在调制以后，必须经过辊轧工序才能进行成型操作；韧性饼干面团可以经过辊轧，也可以不经过辊轧；而甜酥性饼干和酥性饼干用面团一般不需要辊轧，只有在特殊情况下，如面团黏性大、成型皮子易产生断裂、头子分离困难时，才采用辊轧来予以补救。

面团在辊压机的作用下，受到剪切力和压力的作用发生变形，得到压延，同时使面团内部产生横向、纵向的张力。如果面带只在一个方向被反复地辊轧，将使压延后面带中的纵向张力超过横向张力，直接进入成型机后会使饼坯收缩变形，所以面带在辊轧时必须不断地变换方位，并在进入成型机辊筒时旋转方向，使面带受到的张力均匀分布，避免张力不均引起的变形。

辊轧以后，面团的性能会有所改变。首先，压面是对面团的捏合过程，同时使调粉时零碎的面筋水化粒子组成整齐的网络结构，有助于面筋的生成，因而面筋量增加；其次，辊轧时合理的辊轧和转向，使调粉时由于无定向运动产生的不均衡张力消除，故面团弹性减弱；再次，辊轧使面团中包含的空气和二氧化碳气体均匀分布，并排除多余的二氧化碳，使面带结构均匀、细腻，并使面带产生层次，使成品有较好的胀发度和松脆性；最后，多次辊轧可使面团表面有光泽，形态完整，成型后花纹的保持能力强，产品色泽均匀。

1. 酥性饼干面团的辊轧

由于酥性或甜酥性面团糖、油脂用量多，面筋形成少，质地柔软，可塑性强，一经辊轧易出现面带轧制裂、粘辊，同时在辊轧中会增加面带的机械强度，面带硬度增加，造成产品酥松度下降等。所以对于多数的酥性或甜酥性面团一般不经辊轧而直接成型。但当面团黏性过大，或面团的结合力过小，皮子易断裂，不能顺利成型，应采用辊轧改善面团的加工性能。但一般是成型机前用 2～3 对轧辊即可，要求加入头子的比例也不能超过 1/3，并且头子与新鲜面团的温差不宜超过 6℃。

2. 韧性饼干面团的辊轧

饼干的品种不同，对辊轧的要求也不同，有的需要经过辊轧，有的可以不经辊轧，以辊轧后的产品质量为佳。韧性饼干用面团是采用连续式辊筒压面机进行辊轧，辊轧后韧性面团成为厚薄一致、形态完整、表面光滑、质地细腻的面带，同时面团的弹性降低，可塑性和结合力增强，有利于韧性饼干的冲印成型。

韧性饼干面团在辊轧前要经过一段时间的静置，以消除面团内部的张力，降低面团的黏性，改善面团的工艺性能，静置时间为 1～3h。韧性饼干的辊轧示意图如图 5-4 所示。韧性面团一般要经过 9～14 次辊轧，多次折叠、翻转 90°，但在辊轧过程压延比不宜超过 3∶1，头子加入量般＜1/3，在辊轧时不能撒太多面粉或撒不均匀，否则面粉会夹在辊轧后的面团层次中，降低面带上、下层之间的结合力，焙烤时会形成起泡现象。

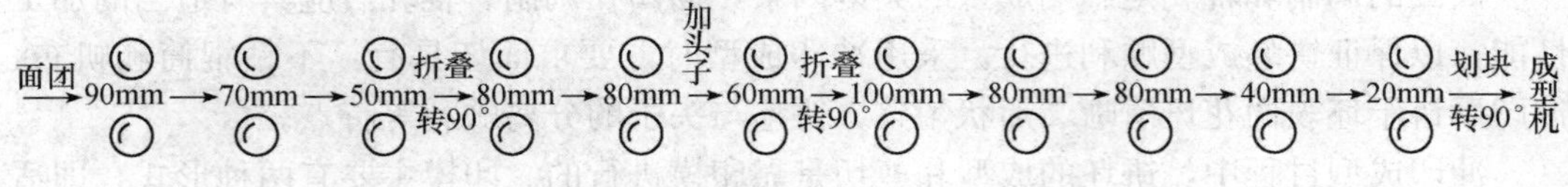

图 5-4　韧性饼干的辊轧

3. 发酵饼干面团的辊轧

发酵饼干面团是经过酵母发酵作用，内部包含有大量二氧化碳气体的面团，在轧制时常常需要在面片中夹入油酥，所以采用立式压层机进行辊轧。辊轧可以排除面团中过剩的二氧化碳气体，防止焙烤后饼干底部产生洼底、表面起泡，同时在反复的辊轧过程中完成夹酥操作。多次辊轧还赋予了面带表面的光泽、形态的完整，使冲印后花纹保持能力增强、色泽均匀。

发酵饼干面团在辊轧时要特别注意压延比。在未加油酥时，压延比不宜超过 1∶3。压延比过高，会影响饼干的蓬松；但压延比过低，也会影响产品的质量，因为加入的头子是已经经过压延的，产生了一定的机械硬化现象，压延比过低，则头子不能与新鲜的面团轧压均匀，在第二次机械的作用下，会使面团蓬松的海绵状结构变得结实、表面坚硬，在焙烤时会影响热的传导，使上色困难、成品饼干僵硬、出现花斑。夹入油酥后的压延比不宜超过（1∶2）～（1∶2.5），否则表面易轧破，油酥易外露，胀发率降低，色泽变褐，成品质量降低。发酵饼干的辊轧如图 5-5 所示。

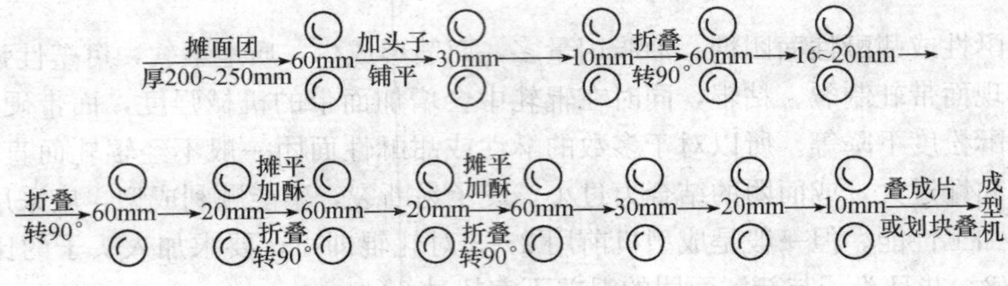

图 5-5　发酵饼干的辊轧

四、饼干的成型

饼干的成型方式是以成型设备来区分的，常用的成型方式有：摆动式冲印成型、辊印成型、挤出成型、裱化成型和辊切成型等。

1. 冲印成型

传统的冲印成型是帆布上的面带向前走一步，停一下，冲印一次，再走一步，再停下来冲印。新式冲印成型是摆动式的，即帆布的运动由间歇式运动变为连续的匀速运动，当冲印模在冲向皮子、压花纹的同时，随着面带一起向前运动，完成冲印操作以后，冲模迅速回到原来的位置，开始下一个冲印动作。由于摆动式冲印成型能连续地进行，所以大大地提高了饼坯的成型效率。

面团的调制和辊轧是影响成型的关键因素，面团在调制、辊轧后应具有适当的加工性能，以保证饼坯成型顺利进行。采用冲印成型时，要求面坯具有：不粘辊筒和帆布，冲印后饼干坯表面花斑清晰、形状匀整，饼坯与头子的分离顺利等特点。

冲印成型过程中，饼坯的成型和剪切是靠印模进行的。印模主要有两种形式，即适用于韧性饼干的凹花有针孔印模和适用于酥性饼干的无孔凸花印模。

韧性面团中含有较强的面筋组织，面筋的网络结构使面团具有较强的持气能力，在焙烤时饼坯表面的胀发变形能力较大，凸出的花纹很难被保持，所以要使用凹花印模，并扎上针孔，防止饼坯表面胀起大泡。

酥性面团中形成的面筋少，组织比较疏松，在焙烤时内部产生的气体能比较容易地逸出，不会使饼坯表面发生大的变形，能保持印模冲印时留下的表面形状，所以多采用无孔凸花印模。酥性饼干的表面花纹是否美观和清晰，是决定成品质量的重要因素之一。

面带在冲印成型后，饼坯被切割下来，剩余的不能成型的部分即成为头子，通过饼坯传送带上方的一条与饼坯带大约成 20°、向上倾斜的传送帆布带运走。

2. 辊印成型

辊印成型是将调制好的面团置于喂料斗中，在经过喂料斗底部做相对运转的喂料槽辊及花纹辊（型模辊）时，在重力和两辊相对运动的压力下，被压入花纹辊的凹模中，多余的部分被花纹辊的刮刀除去，而花纹辊中的饼坯则受到辊下面包着帆布的脱模橡胶辊的吸力脱模而出，再由输送带传送到焙烤工序。

辊印成型适合于油脂含量较多的酥性饼干的生产，要求面团硬度稍大、弹性较小。过软的面团会形成坚实的团块，容易造成喂料不足和脱模困难，而且不利于刮刀除去多余面团，影响成型后饼坯形态的完整。但面团硬度也不能过大，否则容易使压模不结实，同样不利于脱模和形态的完整。

3. 辊切成型

辊切成型是综合了冲印成型和辊印成型的优点发展起来的，是将面团压延成面带以后，辊压出花纹，再经辊刀切割成饼坯而完成成型操作的。辊印成型具有成型效率高、对面团适应性强的特点，既能适应韧性面团的成型，也可用于酥性饼干的生产。

4. 其他成型方式

（1）挤条成型。挤条成型是将面团通过挤压作用从型孔中挤出，挤成条状以后，用切割机切成一定长度的饼坯而成型的，饼坯断面为扁平状。

（2）挤浆成型。挤浆成型是将面团从型孔中挤出。但面团是具有一定流动性的糊状面团，面团被间断地挤出后，向下做O形或S形的运动，落在烤盘或钢带上，通过改变型孔的形状，可以得到不同外形的扭结状饼干。

五、饼干的烘烤

焙烤是完成焙烤食品的最后加工步骤，是控制饼干质量重要的环节之一，不仅将成型后的饼坯烘干、烤熟，还直接影响饼干的色、香、味、形等品质。

1. 饼干烘烤的基本原理

饼坯在焙烤过程中发生的变化，在外部主要表现出饼坯厚度和水分含量的变化，并使饼坯具有色、香、味、形等感官品质。

1）饼坯厚度的变化

饼干的配料使用化学膨松剂或生物膨松剂。焙烤开始后，化学膨松剂碳酸氢氨、小苏打等受热后分解产生的二氧化碳气体或生物膨松剂酵母在代谢过程中产生的二氧化碳气体以及水蒸气的蒸发，使饼坯中的面筋网络结构膨胀，饼坯的厚度急剧增加，如韧性饼干在焙烤的前几分钟厚度可以达到原来的215%，并最终使成品饼干具有了蓬松的组织结构和松脆的口感；随着焙烤的进行，膨松剂分解完毕，饼坯表面温度达到100℃，表面的淀粉和蛋白质受热凝固，饼坯变薄，基本定形，直到焙烤结束，厚度不会发生大的变化。

2）色泽的变化

饼干的色泽主要来源于焙烤过程中饼坯表面发生的焦糖化反应。有些产品表面也会有少量的美拉德反应。饼干饼坯表面和底部的少部分糖分在焙烤的高温作用下，发生了焦糖化反应，使饼干具有诱人的金黄色或褐黄色，还使奶味饼干产生特殊的香味。

对于发酵饼干来说，焙烤时温度的升高使酵母中蛋白酶的活力增强，少量的蛋白质水解成为多肽和氨基酸，与配料中含有的还原糖产生美拉德反应，也参与饼干的上色。

3）饼坯内部成分的变化

饼坯内部成分的变化有水分、淀粉、蛋白质的变化。

(1) 水分的变化。在焙烤开始瞬间，由于饼坯的表面温度较低，只有 30～40℃，所以烤炉前部的部分水蒸气遇冷凝结，聚集在饼坯的表面，使饼坯表面的水分含量增加；随着运输带的传送，饼坯表面的温度逐渐升高，表面水分蒸发的速度加快，饼坯开始失水；表面水分的减少，使得饼坯内部水分含量高于表面，在热量传递作用下，内部水分向表面迁移并被蒸发，饼坯水分含量逐渐减少，直到焙烤结束。

(2) 淀粉的变化。在面团调制等工序中，淀粉粒吸水胀润，体积得到一定程度的增大。在焙烤刚开始时，炉内水蒸气在饼坯表面凝结，在高温、高湿的环境中，淀粉粒最大限度地吸水胀润、糊化。部分糊化后的淀粉在面粉本身淀粉酶的作用下（发酵面团中也有酵母淀粉酶的作用），被分解成糊精、麦芽糖等低分子糖类。

(3) 蛋白质的变化。面筋蛋白质在面团调制时吸收了大量的水分，焙烤时由于温度的升高，吸收的水分析出，在饼坯内重新分布，被淀粉粒吸收发生胀润、糊化。当饼坯中心层温度达到 80℃时，蛋白质变性凝固，失去了胶体的特性，使饼坯定型。

2. 焙烤过程炉温的选择

焙烤主要是加热的过程，饼坯在焙烤时，热量的传递有三种方式，即热量通过传导使饼坯底部受热，通过辐射升高饼坯表面温度，通过对流使炉内温度梯度趋于均匀平衡。不同的饼干品种具有不同的饼坯特性，由此会产生不同的热量传递效果，所以要根据饼干的配料、饼坯的厚度、块形的大小、针孔的数量、烤炉的特点等来选择炉温。

1）发酵饼干

发酵饼干的焙烤可以分为以下三个阶段。

第一阶段：烤炉的面火要稍低，使饼坯表面尽可能柔软，不形成硬壳，有利于饼坯体积的胀发和二氧化碳气体的逸散；而底火则要旺盛，使热量迅速传导到饼坯中心层，促使坯内发酵产生的二氧化碳气体急剧膨胀，在瞬间使饼坯胀发。

中间阶段：烤炉面火渐增而底火渐弱，使表面结壳、饼坯定型，将胀发的最大体积固定下来，获得良好的焙烤弹性和酥松品质。

最后阶段主要是完成饼坯的上色，炉温较低，以防止成品色泽过深。

2）酥性和甜酥性饼干

用于生产高档酥性饼干的面团，面筋及膨松剂的含量都较少，所以要控制饼坯的胀发率。在进入烤炉后，要立刻加大底火和面火，以防止饼坯在钢带上发生“油摊”，即表面呈不规则形膨大，造成饼干形态不好和易于破碎。在焙烤的脱水和上色阶段则采用较低的温度，以利于色泽的稳定。

生产一般的酥性或甜酥性饼干，面团油脂含量相对较少，饼坯需要有一定的胀发度，因而要通过烘烤来达到。

3）韧性饼干

生产韧性饼干的面团，加水量足，面筋形成充分，面团的伸展性好，过高的焙烤温度会使饼坯外焦内软，因此在焙烤时多采用较低的温度，以延长焙烤时间，使水分充分除去。还可以在入炉的饼坯表面刷上浆液或用蒸汽喷雾，来调节饼坯入炉后的温度和湿度，一方面使饼干具有一定的质量标准，另一方面能提高饼干成品的表面光泽度，防止饼坯表面在饼干尚未完全胀发前就形成坚实的硬壳，影响饼干体积的胀发。

六、饼干的冷却

饼干刚出炉时表面温度可以达到 180℃，而中心层温度约为 110℃，内、外温差很大，中心层的水分含量也较高，因此水分依然由内向外扩散，如果不进行冷却就包装，一方面继续蒸发出来的水分会在包装上结露，引起返潮，造成霉变、皮软等现象；另一方面包装时温度过高，会使饼干冷却速度变慢，加剧油脂的酸败、氧化；此外，除了硬饼干和发酵饼干以外，其他品种的饼干在出炉时都比较软，特别是糖、油量较高的甜酥饼干更软。随着水分的蒸发和冷却，油脂凝固后，饼干的形态才能固定下来，过早包装会使未硬的饼干弯曲变形。因此，饼干一般在冷却到 38～40℃时才能包装。

饼干刚出炉的温度与到适宜包装的温度相差几十度，如果将饼干温度骤然降低，饼干容易产生裂缝，因此饼干的冷却是一个逐渐降温的过程，常见的有自然冷却和强制通风冷却两种方式。

冷却开始时，由于整个饼干的温度较高，水分含量相对较大，水分的蒸发在继续进行，饼干中的水分含量在逐渐减少，冷却到一定程度时，饼干的水分蒸发与从空气中吸收水分处于平衡状态，饼干的水分含量保持一定，但当温度继续降低时，饼干吸收的水分会多于蒸发的水分，饼干水分含量会升高。所以，要根据饼干的品种和环境的温、湿度来确定饼干的冷却时间。冷却到一定温度的饼干要立即进行包装。

任务三　各类饼干制作技术

一、酥性饼干加工

酥性饼干外观花纹明显，结构细密，孔洞较为显著，呈多孔性组织，口感酥松，属于中档配料的甜饼干。糖与油脂的用量要比韧性饼干多一些，一般要添加适量的辅料，如乳制品、蛋品、蜂蜜或椰蓉等营养物质或赋香剂。生产这种饼干的面团是半软性面团，面团弹性小，可塑性大，饼干块形厚实而表面无针孔，口味比韧性饼干酥松香甜，主要作点心食用。

（一）原料与配方

根据工艺的需要酥性饼干采用低筋粉，且加油、糖量较大，标准配比是油∶糖＝1∶2，油＋糖∶小麦粉＝1∶2，其典型配方如表 5-1 所示。

表 5-1　酥性饼干配方

原料＼品名	奶油饼干/kg	葱香饼干/kg	蛋酥饼干/kg	蜂蜜饼干/kg	芝麻饼干/kg	早茶饼干/kg
小麦粉（弱）	96	95	95	96	96	96
淀粉	4	5	5	4	4	4
白砂糖粉	34	30	33	30	35	28
饴糖	4	6	3	2	3	4
精炼油	—	6	—	4	10	8
猪板油	8	12	10	12	6	8
人造奶油	18	—	8	4	4	—
磷脂	—	1	0.5	0.5	—	0.5
奶粉	5	1	1.5	2	1	1.5
鸡蛋	3	2	4	2	2	2.5
香兰素	0.035	0.02	0.004	0.03	0.025	0.05
食盐	0.5	0.8	0.4	0.5	0.6	0.7
香精	—	—	适量（鸡蛋味）	—	—	适量（香草味）
蜂蜜	—	—	—	8	—	—
葱汁	—	3	—	—	—	—
白芝麻	—	—	—	—	4	—
碳酸氢钠	0.3	0.4	0.4	0.4	0.4	0.5
碳酸氢铵	0.2	0.2	0.2	0.3	0.3	0.3
抗氧化剂	0.002	0.003	0.0025	0.002	0.002	0.002
柠檬酸	0.003	0.003	0.003	0.003	0.003	0.003

（二）生产工艺流程

生产工艺流程如图 5-1 所示。

（三）操作技术要点

1. 面团的调制

先将糖、油脂、乳品、蛋品、膨松剂等辅料与适量水（控制最终面团含水量为16%～20%为宜）投入调粉机内均匀搅拌形成乳浊液，然后将过筛小麦粉、淀粉加入调粉机内，调制 6～12min，最后加入香精、香料。

判断方法：在调制面团过程中，要不断用手感来鉴别面团的成熟度。即在调粉缸中取出一小块面团，观察有无水分及油脂外露。如果用手搓捏面团不粘手，软硬适度，面团上有清晰的手纹痕迹，当用手拉断面团时感觉稍有联结力和延伸力，不应有收缩现象，这证明面团的可塑性良好，已达到最佳程度。

2. 辊轧

酥性面团调制后一般不需要静置即可轧片。一般以 3～7 次单向往复辊轧即可，也可采用单向一次辊轧，轧好的面片厚度为 2～4mm，较韧性面团的面片厚。

3. 成型

成型可采用辊切成型方式进行。

4. 烘烤

酥性饼坯炉温控制在 240～260℃，烘烤时间为 3.5～5min，饼干表面呈微红色为宜，控制成品含水率为 2%～4%。

5. 冷却

饼干出炉后应及时冷却，使温度降到 25～35℃，在夏、秋、春的季节中，可采用自然冷却法。如果加速冷却，可以使用吹风，但空气的流速不宜超过 2.5m/s。

（四）注意事项

(1) 香精要在调制成乳浊液的后期再加入，或在投入小麦粉时加入，以便控制香味过量的挥发。

(2) 面团调制时，应注意投料次序，面团温度要控制在 22～28℃。调粉时间，夏季因气温较高，搅拌时间可以缩短 2～3min，可用冰水调制面团。

(3) 成型时，压延比不要太大（应不超过 4∶1），否则易造成表面不光洁、粘辊、饼干僵硬等现象。

(4) 酥性面团中油脂、糖含量多，轧成的面片质地较软，易于断裂，不应多次辊轧，更不要进行 90°转向。

(5) 面团调制均匀即可，同时应立即轧片，以防止面团起筋。

二、韧性饼干加工

韧性饼干在国际上被称为硬质饼干，其表面较光洁，花纹呈平面凹纹型，通常带有针孔，香味淡雅，质地较硬且松脆，饼干的横断面层次比较清晰，属于低档甜饼干类。

（一）原料与配方

根据工艺的需要韧性饼干采用中筋粉，面团中油脂与糖的比率较低，标准配比是油∶糖＝1∶2.5，（油＋糖）∶小麦粉＝1∶2.5，其典型配方如表 5-2 所示。

表 5-2　韧性饼干配方

原料 \ 品名	蛋奶饼干/kg	玛俐饼干/kg	不的波饼干/kg	白脱饼干/kg	字母饼干/kg	动物、玩具饼干/kg
小麦粉	100	100	100	100	100	100
白砂糖	30	28	24	22	26	18
饴糖	2	3	5	4	2	6
精炼油	18	7	—	—	—	—
磷脂	2	—	—	—	2	2

续表

品名 原料	蛋奶饼干/kg	玛俐饼干/kg	不的波饼干/kg	白脱饼干/kg	字母饼干/kg	动物、玩具饼干/kg
猪板油	—	7	14	5	—	2
人造奶油	—	—	—	10	—	—
奶粉	3	2	—	—	—	—
香蕉香精/mL	—	—	—	—	100	—
香兰素	0.025	0.002	0.002	—	—	—
柠檬香精/mL	—	—	—	—	—	80
鸡蛋香精/mL	—	100	—	—	—	—
香草香精/mL	—	—	80	—	—	—
白脱香精/mL	—	—	—	100	—	—
食盐	0.5	0.3	0.3	0.4	0.25	0.25
碳酸氢钠	0.8	0.8	0.8	1	1	1
碳酸氢铵	0.4	0.4	0.4	0.4	0.6	0.8
抗氧化剂（BHT）	0.002	0.002	0.001	0.002	0.002	0.002
柠檬酸	0.004	0.004	0.003	0.004	0.004	0.002
酸式焦亚硫酸钠	—	—	0.003	0.004	0.003	0.003

（二）生产工艺流程

生产工艺流程如图 5-2 所示。

（三）操作要点

1. 面团调制

先将油脂、糖、乳、蛋等辅料与热水或热糖浆在调粉机中搅拌均匀，再加小麦粉进行面团的调制。如使用改良剂，则应在面团初步形成时（调制 10min 后）加入。然后在调制过程中分别加入膨松剂与香精，继续调制。前后 25min 以上，即可调制成韧性面团。

判断方法：对面团调制的时间不能做硬性规定，需凭手感、经验做出正确判断，调粉到一定程度，可以取一块面团搓捏成粗条后，手感觉到面团柔软适中，表面光滑油润，搓捏面团时具有一定程度的可塑性，不粘手，当用手拉断粗条面团时，感觉有较强的延伸力，且拉断的面团有适度缩短的弹性现象，在这种情况下，可以判断面团已达到了最佳状态。

2. 静置

调制好的面团，需静置 10～20min，以保持面团性能稳定，才能进行辊轧操作。

3. 辊轧

韧性面团辊轧次数一般需要 9～13 次，辊轧时多次折叠并旋转 90°，通过辊轧工序以后，面团被压成薄厚度为 2～3mm 均匀薄片、形态平整、表面光滑、质地细腻的面带。

4. 成型

经辊轧工序轧成的面带，经冲印或辊切成型机制成各种形状的饼坯。

5. 烘烤

韧性饼坯在炉温控制在 240～260℃，烘烤时间为 3.5～5min，需看饼干上色情况而定，控制成品含水率为 2%～4%。

6. 冷却

饼干烘烤完毕后应进行冷却，使其温度达到 30～40℃之间，才可包装。

（四）注意事项

（1）韧性面团温度应控制不能超过 40℃，冬天可控制在 32～35℃，夏天可控制在 35～38℃。

（2）在烘烤时，如果烘烤炉的温度稍高，可以适当地缩短烘烤时间。但过低或过高都可能影响成品的质量。

三、发酵（苏打）饼干加工

发酵饼干是采用酵母发酵与化学膨松剂相结合的发酵性饼干，具有酵母发酵食品固有的香味，内部结构层次分明，表面有较均匀的起泡点，由于含糖量极少，所以呈乳白色略带微黄色泽，口感松脆。

（一）原料与配方

发酵饼干要求有较大的膨胀率，应使用强力粉，但是，为了提高饼干的酥松程度，一般都配入 1/3 的弱力粉。标准配比是油：糖＝10：(0～1.5)，（油＋糖）：小麦粉＝1：(4～6)，配方中增加蘑菇便可制成蘑菇苏打饼干，添加洋葱汁便可制成葱油苏打饼干，添加芝麻仁便可制成芝麻苏打饼干。其典型配方如表 5-3 所示。

表 5-3　发酵饼干配方

分　区	原　料	咸奶苏打饼干/kg	芝麻苏打饼干/kg	葱油苏打饼干/kg	蘑菇苏打饼干/kg
第一次调粉	小麦粉（强）	40	35	40	50
	白砂糖	2.5	1.5	1.5	3.5
	鲜酵母	1.5	1.2	2	2.5
	食盐	0.75	0.5	0.75	0.8

续表

分　区	原　料	咸奶苏打饼干/kg	芝麻苏打饼干/kg	葱油苏打饼干/kg	蘑菇苏打饼干/kg
第二次调粉	小麦粉（弱）	50	55	50	40
	饴糖	3	2	1.5	2
	精炼油	8	8	10	—
	猪板油	4	5	4	6
	人造奶油	6	5	—	10
	奶粉	3	2	1	1.5
	鸡蛋	2	2.5	2	3
	白芝麻	—	4	—	—
	洋葱汁	—	—	5	—
	鲜蘑菇汁	—	—	—	3
	碳酸氢钠	0.4	0.3	0.25	0.4
	碳酸氢铵	—	—	0.2	0.2
	面团改良剂	0.002	0.0025	0.002	0.003
	抗氧化剂（BHT）	0.003	0.0035	0.003	0.004
擦油酥	小麦粉（弱）	10	10	10	10
	猪板油	1	5	5	2
	人造奶油	4	—	—	3
	食盐	0.35	0.3	0.5	0.5

（二）生产工艺流程

生产工艺流程如图 5-3 所示。

（三）操作要点

1. 第一次调粉和发酵

先将干酵母加入适量水和糖进行活化，然后加入 40%～50%的小麦粉与酵母溶液混合，再加水，慢速搅拌 2min，中速搅拌 2min，控制面团的温度，夏季为 25～28℃，冬季为 28～32℃。最后将调好的面团在温度 28～30℃、湿度 70%～80%的条件下进行发酵，时间为 5～6h。

2. 第二次调粉和发酵

将剩余的小麦粉过筛放入已发酵好的面团里，再把部分起酥脆油、盐（30%）、面团改良剂、小苏打、香精、水都放入和面机中，进行第二次调粉，调制时间需 5～7min，面团温度在 28～33℃，然后进入第二次发酵，在温度 27℃、相对湿度 75%下发酵 3～4h。

3. 辊轧、夹油酥

把剩余的盐、起酥油均匀拌和到油酥中。发酵成熟面团在辊轧机中辊轧多次，辊轧好后夹油酥，进行折叠并旋转 90°再辊轧，达到面团光滑细腻。

4. 成型

采用冲印成型，多针孔印模，面带厚度为 1.5～2.0mm 饼坯。

5. 烘烤

在烤炉温度为260～280℃下，烘烤6～8min即可，成品含水量2.5%～5.5%。

6. 冷却

出炉冷却30min，整理、包装成为成品。

（四）注意事项

（1）各种原辅料须经预处理后才可用于生产。小麦粉需过筛，以增加蓬松性，剔除杂质；糖需溶化；油脂融化成液态；各种添加剂需溶于水过滤后加入。

（2）在面团辊轧过程中，需要控制压延比：未夹油酥前不宜超过3∶1；夹油酥后一般要求（2∶1）～(2.5∶1)。

（3）辊轧后与成型机前的面带要保持一定的下垂度，以消除面带压延后的内应力。

四、其他饼干加工

（一）半发酵饼干生产工艺

半发酵饼干是综合了传统的韧性饼干、酥性饼干、发酵饼干的工艺优点进行改进的一种混合型饼干生产新技术，采用生物膨松剂与化学膨松剂相结合制成的一种饼干新品种。半发酵饼干的制作方法与传统的苏打饼干制作方法相比，简化了生产流程，缩短了生产周期。这类饼干与传统的韧性饼干相比，产品层次分明，无大孔洞，口感松脆爽口，并且有发酵饼干的特殊芳香味；它适应饼干向低糖、低油方向发展的趋势，且操作易于掌握。此外，这种操作方法制得的饼干块形整齐，有利于包装规格的一致性。

1. 原料与配方

半发酵饼干的最大特点是油、糖比可在较大范围内进行调整，其典型配方如表5-4所示。

表5-4　半发酵饼干配方

原料＼品名	椰汁克力架饼干/kg	奶油克力架饼干/kg	鲜奶特脆饼干/kg	葱香特脆饼干/kg	芝麻甜薄片饼干/kg	鸡汁咸薄饼干/kg
小麦粉（强）	50	40	40	50	50	60
白砂糖	2.5	2	2	2.5	2.5	3
食盐	0.5	0.5	0.5	0.5	0.5	0.5
即发干酵母	1.2	1	1.3	1.2	1.2	1
酵母养料	适量	适量	适量	适量	适量	适量
饼干专用粉	50	60	60	50	50	40
砂糖粉	12	15	14	10	14	8
饴糖	4	4	3	2	3	2
精炼油	—	—	8	10	6	6

续表

原料＼品名	椰汁克力架饼干/kg	奶油克力架饼干/kg	鲜奶特脆饼干/kg	葱香特脆饼干/kg	芝麻甜薄片饼干/kg	鸡汁咸薄饼干/kg
猪板油	15	10	—	4	8	8
人造奶油	5	12	8	—	—	—
奶粉	2	4	3	1	1.5	1.25
鸡蛋	2	3	2.5	2	2.5	1.25
食盐	0.2	0.5	0.5	0.75	0.5	1
椰蓉	5	—	—	—	—	—
白芝麻	—	—	—	—	4	—
鸡汁	—	—	—	—	—	1.5
香兰素	0.03	0.05	0.05	0.02	0.03	—
碳酸氢钠	0.4	0.3	0.3	0.4	0.3	0.3
碳酸氢铵	0.8	0.6	0.6	0.8	0.6	0.8
木瓜蛋白酶	—	—	0.04	0.035	0.05	0.045
焦亚硫酸钠	0.3	0.035	0.03	0.02	0.02	0.04
抗氧化剂	0.002	0.003	0.002	0.003	0.003	0.002

2. 生产工艺流程

半发酵饼干生产工艺流程如图 5-6 所示。

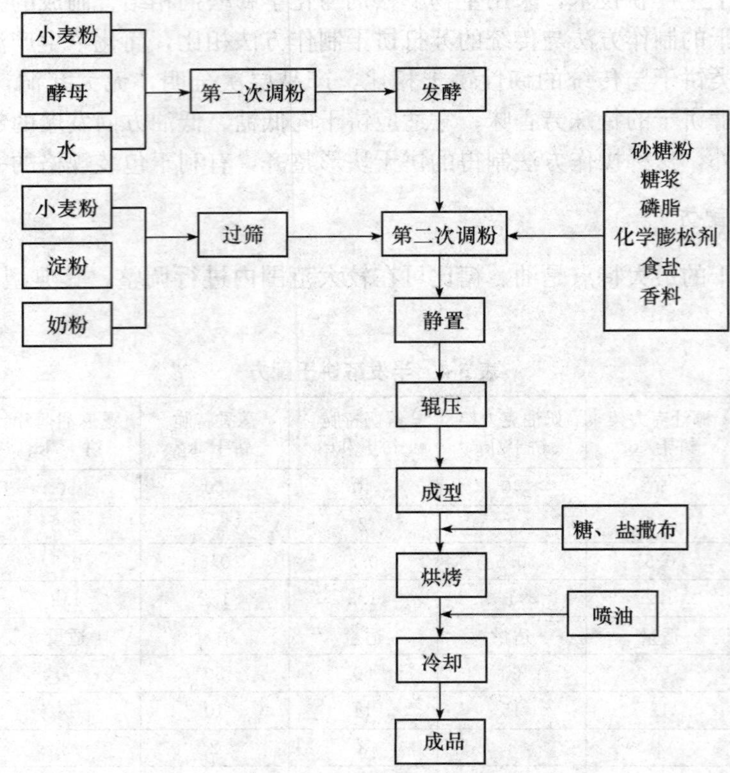

图 5-6　半发酵饼干生产工艺流程

3. 操作要点

1）第一次调粉和发酵

先将干酵母加入适量水和糖进行活化，然后与全量小麦粉的50%搅拌均匀，加入少量砂糖与食盐及适量的水，搅拌约4～5min，控制面团的温度，夏季为24～28℃，冬季为26～32℃。最后将调好的面团在温度28～32℃、湿度70%～80%的条件下进行发酵，发酵时间视温度及工艺不同而异，一般为2～4h。如观察面团表面已出现略向下塌陷的现象，则表明面团发酵成熟。

2）第二次调粉和静置

半发酵饼干在第二次调粉采用韧性饼干的制作工艺，具体工艺如图5-7所示。

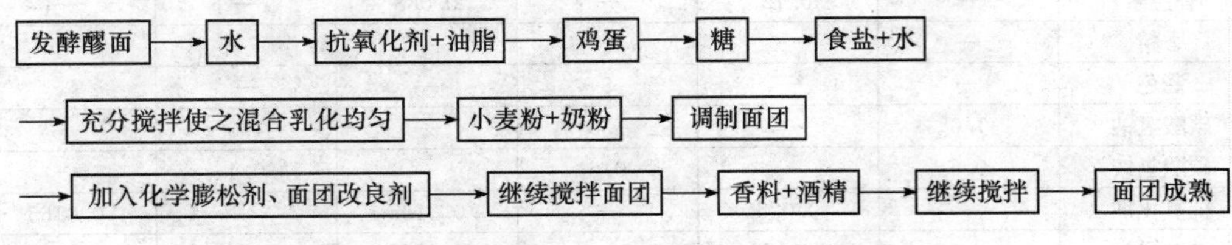

图5-7　半发酵饼干第二次调粉和静置工艺流程

面团经长时间的调制后，一般静置15～20min。

3）辊压、成型

半发酵饼干可根据其品种的不同，采用韧性饼干和酥性饼干的辊压及成型方法。

4）烘烤

烘烤的温度和时间，随着饼干品种与块形大小而异，一般烤炉温度为230～270℃，烘烤4～5min即可，成品含水量为3%～4.5%。

5）冷却

出炉冷却至40℃下，整理、包装成为成品。

（二）威化饼干生产工艺

威化饼干是一种具有多孔性结构且饼片与饼片之间夹有馅料的多层夹心饼干，具有松脆、入口易化的特点。

1. 原料与配方

威化饼干是一种由单片饼干与馅料两部分组成的特殊饼干品种。单片是由小麦粉、淀粉、油脂、水及化学膨松剂组成的浆料，经成型烘烤而成的疏松、多孔薄片状的淡味饼干。其基本原料配比以小麦粉与淀粉总量为100%计，油脂的用量为1.5%～2%，用水量为小麦粉量的140%～160%，膨松剂色素适量。

威化饼干的馅料是以油脂为基料，加上白砂糖和香料等经搅拌而成的浆料，其基本配比以油脂为100%计，糖粉用量为油脂量的100%～130%，增香剂及色素适量。威化饼干属于高档饼干，夹入不同的馅料，可加工出风味各异、各具特色的制品。典型配方如表5-5所示。

表 5-5　威化饼干配方

原　料	奶油威化饼干/kg		可可威化饼干/kg		果味威化饼干/kg	
	单片	夹心	单片	夹心	单片	夹心
小麦粉（弱）	100	—	100	—	100	—
淀粉	32	—	32	—	32	—
精炼油	2.4	—	2.4	80	2.4	80
氢化油	—	80	—	—	—	—
奶油	—	22	—	—	—	—
奶粉	—	14	—	—	—	10
砂糖粉	—	120	—	108	—	—
可可粉	—	—	4	—	—	—
香兰素	—	0.12	—	0.088	—	—
香精	—	—	—	—	—	52mL
酱色	—	—	3	—	—	3
碳酸氢钠	1.0	—	1.0	—	1.0	—
碳酸氢铵	0.6	—	0.6	—	0.4	—
抗氧化剂	—	0.025	—	0.0165	—	0.0165
柠檬酸	—	0.0165	—	0.0165	—	0.0165

2. 生产工艺流程

威化饼干生产工艺流程如图 5-8 所示。

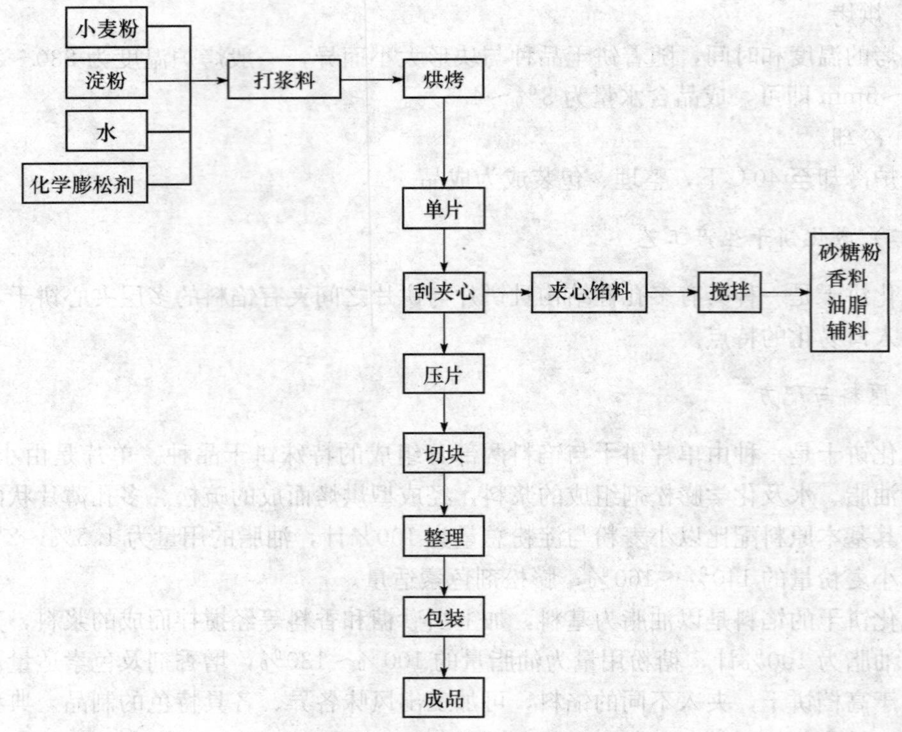

图 5-8　威化饼干生产工艺流程

3. 技术要点

(1) 面浆的调制。将配好的小麦粉、淀粉、膨松剂及水置于搅拌机中进行搅拌，要求混有均匀的空气。调浆结束时的温度以19～22℃为宜，不超过25℃。

(2) 调制馅心。应先将白砂糖磨成糖粉，要求糖粉过100～120目的筛。然后使糖粉和人造奶油混合均匀，且通过搅拌充入大量空气，一般调制时间为10～15min，温度控制在22℃为宜。

(3) 烘片。将浆料浇孔轻盘式威化烧模上，加热烘烤，温度控制在180～200℃，烘烤时间为4～6min。威化制片机的烤模温度应均匀一致，浇模前应先预热，使烤模到达要求的温度。

(4) 涂夹心。威化饼干夹心涂料要求均匀，不仅关系到品质与口味，对成本也有很大影响，因此，一定要按规格操作，要求片子与心子的比例一般为1∶2。

(5) 切块、包装。夹心后，必须将大块已涂夹馅料的半成品，在切割机上切块，去除切下的过料及破碎制品，整理，立即装入塑料袋中，封口、装箱。

(三) 曲奇饼干

曲奇饼干是一种近似于点心类食品的饼干，其结构比较紧密，疏松度小，但极为疏松，食用时入口即化，花纹深，立体感强，图案似浮雕，块形一般很大，但片子较厚。

1. 原料与配方

根据工艺的要求，曲奇饼干一般采用弱筋粉，面团弹性极小，光滑而柔软，可塑性极好，且油脂与糖的比率较高，标准配比是油∶糖＝1∶1.35，(油＋糖)∶小麦粉＝1∶1.35，其典型配方如表5-6所示。

表5-6　曲奇饼干配方

原料名称	面粉(弱)/kg	固体油脂/kg	白砂糖/kg	鸡蛋/kg	饴糖/kg	全脂乳粉/kg	卵磷脂/kg	小苏打/kg	香精/kg
用量	100	30～40	40～41	4～6	4～6	6～10	0.1～0.2	0.3～0.4	适量

2. 生产工艺流程

曲奇饼干生产工艺流程如图5-9所示。

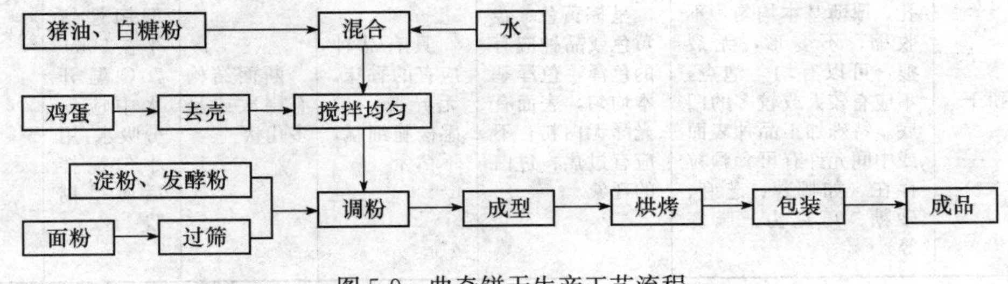

图5-9　曲奇饼干生产工艺流程

3. 技术要点

(1) 调粉。曲奇饼干面团辅料用量很大，调粉时加水量甚少，因此一般不使用或使用极少量糖浆，而以糖为主。且因油脂量较大，不能使用液态油脂，以防面团“走油”现象。调粉时的配料次序与酥性饼干相同，但应使其温度保持在19～20℃为宜。

(2) 成型。曲奇面团一般不需静置和压面，即可进入成型工艺。成型可采用辊印成型、挤压成型、挤条成型及钢丝切割成型等成型方法，但一般不使用冲印成型方法。

(3) 烘烤。曲奇饼干厚度较大，且水分含量也较高，所以一般不能采用高速烘烤，通常烘烤条件是250℃，烘烤时间为5～6min。

(4) 冷却。曲奇饼干烘烤后水分含量达8%，从出炉至水分达到最低值时大约需要时间6min。水分相对稳定时才可进行整理、包装。

任务四　饼干质量鉴定

饼干在生产、包装、贮运、经营过程中必须按照国家标准执行。

一、饼干感官要求

各类饼干的感官要求如表5-7所示。

表5-7　饼干感官要求

项目 产品分类	形　态	色　泽	滋味与口感	组　织	冲调性	杂　质
酥性饼干	形态完整，花纹清晰，厚薄基本均匀，不收缩，不变形，不起泡，无裂痕，不应有较大或较多的凹底。特殊加工品种表面或中间允许有可食颗粒存在（如椰蓉、芝麻、砂糖、巧克力、燕麦等）	呈棕黄色或金黄色或品种应有的色泽，色泽基本均匀，表面略带光泽，无白粉，不应有过焦、过白的现象	具有品种应有的香味，无异味，口感酥松，不粘牙	断面结构呈多孔状，细密，无大孔洞	—	正常视力无可见外来异物
韧性饼干	外形完整，花纹清晰或无花纹，一般有针孔，厚薄基本均匀，不收缩，不变形，无裂痕，可以有均匀泡点，不应有较大或较多的凹底。特殊加工品种表面或中间允许有可食颗粒存在（如椰蓉、芝麻、砂糖、巧克力、燕麦等）	呈棕黄色、金黄色或品种应有的色泽，色泽基本均匀，表面有光泽无白粉，不应有过焦、过白的现象	具有品种应有的香味，无异味，口感松脆细腻，不粘牙	断面结构有层次或呈多孔状	10g冲泡型韧性饼干在50mL 70℃温开水中应充分吸水，用小勺搅拌后应呈糊状	

续表

项目 产品分类	形　态	色　泽	滋味与口感	组　织	冲调性	杂　质
发酵饼干	外形完整厚薄大致均匀，表面有较均匀的泡点，无裂缝，不收缩，不变形，不应有凹底。特殊加工品种表面允许有工艺要求添加的原料颗粒（如果仁、芝麻、砂糖、巧克力、椰丝、蔬菜等颗粒存在）	呈浅黄色、谷黄色或品种应有的色泽，饼边及泡点允许褐黄色，色泽基本均匀，表面略有光泽，无白粉，不应有过焦的现象	咸味或甜味适中，具有发酵制品应有的香味及品种特有的香味，无异味，口感酥松或松脆，不粘牙	断面结构层次分明或呈多孔状	—	正常视力无可见外来异物
压缩饼干	块形完整，无严重缺角、缺边	呈谷黄色、深谷黄色或品种应有的色泽	具有品种特有的香味，无异味，不粘牙	断面结构呈紧密状，无孔洞	—	
曲奇饼干	外形完整，花纹或波纹清楚，同一造型大小基本均匀，饼体摊散适度，无连边。花色曲奇饼干添加的辅料应颗粒大小基本均匀	表面呈金黄色、棕黄色或品种应有的色泽，色泽基本均匀，花纹与饼体边缘允许有较深的颜色，但不应有过焦、过白的现象。花色曲奇饼干允许有添加辅料色泽	有明显的奶香味及品种特有的香味，无异味，口感酥松或松软	断面结构呈细密的多孔状，无较大孔洞。花色曲奇饼干应具有品种添加辅料的颗粒	—	
夹心（或注心）饼干	外形完整边缘整齐，夹心饼干不错位，不脱片，饼干表面应符合饼干单片要求，夹心层厚薄基本均匀，夹心或注心料无外溢	饼干单片呈棕黄色或品种应有的色泽，色泽基本均匀。夹心或注心料呈该料应有的色泽，色泽基本均匀	应符合品种所调制的香味，无异味，口感疏松或松脆，夹心料细腻，无糖粒感	饼干单片断面应具有其相应品种的结构，夹心或注心层次分明	—	
威化饼干	外形完整，块形端正，花纹清晰，厚薄基本均匀，无分离及夹心料溢出现象	具有品种应有的色泽，色泽基本均匀	具有品种应有的口味，无异味，口感松脆或酥化，夹心料细腻，无糖粒感	片子断面结构呈多孔状，夹心料均匀，夹心层次分明	—	
蛋圆饼干	呈冠圆形或多冠圆形，外形完整，大小、厚薄基本均匀	呈黄色、棕黄色或品种应有的色泽，色泽基本均匀	味甜，具有蛋香味及品种应有的香味，无异味，口感松脆	断面结构呈细密的多孔状，无较大孔洞	—	
蛋卷	呈多层卷筒形态或品种特有的形态，断面层次分明，外形基本完整，表面光滑或呈花纹状。特殊加工品种表面允许有可食颗粒存在	表面呈浅黄色、金黄色、浅棕黄色或品种应有的色泽，色泽基本均匀	味甜，具有蛋香味及品种应有的香味，无异味，口感松脆或酥松		—	

续表

产品分类＼项目	形　态	色　泽	滋味与口感	组　织	冲调性	杂　质
煎饼	外形基本完整，特殊加工品种表面允许有可食颗粒存在	表面呈浅黄色、金黄色、浅棕黄色或品种应有的色泽，色泽基本均匀	味甜，具有品种应有的香味，无异味，口感硬脆、松脆或酥松	—	—	正常视力无可见外来异物
装饰饼干	外形完整大小基本均匀，涂层或黏花与饼干基片不应分离。涂层饼干的涂层均匀，涂层覆盖之处无饼干基片露出或线条、图案基本一致。粘花饼干应在饼干基片表面粘有糖花，且较为端正，糖花清晰，大小基本均匀。喷洒调味料的饼干，其表面的调味料应较均匀	具有饼干基片及涂层或糖花应有的色泽，且色泽基本均匀	具有品种应有的香味，无异味，饼干基片口感松脆或酥松。涂层和糖花无粗粒感，涂层幼滑	饼干基片断面应具有其相应品种的结构，涂层和糖花组织均匀，无孔洞	—	
水泡饼干	外形完整块形大致均匀，不得起泡，不得有皱纹、粘连痕迹及明显的豁口	呈浅黄色、金黄色或品种应有的颜色，色泽基本均匀，表面有光泽，不应有过焦、过白的现象	味略甜，具有浓郁的蛋香味或品种应有的香味，无异味，口感脆、酥松	断面组织微细、均匀，无孔洞	—	

二、饼干理化要求

各类饼干的理化要求如表 5-8 所示。

表 5-8　饼干的理化要求

产品分类＼项目		水分/%≤	碱度（以碳酸钠计）≤	酸度（以乳酸计）/%≤	pH≤	酥松密度/(g/cm³)≥	饼干厚度/mm≤	边缘/mm≤	脂肪含量/%≥
酥性饼干		4.0	0.4	—	—	—	—	—	—
韧性饼干	普通型	4.0	0.4	—	—	—	—	—	—
	冲泡型	6.5	0.4	—	—	—	—	—	—
	可可型	4.0	—	—	8.8	—	—	—	—
发酵饼干		6.0	—	0.4	—	—	—	—	—
压缩饼干		6.0	0.4	—	—	0.9	—	—	—
曲奇饼干	普通型、花色型	4.0	0.3	—	—	—	—	—	16.0
	可可型	4.0	—	—	8.8	—	—	—	16.0
	软型	9.0	—	—	8.8	—	—	—	16.0
夹心（或注心）饼干	油脂型	符合相应品种的要求			—	—	—	—	—
	果酱型	6.0	符合相应品种的要求		—	—	—	—	—

续表

产品分类 \ 项目		水分/%≤	碱度（以碳酸钠计）≤	酸度（以乳酸计）/%≤	pH≤	酥松密度/(g/cm³)≥	饼干厚度/mm≤	边缘/mm≤	脂肪含量/%≥
威化饼干	普通型	3.0	0.3	—	—	—	—	—	—
	可可型	3.0	—	—	8.8	—	—	—	—
蛋圆饼干		4.0	0.3	—	—	—	—	—	—
蛋卷		4.0	0.3	—	—	—	—	—	—
煎饼		5.5	0.3	—	—	—	—	—	—
装饰饼干		符合相应品种的要求			—	—	—	—	—
水泡饼干		6.5	0.3	—	—	—	—	—	—

三、饼干的卫生要求

各类饼干的卫生要求如表 5-9 所示。

表 5-9 各类饼干的卫生要求

项 目		指标	
		非夹心饼干	夹心饼干
酸价（以脂肪计）(KOH)/(mg/g)	≤	5	
过氧化值（以脂肪计）/(g/100g)	≤	0.25	
总砷（以 As 计）/(mg/kg)	≤	0.5	
铅（Pb）/(mg/kg)	≤	0.5	
菌落总数/(cfu/g)	≤	750	2000
大肠菌群/(MPN/100g)	≤	30	
霉菌计数/(cfu/g)	≤	50	
致病菌（沙门氏菌、志贺找菌、金黄色葡萄球菌）	≤	不得检出	
食品添加剂和食品营养强化剂		按 GB 2760—2007 和 GB 14880—2008 的规定	

任务五 饼干加工常见的质量缺陷及其控制方法

饼干在实际生产过程中常出现的问题有：饼干粘底、凹底、收缩变形、表面起泡、表面不上色、产品不松脆、饼干易碎、裂缝、粗糙不平等。

一、饼干粘底

1. 产生的原因

（1）饼干过于疏松，内部结合力差。

（2）饼干在烤炉后区降温时间太长，饼干坯变硬。

2. 解决办法

（1）减小膨松剂的用量。

（2）烤炉后区与中区温差不应太大，后区降温时间不能太长。

二、饼干凹底

1. 产生的原因

(1) 饼干胀发程度不够。
(2) 饼干上针孔太少。
(3) 面团弹性太大。

2. 解决办法

(1) 增加膨松剂的用量，特别是小苏打的用量。
(2) 在模具上增加打孔器。
(3) 增加面团改良剂的用量或增加调粉时间，并适量添加淀粉。

三、饼干收缩变形

1. 产生的原因

(1) 在面带压延和运送过程中面带绷得太紧。
(2) 面筋筋力过强，面团弹性过大，造成饼干僵硬。
(3) 面带始终沿同一方向压延，收起面带张力不匀。

2. 解决办法

(1) 调整面带，在经第二和第三对轧辊时要有一定下垂度，帆布带或钢带在运面带时应保持面带呈松弛状态。
(2) 可适当增加面团改良剂的用量或增加调粉时间，并适量添加淀粉。
(3) 在辊轧过程中将面带折叠时不断转换 90°向。

四、饼干起泡

1. 产生的原因

(1) 烤炉前区温度太高，尤其面火温度太高。
(2) 面团弹性太大，在烘烤时面筋挡住气体通道，而引起表面起泡。
(3) 膨松剂分布不匀。
(4) 辊轧时面带上撒粉太多。

2. 解决办法

(1) 控制烤炉温度，不可一开始就很高温度，面火要逐渐提高。
(2) 降低面团弹性，并用带较多针的模具。
(3) 注意使膨松剂分布均匀，对已结块的膨松剂应粉碎后再用。
(4) 尽量不撒粉或应控制撒粉量。

五、饼干表面不上色

1. 产生的原因

可能是配方中糖用量太少。

2. 解决办法

增加转化糖或饴糖的用量。

六、饼干冷却后仍发软、不松脆

1. 产生的原因

(1) 饼厚而炉温太高，烘烤时间短，造成皮焦里生，内部水分太多。
(2) 烤炉中后段排烟管堵塞，排气不畅，造成炉温太高。

2. 解决办法

(1) 控制饼干厚度，适当调低炉温。
(2) 保持排汽畅通。

七、饼干易碎、裂缝、表面无光泽

1. 产生的原因

(1) 面筋筋力过小，面团持气能力较差，成型时易断片，产品易破碎。
(2) 加水量太少，面团过硬，压延后面片结合力差，容易断面片、断面头，成型后生坯本身伸展性差，焙烤时饼坯不易起发，制得的饼干表面光泽较差。
(3) 油脂少时，会造成产品严重变形，口感硬，表面干燥无光泽。

2. 解决办法

(1) 增加使用面筋含量高的面粉。
(2) 增加水量和油脂的用量。

学习引导

(1) 饼干有哪几类？其产品有何特点？其工艺和配方上有何区别？
(2) 请简单介绍饼干加工的基本工艺。
(3) 请介绍饼干生产中对原料有何要求？
(4) 请介绍不同种类面团调制的方法及区别（主要介绍酥性、韧性和发酵面团）。
(5) 简述辊轧的目的及操作要点。

项目六　糕点生产技术

☞ **学习目标**

(1) 根据市场或客户对糕点的要求，分析产品特点，进行糕点配方及工艺设计。

(2) 制定产品质量标准和可行的加工方案。

(3) 依照糕点要求及标准，选择原辅料及制定相关验收标准。

(4) 根据加工方案，按照食品安全生产的有关法律法规要求进行生产前的准备、生产的实施与控制。

(5) 评价与分析糕点的质量。

任务一　糕点生产基础知识

糕点是以面粉、食糖、油脂为主要原料，配以蛋制品、乳制品、果仁等辅料，经过调制、熟制加工而成的，再经蒸、烤、炸、炒等方式加工制成，具有一定色、香、味、形的食品。

糕点在食品工业中占有重要地位，与日常生活密切相关，直接反映了人民饮食文化水平及生活水平的高低。我国的糕点生产历史悠久，花样繁多，制作考究，造型精美。特别是由于我国幅员辽阔、民族众多，各地区的气候、特产、人民生活习性的不同，糕点的品种和特点具有深厚的地方色彩和独特的民族特点，所以在品种花色、生产方法、口味及色泽上形成了不同的派别。

一、糕点的分类及产品特点

糕点品种多样、花式繁多，约有3000多种。按照商业习惯可以分为中式糕点和西式糕点，而中式糕点按地域不同可分为“南味”和“北味”两大风味，具体又分为“广式”、“苏式”、“京式”三大特色。按加工方法可分为热加工和冷加两类。而热加工根据加工方法不同又可分为烘烤糕点、油炸糕点、水蒸糕点、熟粉糕点等。本书除了所介绍的饼干、蛋糕、月饼以外，主要介绍热加工方法中的烘烤糕点类，包括酥类、松酥类、松脆类、酥层类、酥皮类、水油皮类、糖浆皮类、松酥皮类、硬酥皮类、发酵类、烘糕类、烤蛋糕类。

二、糕点生产的基本工艺流程

糕点生产的基本工艺流程如图 6-1 所示。

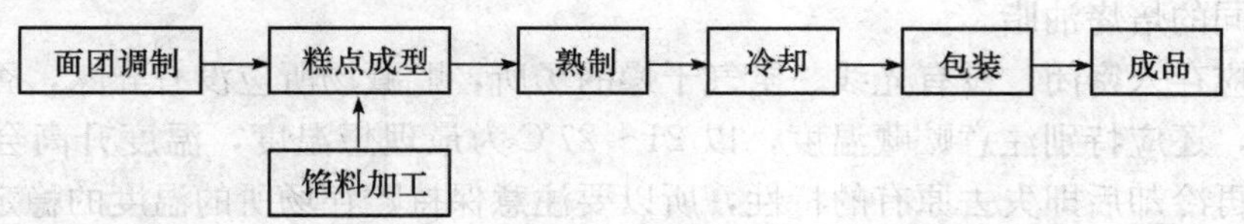

图 6-1 糕点生产的基本工艺流程

任务二 糕点加工工艺

一、原料选择与处理

（一）面粉

面粉是糕点制作过程中的重要原料，面粉中蛋白质吸水膨胀而形成面筋，而面筋的生成率及质量直接影响到糕点的质量。在生产中，应根据面粉中蛋白质的特性，控制和调整面团的面筋含量与糕点的品质有关，以保证产品的品质。

面粉的选择：糕点专用粉的蛋白质和湿面筋含量一般要求在 9.5%～10.0%和 22.0%～25.0%范围。在糕点生产中，面粉的面筋含量低于 21.0%时，极易造成面皮强度过弱，会出现面团粘辊、难成型、成品糕点易碎等问题。若面粉中面筋含量过高，筋力过强，可以采取以下措施加以纠正：

（1）糕点配方中常使用多量的糖、油脂和少量的水。

（2）采用低温和短时间的面团调制工艺。

（3）采用一次加水并先与油脂、糖、蛋等其他原料形成乳化状态，然后再加入面粉调制，以避免面粉直接与水接触生成多量的面筋。

（4）可以直接稀释小麦粉的面筋含量，或使面筋弱化。

（二）大米

大米中蛋白质不能像面粉中的麦胶蛋白和麦谷蛋白那样形成面筋，因此大米中起主要作用的是淀粉。大米作为糕点的原料，一般需要加工成粉。大米通常用来制作各种糕点和糕片。此外，在面粉中加入米粉可以降低面筋生成率，在糕点的馅心中加入米粉，既起到粘连作用，又可避免走油、跑糖现象。

（三）油脂

油脂是糕点生产的主要原料之一，在糕点中使用量较大，其主要作用是使面粉的吸水性降低，减少面筋的形成量，从而提高面团的可塑性，使面团形成酥性结构；当油脂少时，会造成产品严重变形、口感硬、表面干燥无光泽、面筋形成多，从而增强了糕点的抗裂能力和强度，但减少了内部的松脆度。油脂多时，能助长糕点疏松起发、外观平滑光亮、口感酥化。

糕点生产中常用的油脂有各种植物油、猪油、奶油、人造奶油等。不同的焙烤食品应选用不同的焙烤油脂。

油脂应存入密闭、没有光线、空气干燥的场所，贮藏场所应没有异味，否则油脂会吸收异味，还应特别注意贮藏温度，以 21～27℃为最理想温度，温度升高会破坏油脂的结晶，再冷却后即失去原有的特性，所以要注意保持贮存场所的温度的稳定。

油脂易发生酸败，这是富含油脂的糕点发生变质的主要原因之一。防止油脂酸败可以添加适量的抗氧化剂，如 BHA、BHT、PG 等。

（四）糖

（1）糖也是糕点生产中的主要原料，绝大多数糕点中都必须使用食糖。食糖在糕点制作中一方面可以改变糕点制品的色、香、味和形态。另一方面是面团的改良剂，适量的糖可以增加制品的弹性，使制品体积膨大，并能调节面筋的胀润度，抑制细菌的繁殖，延长糕点贮存期。

（2）糕点生产中用的糖有白砂糖、绵白糖、红糖等，此外，还有饴糖、液体葡萄糖、蜂蜜和淀粉糖浆。

（3）白砂糖在使用前需要用水溶解、过滤除杂或磨成糖粉过筛除杂。糖浆也需要过滤使用。夏天要注意防止糖浆的发酵。

（五）蛋及蛋制品

蛋品在糕点制作中的作用：蛋品对改善和增加糕点的色、香、味、形及营养价值有一定的作用。蛋品的特性对糕点影响很大，其起泡性有助于增大制品体积，其乳化性可使油与水混为一体。制品中加入适量的蛋清或以蛋液刷面，还可起到上色作用；对酥性糕点可起到粘连作用。糕点中常用蛋品主要为鸡蛋及其制品。

生产中多以鲜蛋为主，对鲜蛋的要求是气室要小、不散黄，缺点是蛋壳处理麻烦。同时需要注意，变质败坏的蛋液禁止使用。

一般选用冷藏法保存鸡蛋，保存条件为温度 1～2℃、湿度 85%。贮存时不得与有异味的物质放在一起。

（六）乳品

（1）乳品在糕点制作中的作用：乳品在糕点制作中主要作用为增加营养，并使制品具有独特的乳香味。在面团中加入适量乳品，可促进面团中油与水的乳化，改善面团的胶体性能，调节面团的胀润度，防止面团收缩，保持制品外形完整、表面光滑、酥性良好，同时还可以改善制品的色、香、味、形，提高制品的保存期。

（2）常用的乳品有鲜牛奶、炼乳、奶粉等，其中，以奶粉使用较多。

（七）果料

果料在糕点制作中的作用：

（1）果料的加入提高了糕点的营养价值及风味。

（2）糕点中常用的果料有花生仁等各种果仁、果脯、果干、红枣、糖玫瑰、青梅、山楂、樱桃等。

（八）膨松剂

常用膨松剂：常用的化学膨松剂为碳酸氢钠、碳酸氢铵、碳酸钠，还有发酵粉。发酵粉是一种复合膨松剂。

（九）其他辅料

其他辅料主要包括调味剂（如食盐、味精、柠檬酸、酒等）、香料、色素及营养强化剂等。

另外，水是糕点生产的重要原料，糕点生产用水应透明、无色、无异味、无有害微生物、无沉淀。根据不同品种可适当使用不同温度的水，如开水、热水、温水、冷水等，以制出不同特点的产品。

二、面团（糊）调制

面团的调制就是指将配方中的原料用搅拌的方法调制成适合于各种糕点加工所需要的面团或面糊，是糕点加工中的主要工序。面团调制的主要目的为：使各种原料充分分散和均匀混合；加速面粉吸水而形成面筋；促进面筋网络的形成；拌入空气有利于酵母发酵。

糕点的种类繁多，各类糕点的风味和质量要求存在很大的差异，因而面团（糊）的调制原理和方法各不相同，下面介绍几种常见的面团调制技术。

1. 油酥面团

其常见配方中油脂与面粉之比为1∶2，调制时，将油脂加入面粉中，搅拌即成。这种面团可塑性强，基本无弹性，所以一般不用来单独制成产品，而是用作酥层面团的夹酥。在调制时，应注意将面粉与油脂充分拌匀。在调制时，油酥面团严禁使用热油调制，防止蛋白质变性和淀粉糊化，造成油酥发散。调制过程中严禁加水，以防止面筋形成。这种面团用固态油脂比用植物油好。

2. 松酥面团

松酥面团又称混糖面团或弱筋性面团，面团有一定筋力，但比水调面团筋力弱一些。其调制方法是由油、糖、蛋和面粉混合而成，有重油、轻油之分。重油面团不用膨松剂，轻油面团要加入膨松剂。这类面团不需过分形成面筋，甚至不需要有较好的团聚力。拌料时先将油、糖、蛋、膨松剂等调制均匀，呈乳化状后再拌入面粉。夏季拌料要防止起筋，往往不等干粉拌匀就采用分块层叠的方法，以便油将面粉浸透。此类面团应尽量少和，尽可能缩短机调时间，面团呈团聚状即可。总的来说，面团要可塑性好、不起筋、内质疏松、宜硬不宜软，拌好后抓紧成型。这样调制出来的面筋既有一定的筋性，又有良好的延伸性和可塑性。面团调制时应使用温水。

3. 水油面团

此类面团由油、水与面粉混合调制而成，为了增加风味，有时也有加入少量鸡蛋代替部分水分，有的加入少量饴糖。此类面团具有一定的筋性、可塑性和良好的延伸性，大多数用于酥层面团的外层皮，也有些品种利用此皮单独包馅，南北各地不少特色糕点是用这种面团制成的。

水油面团的调制原理及方法为：首先将油、水、糖及蛋等材料搅拌使之充分乳化成油-水乳浊液。但大部分水油面团配方中没有糖、蛋，仅搅拌水和油不易乳化均匀，在这种情况下可加入少量面粉调成糊状使之成为乳浊液，之后再加入面粉搅拌，水分子首先被吸附在面筋的表面，然后被蛋白质吸收而形成面筋网络。油滴作为隔离介质分散在面筋之间，使面团表面光滑、柔韧。由于水和油在面粉之间已形成一定的乳浊液，使面粉蛋白质既能吸收水分形成面筋而具有一定的筋性，又不能吸收足够的水分而导致面筋筋性太强，因而又具有一定的良好的延伸性。

4. 筋性面团

筋性面团即水调面团。此类面团不用油而只用水来调制，其特点是筋性较强，延压成皮到搓条都不易断裂。此类面团一般用于油炸制品。调制时，搅拌时间较长，多揉易使面团充分吸水起筋、紧实而软硬均匀。一般调好后的面团需静置 20min 左右，以便减少弹性，便于搓条或延压。

5. 糖浆面团

此种面团又称浆皮面团，是用蔗糖制成的糖浆（或用饴糖）与面粉调制而成的。也可采用拌糖法调制面团，即将蔗糖加水混合后即调入面粉中，这种面团既具有一定的韧性，又有良好的可塑性，成型时花纹清晰。在调制面团以前应先将糖浆熬好，放置数日后使用，以利蔗糖转化。糖浆面团可分为砂糖浆面团、麦芽糖浆面团、混合糖浆面团三类，以砂糖浆制成的糕点比较多。

糖浆面团调制原理及方法为：首先将糖浆和油脂放入调粉机内搅拌成乳白色悬浮状液体，然后再加入面粉搅拌均匀。由于糖浆黏度大，增加了它们的反水化作用，因此限制了面筋蛋白质的大量形成，因而面团具有良好的可塑性。

6. 酥性面团

酥性面团是在小麦粉中加入大量的糖、油脂及少量的水以及其他辅料调制成的。这种面团具有松散性和良好的可塑性，但缺乏弹性。

7. 面糊

面糊又称蛋糕糊、面浆。在制各式蛋糕、小人糕、华夫等时，都按一定配方将蛋液打入打蛋机内，加入糖、饴糖等充分搅打，使呈乳白色泡沫状液体，当容积增大 1.5～

2倍时，再拌入面粉，拌匀即成面糊。调制面糊时打蛋为关键性工序，打蛋的时间、速度一般是随气温的变化而变化。气温高，蛋液黏度低，打蛋速度可快一些，时间短一些；气温低，蛋液黏度高，打蛋的速度可慢一些，时间长一些。打蛋机的转向应一致，否则达不到面糊的质量要求。

三、馅料制作

馅料是指用各种不同的原料，经精细加工，拌制或熟制后，包入面皮内的馅料，是带馅面点的重要组成部分，体现面点风味的半成品。面点馅料种类繁多、口味多样，是面点制品的重要组成部分。通过面点馅料的变化，可以大大丰富面点品种，并能反映出各地面点的特殊风味。面点馅料可分为馅心、面、膏料、果酱等。馅料制作是面点制作工艺中的重要工序之一，对制品的质、色、香、味、形有很大影响。

面点馅心用料广泛，制法多样，调味多变，而且种类繁多，风格各异。

（一）馅心的分类

1. 按口味分类

馅心按口味可分成咸馅、甜馅和甜咸馅三大类。

（1）甜馅是各种甜味馅心的总称，一般选用白糖或红糖、冰糖等为主料，再加进各种蜜饯、果料以及含淀粉较重的原料，通过一定的加工而制成的馅料。根据用料以及制法的不同，甜馅可分为“糖馅”、“泥蓉馅”、“果仁蜜饯馅”三大类。

（2）咸馅泛指各种以咸味为主的馅心的总称，如咸鲜味、家常味、椒盐味馅心等。咸馅用料极为广泛，蔬菜、家禽、家畜、鱼虾、海味（鱼翅、鲍鱼、海参、鱿鱼等）均可用于制作。在咸馅中，根据所用原料的不同，一般可分成荤馅和素馅两大类。也有互相掺和使用，有荤有素，不过这种馅心，或以荤为主，稍加少许素料，如“酱肉馅”；或以素为主，稍加少许荤料，如“翡翠烧麦馅”等。但从其原料配置及口味特点而言，它们应归纳到荤馅系列。

在荤、素两类咸馅中，又根据制馅过程中加热与否，将荤馅分为生荤馅和熟荤馅。按习惯，生素馅和生荤馅统称生馅，熟素馅和熟荤馅统称熟馅。所谓生馅是指全部采用生料加工、搅拌而成的馅心，这种馅心含水量较大，具有鲜嫩、汁多的特点。生馅主要以家禽、家畜、水产品、蔬菜类作原料，适合制作各种成熟方法的面点，适用性较广。例如鲜肉馅、牛肉馅、萝卜丝馅、素菜馅、虾饺馅、水饺馅等。所谓熟馅是指将经过加热成熟的原料调制而成的馅心。这种馅心略为干燥，但具有鲜香可口、汁稠味长的特点。制作熟馅的原料，用蔬菜、家畜、鱼虾、海产品等均可，例如春卷馅、酱肉馅、叉烧馅、粉果馅、糯米鸡馅、花素馅等。

（3）甜咸馅是在甜馅的基础上稍加食盐或甜味原料（如香肠、腊肉、叉烧肉）调制而成的，在制作方法上可归纳到甜馅中。

2. 按制作方式分类

按制作方式馅心可分为擦馅和炒馅两大类。

（1）擦馅是将糖、油、水以及其他辅料放入和面机内拌匀，然后加入熟面粉、糕粉等再搅拌，拌匀至软硬适度即制成擦馅。

擦馅要求用熟制面粉，熟制的目的在于使糕点的馅心熟透不至于有夹生现象。面粉的熟制方法为蒸熟或烤熟。

（2）炒馅面粉与馅料中其他原辅料经过加热炒制成熟制成的馅即炒馅。

（二）馅料的制作

馅料的种类很多，现选择中式糕点中几种有代表性的介绍如下。

1）豆沙馅

豆沙馅是月饼、面包、豆糕、豆沙卷、粽子、包子等点心中常用的馅料。

【制作方法】将赤豆洗净除杂，入锅煮烂，煮熟后研磨取沙，然后将豆沙中多余水挤出。在锅中放入生油，将豆沙干块放入炒制，然后再放入油、糖充分混合，当达到一定稠度及塑性时，将附加料投入，拌匀起锅即成。制作中应注意取沙时以豆熟不过烂、表皮破裂、中心不硬为宜；油脂应分次加，以防结底烧焦；炒时最好采用文火，当色泽由紫红转黑、硬度接近面团时取出。放在缸内冷却后浇上一层生油，加盖放阴凉处备用。

2）百果馅

百果馅又称果仁馅，是由多种果仁、蜜饯组成，各地口味不同、配料各异。

【制作方法】首先将各种果料除杂去皮，有的切成小丁，有的碾成细末。原料处理好后倒入和面机，将油、糖及各种配料投入，并加入适量水搅拌，最后加入糕粉或熟面粉搅拌，即制成软硬适宜的馅心料。

3）火腿馅

火腿馅是广式、苏式和宁式糕点中的著名馅料，是糕点馅料中的著名品种，各地配方有以果仁为主，辅以火腿（广式），也有以火腿为主，辅以果仁（苏式）。

【制作方法】先将火腿去皮、骨，然后熟制。广式用蒸熟，稍硬；苏式、宁式习惯煮熟，火腿质地较软。经过切丁或切片以后，广式和苏式都用曲酒拌和，宁式用香油拌和。葱、姜经油炸处理后再用。核桃仁、青梅切成小粒，橘饼切成碎屑。将果料、蜜饯、肥膘（肉）、火腿拌匀后加入油、糖和适量水拌和，最后加入熟面粉或糕粉拌匀即可。

4）豆蓉馅

豆蓉馅是广式、潮式糕点中的传统馅料，多用于月饼。

【制作方法】先将花生油放入锅中烧热，加入葱煎熬，待葱变成黄色时，捞去葱渣，加入猪油熔化，再加入清水、白砂糖、盐，同时不断搅拌至所有原料溶化。最后加入绿豆粉，不断搅拌，以防粘底，直至煮熟成厚糊，冷却后即成豆蓉馅。

5）黑芝麻椒盐馅

此种馅料制作方法与百果馅基本相同，采用混拌方法，要求拌均匀，使馅油润不腻、香味浓郁、甜咸适口。

四、成型

糕点的成型是将调制好的面团（糊）加工制成一定形状，一般在焙烤前进行。糕点的成型基本上是由糕点的品种和产品形态所决定，成型的好坏对产品的品质影响很大。成型的方法主要有印模成型、手工成型和机械成型。

（一）印模成型

印模成型即借助于印模使制品具有一定的外形或花纹。常用的模具有木模及铁皮模两种。木模大小形状不一、图案多样，有单孔模与多孔模之分。单孔模多用于糖浆面团、甜酥面团的成型，大多用于包馅品种；多孔模一般用于松散面团的成型，如葱油桃酥、绿豆糕等。铁皮模用于直接焙烤与熟制，多用于蛋糕及西点中的蛋挞等。为避免粘模，应在模内涂上油层，也可采用衬纸。有些粉质糕坯采用锡模、不锈钢模经蒸制固定外形，然后切片成型。

（二）手工成型

糕点制作手工成型较多，其操作方法主要有以下几种。

1. 和

和是将粉料与水或其他辅料掺和在一起揉成面团的过程，手法可分为抄拦、调和两种。

2. 揉

揉是使面团中的淀粉膨润粘结，气泡消失，蛋白质均匀分布，产生面筋网络。

揉分机械揉和手工揉，手工揉又分单手揉和双手揉。

单手揉适于较小面团，先将面团分成小块，置于工作台上再将五指合拢，手掌扣住面团，朝着一个方向揉动。揉透的面团内部结构均匀，外表光润爽滑，面团底部中间呈旋涡形，收口向下。

3. 摘

摘是将大块面块用手工分成小块的方法，是手搓、包制等工艺的前一道工序。其方法是左手握条，右手摘坯，即两手配合，边移、边压、边摘。要求摘口整齐不毛、重量基本相同。

4. 搓

搓即将面团分成小块后，用手搓成各种形状的方法（而西点中搓通常是指将揉好的面团改变成长条状或将面粉与油脂溶和在一起的操作手法），如绞链酥、麻花等的成型。这种方法适于甜酥性、发酵面团等，有些制品还要与刀切或包制互相配合成型。对筋力强的面团（如麻花面团）搓力要重，对有夹馅的面团搓力要轻。要求用力均匀，从而使制品内部组织结实、外形整齐、表面光洁。

搓的手法：双手手掌基部摁在面团上，双手施力，来回地揉搓前后滚动，并向两侧延伸，成为粗细均匀的圆形长条。

5. 擀

擀是以排筒或擀面杖作工具，将面团延压成面皮。擀面过程要灵活，擀杖滚动自如。在延压面皮过程中，要前后左右交替滚压，以使面皮厚薄均匀。用力实而不浮，底部要适当撒粉。

擀的基本要领是：擀制时应干净利落，施力均匀；擀制的面皮表面平整光滑。

6. 卷

卷是从头到尾用手以滚动的方式，由小而大的卷成，分单手卷和双手卷。

卷的基本要领：被卷坯料不宜放置过久，否则产品无法结实。

7. 包

包馅的皮子可用多种面团制成。要求坯皮中间略厚、四周稍薄，圆边因收口变厚，这样包成的坯子厚薄均匀。左手握饼皮，右手抓馅心，要打紧，馅初入饼皮约高出一半，通过右手“虎口”和左手指的配合，将馅心向下压，边收边转，慢慢收紧封口。收口皮子不能太厚，能包紧就行，多余饼皮摘去。包馅后置台板上，逐渐压平，使饼坯高低相等、圆而平整，呈扁鼓形，收口向上，饼面向下。

8. 挤注

挤注多用于裱花，但有些点心如蛋黄饼干、杏元等的成型也采用挤注方法。挤分布袋挤法和纸卷法。在喇叭形布袋（也可用纸卷成喇叭形，剪去尖端）下端安装挤注头，挤注头有多种形状。

挤的基本要领：双手配合默契，动作灵活；操作时，将面团（一般为面糊）装入布袋，袋口朝下，装入的物料要软硬适中，左手紧握袋口，右手捏住布袋上口（捏住口袋上部的右手虎口要捏紧），挤压时用力要均匀，将面料均匀挤入烤盘。

9. 抹

抹是将调制好的糊状原料，用工具平铺均匀，平整光滑的过程。

抹的基本要领：将刀具掌握平稳，用力均匀。

（三）机械成型

机械成型是在手工成型的基本上发展起来的，是传统糕点的工业化、现代化。目前西式糕点中的机械成型品种较多，中式糕点的机械成型品种较少。常见的糕点成型主要有压延、压片、浇模、包馅等。

五、糕点的熟制技术

糕点熟制方法主要有蒸、煮、炸、煎、烙、烤以及复合加热法等。下面介绍三种糕点熟制最常用的方法。

（一）烘烤

烘烤是生坯在烤炉中经热传递而定型、成熟并具有一定的色泽的熟制方式。

1. 烘烤温度

烘烤时应根据糕点品种的特点适当选择炉温，炉温一般分为以下三种。

（1）微火是酥皮类、白皮类糕点常用火候，炉温在110～170℃。

（2）中火是松酥类（混糖类及混糖包馅类）糕点常用火候，炉温一般控制在170～190℃。

（3）强火是浆皮类、蛋糕类常用火候，温度在200℃以上。

2. 烘烤操作要点

要掌握好炉温与烘烤时间的关系，一般炉温高，时间要缩短；炉温低，则延长时间。同时要求进炉时温度略低，出炉温度略高，这样有利于产品胀发与上色。应根据不同品种，饼坯的大、小、厚、薄、含水量，灵活掌握温、湿度的调节。烤盘内生坯的摆放位置及间隙，应根据不同品种来确定，一般烘烤难度大的，距离大一点，反之小一点。

（二）油炸熟制

油炸熟制根据油温高低，可分为三种，即炸：温度在160℃以上；汆：温度在120～160℃；煎：油温在120℃左右。

油炸时，应严格控制油温在250℃以下，并要及时清除油内杂质。每次炸完后，油脂应过滤，以避免其老化变质。为保证产品质量，要严格控制油量与生坯的比例，每次投入量不宜过多，同时要及时补充和更换炸油。

（三）蒸煮熟制

蒸是把生坯放在蒸笼里用蒸汽传热使之成熟的方法。

产品的蒸制时间，应根据原料性质和块形大小灵活掌握。蒸制时，一般需在蒸笼里充满蒸汽时，才将生坯放入，同时不宜反复掀盖，以免蒸僵。

煮是制品在水中成熟的方法，在糕点制作中一般用于原料加工。

六、冷却与包装

熟制完毕的糕点要经过冷却、包装、运输和销售等环节才能最终被消费。而刚刚熟制的糕点，出炉时表面温度一般在180℃，中心温度约为100℃，大多数品种需缓慢冷却至35℃左右才能进行包装。但也有少数品种（如广式月饼）须经冷却待重新吸收空气中的水分还潮后才可进行包装。

由于温度较高，质地较软，不能挤压，最好在自然状态下冷却后再包装，否则会破坏产品造型，同时导致制品含水量增高，给微生物生长创造条件。同时，吹风冷却时，应注意酥皮类不得直接吹风，防止制品掉皮。

任务三 各类糕点加工技术

一、桃酥加工

（一）原料与配方

低筋粉 1kg，糖粉 350g，生油（或猪油）344g，鸡蛋 50g，小苏打 10g，葱 25g，精盐 13g。

（二）生产工艺流程（图 6-2）

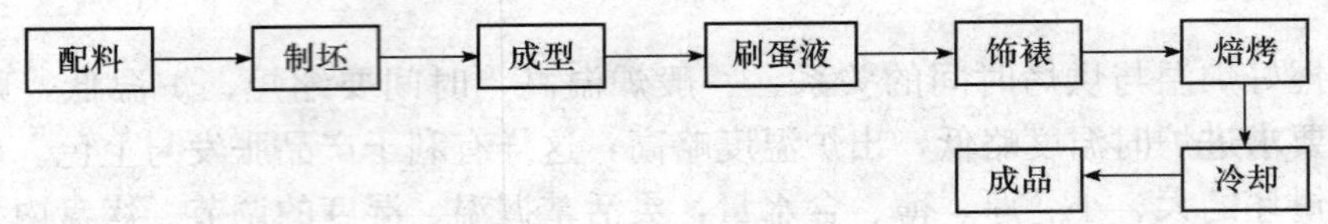

图 6-2 桃酥加工工艺流程

（三）操作技术要点及注意事项

1. 搅拌

配料是决定桃酥品质的重要工序，主要是由油、糖、面调制而成的。首先将熟面粉放在桌上，使呈盆型，然后将糖粉、油、鸡蛋、小苏打、盐和葱屑放在其中，拌匀擦透，调成软硬适宜松散状面团。

2. 成型

成型时，将擦透的半成品放入木制圆形的模子内，用力按压，使其在模型内粘结，用薄片刮去多余的粉屑，再将模内的葱油桃酥生坯敲出，磕出的桃酥码入烤盘，要轻拿轻放，要防止走形，码盘的距离要适合于加温焙烤，块间距离均匀。

3. 焙烤

为增加制品表面光泽，可涂蛋液后再入炉烘烤，炉温是决定桃酥品质的关键。如温度过高会烤焦，表层不易出裂纹，温度过低则延长焙烤时间，水分大量散失，制品干硬，色泽灰白。炉温应以 160～180℃、烤 8～9min 为宜，桃酥出现裂纹并稍带黄色为熟。

4. 冷却

桃酥焙烤出炉之后，余热未散尽，桃酥发软，需要一定的冷却时间，冷却后即为成品。

（四）质量标准

（1）色泽：表面浅黄、底部深黄，裂纹处黄白，不焦煳。
（2）形态：规格整齐，呈现圆形，大小一致，厚薄均匀，表面要有裂纹。
（3）内部组织：疏松，具有均匀的小蜂窝，不能硬脆、撞嘴。
（4）口味：酥松绵软，爽口、有浓郁的葱香、兼有咸甜两味，无异味。
（5）成品：内外清洁、无杂质、无异物。

二、酥饼加工

（一）原料与配方

面粉 2.5kg，猪板油丁 1.5kg，火腿丁 750g，白芝麻 250g，温水 750g，熟猪油 1kg，精盐 10g，白糖 25g，味精 25g，香葱末 1.5kg，饴糖 25g。

（二）生产工艺流程（图 6-3）

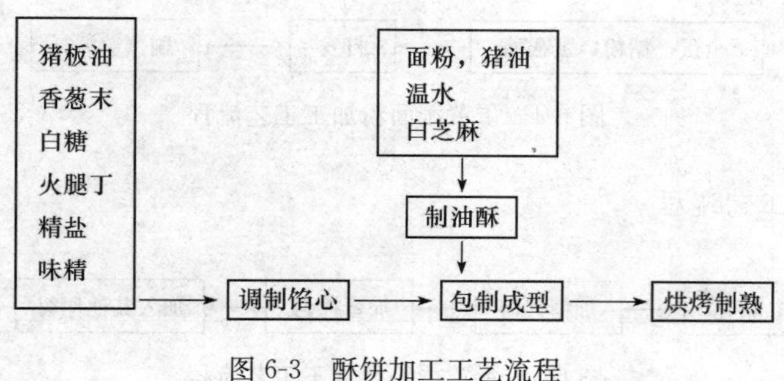

图 6-3　酥饼加工工艺流程

（三）操作技术要点及注意事项

（1）猪板油去脂膜，加工成 0.3cm×0.3cm 的方丁，放入器皿中，兑入香葱末、白糖、精盐、味精抹拌匀，再放入火腿丁揉擦均匀成馅心，分成 100 份备用。

（2）取面粉 1.5kg 放入容器内，加入熟猪油 800g，搅拌揉擦成油酥面坯。另取面粉 1kg 放入另一容器中，加入猪油 200g、温水 750g 揉匀、至不粘容器、不粘手为止，调制成水油酥面坯。

（3）将水油酥面坯揿扁，放入油酥面坯揿扁，将其压成 1cm 厚的长条片，然后将其折叠成三层后再压制呈长条片，反复三四次后，制成厚 1cm、宽 17cm 的长方形薄片，再卷成棍棒形长条，将其均匀的分为 100 份酥饼面坯。

（4）将 100 份酥饼面坯逐只揿扁，压制成直径约 7cm 左右的圆形面皮，然后放入一份葱油馅心慢慢将其包拢捏紧，再揿成 1.5～2cm 厚、直径为 3.5～4cm 的圆形饼坯，逐只排列在平台上。饴糖加入适量清水调匀，将其均匀的涂抹在饼坯表面，然后拍粘上白芝麻（去皮），放入铁烤盘内，放入预热达 220℃的烤箱内，温控器调至 170℃烘烤至酥饼鼓起，再将温控器调到 210℃左右，烘烤至芝麻呈金黄色时即可出炉。

（四）质量标准

外皮色泽全黄明亮，口味葱香浓郁，风味别具一格，质地外酥内松软。

三、蛋黄派加工

（一）原料与配方

面糊：全蛋 180g，白玉兰糕粉 150g，蛋糕油 6g，糖粉 120g，色拉油 15g，泡打粉 6g。
馅料：鸡蛋 1 个，澄粉 17g，吉士粉 10mL，牛奶 44mL，糖 50～68g，黄油 17g。

（二）生产工艺流程

1. 面粉加工工艺流程

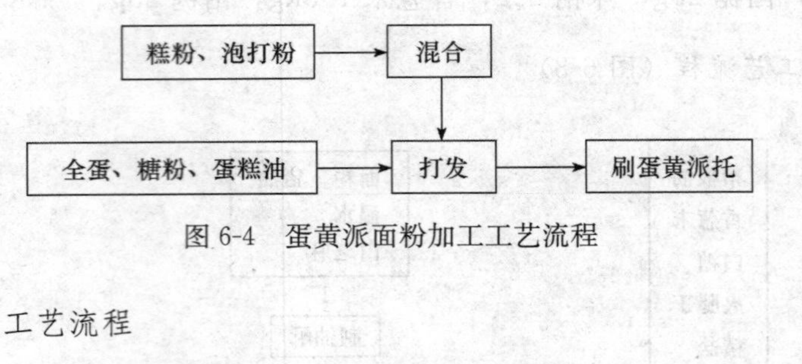

图 6-4　蛋黄派面粉加工工艺流程

2. 馅料加工工艺流程

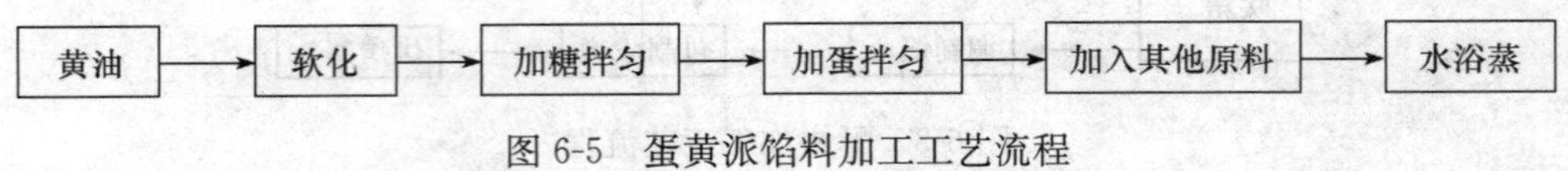

图 6-5　蛋黄派馅料加工工艺流程

3. 蛋黄派加工工艺流程

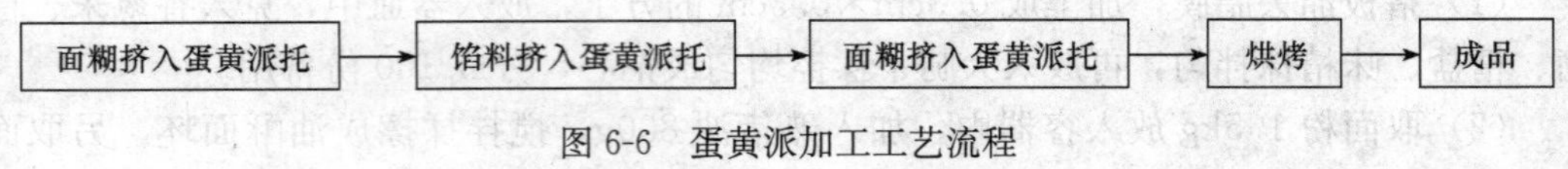

图 6-6　蛋黄派加工工艺流程

（三）操作技术要点及注意事项

1. 制作面糊

（1）白玉兰糕粉、泡打粉充分混匀。

（2）全蛋、糖粉、蛋糕油，用搅打器慢速搅打至白糖溶化，再快速搅打 2min，至蛋膏呈软峰状并硬性发泡，且蛋液呈乳白色时，然后慢速边搅打加入上述粉，再快速打 2min。

（3）再慢打两圈，并加入色拉油，停止搅拌。

（4）用白玉兰糕粉和色拉油的混合物涂刷蛋黄派托。

2. 馅料制作

(1) 先将黄油软化。

(2) 分三次放入糖，分别搅拌均匀。

(3) 再分 3 次放入鸡蛋，也要搅拌均匀，最后倒入牛奶后再放入澄粉、吉士粉。

(4) 将调好的面糊水浴蒸，边蒸边搅拌，一定要搅拌均匀。

3. 装馅烘烤

(1) 将主料面糊装入裱花袋，先挤一小部分面糊在蛋黄派托中，再挤一些馅料，再挤一部分面糊盖在卡馅料上，于蛋黄派托的八分满。

(2) 然后放入炉温为上火 190℃、下火 170℃的烤箱内，烘烤 10min，烤熟取出。

(四) 质量标准

(1) 形态。产品外形完整，边缘整齐，表面拱顶，无塌陷，无明显焦泡和化裂，表面或底面或侧面允许留有注心后的针孔，底面平整，无破损。

(2) 色泽。外表面呈黄色至淡黄色或该品种应有的颜色，色泽基本均匀，不生不焦，糕坯断面为淡黄色或该品种应有的颜色。保质期内允许糕坯表面有糖的重结晶。

(3) 组织。细腻松软，有弹性，糕坯断面呈现海绵状组织，气孔均匀且无明显大气孔。

(4) 滋味与口感。符合该品种特有的风味和滋味，无异味。

(5) 杂质。食品内外不得有霉变，虫害及其他肉眼可见外来污染物。

四、高桥松饼加工

(一) 原料与配方

水油皮面：特制粉 8.5kg，熟猪油 2.5kg，温开水适量。

油酥：特制粉 5.5kg，熟猪油 2.5kg。

馅料：赤豆 5kg，白砂糖 5kg，桂花 250g。

(二) 生产工艺流程（图 6-7）

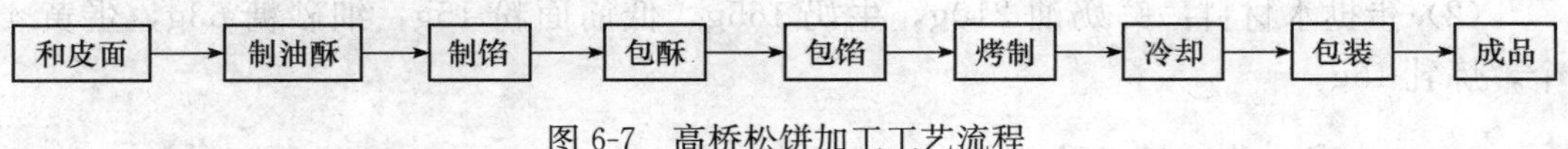

图 6-7 高桥松饼加工工艺流程

(三) 操作技术要点及注意事项

(1) 和皮面。先把猪油和温开水倒入和面机内（油和水的温度以 60℃为宜），搅拌均匀，加入面粉再搅拌，同时适量加些精盐，以增加面筋强度。

(2) 和油酥。把面粉与熟猪油一起倒入和面机内拌匀擦透即成。油酥的软硬和皮面要一致。

（3）制馅。将赤豆水洗，去除杂质后，入锅煮烂，先旺火，后文火。然后将煮烂的赤豆舀入取洗机，制取细沙，再经过钢筛，流入布袋，挤干水分成干沙块。再把干沙与白砂糖一起放入锅内用文火炒，待白糖全部溶解及豆沙内水分大部分蒸发，且豆沙自然变黑（用手拍打豆沙不粘手时）即为已炒好。待豆沙有一定稠度，有可塑性时，再加入桂花擦透，备用。

（4）包酥。包酥有大包酥和小包酥两种。

（5）包馅。取细沙包入皮酥内即成。封口不要太紧，留出一点小孔隙，以便烤制时吸入空气，使酥皮起酥。用手将包手的生坯压在2～3cm厚的圆形饼坯。将包好的饼坯放在干净的铁盘内，行间保持一定距离，然后印上“细沙”、“玫瑰”等字样的红戳，以区别品种。

（6）烤制。进炉时炉温应为160～200℃，饼坯进炉烤制2～3min取出，把饼坯翻过来，然后再进炉烤制10min左右（等饼坯的四周边起白色的气泡时）即将铁盘取出，再一次把饼坯翻身后送进炉烤制即可出炉。烤制进要多察看，防止烤焦。松饼出炉后经冷却就可装箱或装盒。

（7）冷却。松饼焙烤出炉之后，余热未散尽，需要一定的冷却时间，一般采用自然冷却，冷却包装后即为成品。

（四）质量标准

（1）形态：扁圆形，外观鼓灯形，每1kg 24只，块形整齐均匀，大小一致，不破皮，收口居中呈菊花形。

（2）色泽：表面呈乳黄色，戳记清楚，四周呈乳白色。

（3）组织：切开层次分明，皮薄馅多（皮有36层），不偏皮，无杂质，底部无僵硬感。

（4）口味：无异味。入口松酥，甜糯。

五、蛋挞加工

（一）原料与配方（以100块计算）

（1）塔皮材料：低筋面粉270g，高筋面粉30g，酥油45g，片状马琪琳（即植物黄油，包入用）250g，水150g左右。

（2）蛋挞水材料：鲜奶油210g，牛奶165g，低筋面粉15g，细砂糖63g，蛋黄4个，炼乳15g。

（二）生产工艺流程（图6-8）

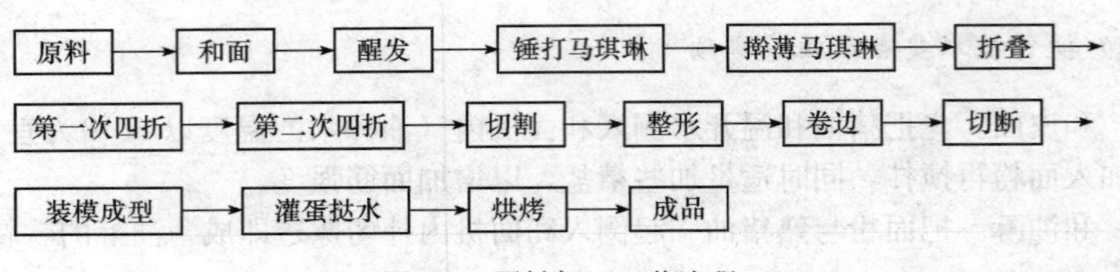

图6-8 蛋挞加工工艺流程

（三）操作技术要点及注意事项

1. 蛋挞水加工

将鲜奶油、牛奶和炼乳、砂糖放在小锅里，用小火加热，边加热边搅拌，至砂糖溶化时离火，略放凉；然后加入蛋黄，搅拌均匀。

2. 蛋挞皮加工

（1）将高粉和低粉、酥油、水混合，拌成面团。水需逐渐添加，并用水调节面团的软硬程度，揉至面团表面光滑均匀即可。用保鲜膜包起面团，醒发 20min。

（2）将片状马琪琳用塑料膜包严，用走棰敲打，把马琪琳打薄一点。使马琪琳有良好的延展性。再用压面棍把马琪琳擀薄。擀薄后的马琪琳软硬程度应该和面团硬度基本一致。取出马琪琳待用。

（3）案板上施薄粉，将松弛好的面团用压面棍擀成长方形。擀的时候四个角向外擀，这样容易把形状擀得比较均匀。擀好的面片，其宽度应与马琪琳的宽度一致，长度是马琪琳长度的 3 倍。

（4）把马琪琳放在面片中间，将两侧的面片折过来包住马琪琳。然后将一端捏死。从捏死的这一端用手掌由上至下按压面片。按压到下面的一头时，将这一头也捏死。将面片擀长，像叠被子那样叠成四折，用压面棍轻轻敲打面片表面，再擀长。这是第一次四折。

（5）将四折好的面片开口朝外，再次用压面棍轻轻敲打面片表面，擀开成长方形，然后再次四折。这是第二次四折。四折之后，用保鲜膜把面片包严，松弛 20min。

（6）把三折好的面片再擀开，擀成厚度为 0.6cm、宽度为 20cm、长度为 35～40cm 的面片。用壁纸刀切掉多余的边缘进行整型。

（7）将面片卷起，包上保鲜膜，放在冰箱里冷藏 30min，进行松弛。并用刀切成厚度 1cm 左右的片。

（8）将面片放在涂油的塔模里。用两个大拇指将其捏成塔模形状。

3. 蛋挞加工

在捏好的塔皮里装上蛋挞水（装七八分满即可），放入烤箱烘烤。烘烤温度为 220℃左右，烤约 15min，即为成品。

（四）质量标准

色泽深黄，口味香甜，质地松软，油润爽滑。

六、米饼加工

（一）原料与配方

糯米 50kg，白砂糖 1.7kg，精盐 1.6kg，味精 1kg，其他调味料等。

（二）生产工艺流程（图 6-9）

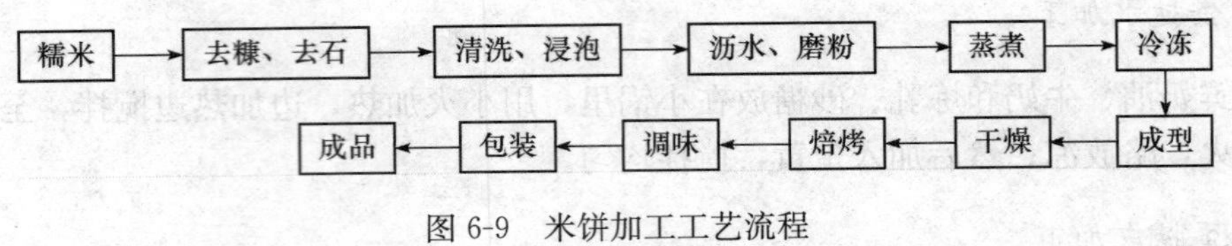

图 6-9 米饼加工工艺流程

（三）操作技术要点及注意事项

1. 洗米

大米先经干洗，利用相对密度不同去掉米糠、沙石和杂质，然后风力输送至洗米桶，用流动水进行洗米，然后进行浸泡。浸泡时间大约为 12h，使糯米充分吸水。

2. 制粉

先将桶里的水放出，用风力输送大米经过金属丝网进行滤水，此时大米含水量约为 38%，然后风力输送至双滚磨粉机磨粉。

3. 蒸煮

米粉再定量加入再生料，（再生料为成型工段的不规则块型和边角料）再生料添加量会影响到米饼的膨化度，所以应根据块型膨化度来决定添加量。然后风力输送至蒸炼炉用水蒸气蒸煮，煮至熟透。

4. 制饼

熟透米饼经冷却至 60～70℃，输送至螺旋机捣制，这时米饼含水量一般为 45%～50%，如水分含量太高将很难干燥到所需硬度，水分太低不利于生产控制。然后米饼定量称重装入圆型圆盘。

5. 冷藏

将已装好米饼的圆盘先在室温下冷却至 50～60℃，然后入库进行冷却，使库温维持在 2～5℃内，时间为 55～72h，使米饼硬度达 48 度左右，便于成型。这过程糊化的淀粉由于低温而老化，使淀粉结构再发生变化，有利于一定温度下的软化和变形，但不利于水分快速浸入或渗出，因此在焙烤过程中会使米饼迅速膨胀。

6. 成型

冷藏后达到要求的米饼取出进行切块，根据所需块形、大小、花纹来选择模具，在这过程中严格控制大小，使符合产品大小要求，特别要注意花纹深浅，做到宁浅毋深，如太深会在焙烤时破裂、膨胀过大。

7. 干燥

切好的合格生坯利用水蒸气为热源，进行热风干燥，干燥温度根据不同块形采取不同温度，一般为45～50℃，当较厚块形应采用较低温度如果温度太高，表面水分快速蒸发，而中心水分还没来得及转移出来，从而使米饼水分不均裂纹增多。一般采用二次干燥，有些特殊块型采用三次干燥。第一次干燥大约2h左右，然后放置至少8h，使米坯水分均匀再经过第二干燥，如要第三次干燥也需间隔8h，从而干燥到含水量为16%～21%。

8. 焙烤

经干燥后生坯放置一定时间使水分均匀后，可送入焙烤炉中焙烤。焙烤炉为燃气隧道式烤炉，一般分为四阶段。第一阶段，温度较高，为260～300℃，使坯温度上升至超过100℃，大约为120℃。第二阶段和第三阶段温度为200～260℃，第二阶段，生坯开始软化，这时水分也开始蒸发，膨化开始。当进入第三阶段膨化已基本停止，进入定形阶段。而第四阶段为上色阶段，根据颜色要求来调整，如颜色深温度调高，反之调低。整个焙烤过程还与火力高低、网震速度、网的前进速度有关，所以应严格控制各个参数，使素烧的颜色、膨胀率达到要求，水分应≤3.5%。

9. 调味

调味可分手工上浆和机器浸浆两种。首先将浆料调配好，经过煮浆，使浆料达80℃，这样可使淀粉糊化，也有杀菌作用。然后将冷却至40℃的素烧进行调料。但要注意上浆量，如太多会使成品结块严重，导致破碎率升高；太低会影响成品光亮度。所以一般上浆为20%，最后经干燥，干燥温度为80～110℃，干燥至含水量≤5%。

10. 包装成品

调味后的米饼包装后即为成品。

（四）质量标准

具有米饼特有的风味和滋味，无异味，口感松软滋润，表皮呈现浅黄色。

任务四　糕点质量鉴定

一、糕点的感官要求

在对糕点质量的优劣进行感官鉴别时，应该首先观察其外表形态与色泽，然后切开检查其内部的组织结构状况，留意糕点的内质与表皮有无霉变现象。感官品评糕点的气味与滋味时，尤其应该注意以下三个方面：一是有无油脂酸败带来的哈喇味，二是口感是否松软利口，三是咀嚼时有无矿物性杂质带来的砂声。

根据GB/T 20977—2007糕点通则，对于糕点的原辅材料应符合相应的产品标准规定。对于糕点的馅料，应具有该品种应有的色泽、滋气味及组织状态，无异味，无杂质。不得使用过保质期和回收的馅料。

1. 烘烤类糕点感官要求（表 6-1）

表 6-1 烘烤类糕点感官要求

项 目	要 求
形态	外形整齐，底部平整，无霉变，无变形，具有该品种应有的形态特征
色泽	表面色泽均匀，具有该品种应有的色泽特征
组织	无不规则大空洞，无糖粒，无粉块。带馅类饼皮厚薄均匀，皮馅比例适当，馅料分布均匀，馅料细腻，具有该品种应有的组织特征
滋味与口感	味纯正，无异味，具有该品种应有的风味和口感特征
杂质	无可见杂质

2. 油炸类糕点感官要求（表 6-2）

表 6-2 油炸类糕点感官要求

项 目	要 求
形态	外形整齐，表面油润，挂浆类除特殊要求外不应返砂，炸酥类层次分明，具有该品种应有的形态特征
色泽	颜色均匀，挂浆类有光泽，具有该品种应有的色泽特征
组织	组织疏松，无糖粒，不干心，不夹生，具有该品种应有的组织特征
滋味与口感	味纯正，无异味，具有该品种应有的风味和口感特征
杂质	无可见杂质

3. 水蒸类糕点感官要求（表 6-3）

表 6-3 水蒸类糕点感官要求

项 目	要 求
形态	外形整齐，表面细腻，具有该品种应有的形态特征
色泽	颜色均匀，具有该品种应有的色泽特征
组织	粉质细腻，粉油均匀，不黏，不松散，不掉渣，无糖粒，无粉块，组织松软，有弹性，具有该品种应有的组织特征
滋味与口感	味纯正，无异味，具有该品种应有的风味和口感特征
杂质	无可见杂质

4. 熟粉类糕点感官要求（表 6-4）

表 6-4 熟粉类糕点感官要求

项 目	要 求
形态	外形整齐，具有该品种应有的形态特征
色泽	颜色均匀，具有该品种应有的色泽特征
组织	粉类细腻，紧密不松散，粘结适应，不粘片，具有该品种应有的组织特征
滋味与口感	味纯正，无异味，具有该品种应有的风味和口感特征
杂质	无可见杂质

5. 冷加工类和其他糕点感官要求（表 6-5）

表 6-5　冷加工类和其他糕点感官要求

项　目	要　求
形态	具有该品种应有的形态特征
色泽	具有该品种应有的色泽特征
组织	具有该品种应有的组织特征
滋味与口感	味纯正，无异味，具有该品种应有的风味和口感特征
杂质	无可见杂质

二、糕点理化指标要求

糕点理化指标要求见表 6-6。

表 6-6　糕点理化指标要求

项　目		烘烤类糕点		油炸类糕点		水蒸类糕点		熟粉类糕点	
		蛋糕类	其他	萨其马类	其他	蛋糕类	其他	片糕类	其他
干燥失重/%	≤	42.0		18.0	24.0	35.0	44.0	22.0	25.0
蛋白质/%	≥	4.0	—	4.0	—	4.0	—	4.0	—
粗脂肪/%	≤	—	34.0	12.0	42.0	—	—	—	—
总糖/%	≤	42.0	40.0	35.0	42.0	46.0	42.0	50.0	45.0

三、卫生指标

卫生指标按 GB 7099—2003 规定执行，铝的残留量按 GB 2762—2005 的规定执行。

四、食品添加剂和食品营养强化剂要求

食品添加剂和加工助剂的使用应符合 GB 2760—2007 的规定；食品营养强化剂的使用应符合 GB 14880—2008 的规定。

五、糕点的保质期

（1）各类糕团、蜂糕、潮糕、白元蛋糕、糖糕、麻球等软性油货要当天生产，当天售完。

（2）奶油蛋糕（包括人造奶油）和奶白等裱花蛋糕要以销定产，当天生产，当天售完。

（3）其他中西式蛋糕要当天生产、当天送货，商店在 2d 内售完。

（4）各种油炸食品，要根据订货计划进行生产。在厂期不超过 1d，门市部不超过 3d，其中脆性油货不超过 4d。

（5）各种酥皮、甜酥、糖皮、糖货等存厂期不超过 2d，门市部不超过 7d。

（6）熟糕粉成型糕点和经烘焙含水分较低的香糕、印糕、火炙糕、云片糕、切糕等，存厂期不超过 2d。零售不超过 10d。

（7）有外包装的产品，均应盖有出厂和销售截止日期。

（8）本保管期适用于夏、秋季节（5～10 月），其他季节可适当延长，但不得超过

规定期的 1/2。

任务五 糕点加工常见的质量缺陷及其控制方法

一、回潮

1. 现象

糕点中含水量较低的品种如甜酥类、酥皮类、干性糕类以及糖制品等，在贮藏过程中，如果空气温度较高时，便会吸收空气中的水气而引起回潮，回潮后不仅色、香、味都要降低，而且失去原来的特殊风味，甚至出现软塌、变形、发韧、结块现象。

2. 控制方法

糕点回潮主要是由于空气湿度较高，糕点吸收空气中的水分引起的，所以为了防止糕点回潮，必须控制好贮藏期间的湿度；另外，对于水分含量高于 9%的糕点不宜用简单的塑料包装，应采用透气性能比较差，密封性能好的包装材料进行包装，如采用铝塑复合袋（即蒸煮袋）进行包装。

二、干缩

1. 现象

含有较高水分的糕点如蛋糕、蒸制糕类品种在空气中温度过低时，就会散发水分，出现皱皮、僵硬、减重现象，称为干缩。

水分的挥发不仅使糕点的外形起了变化，口味也显著降低。

2. 控制方法

糕点干缩主要是由于空气湿度相对较低，糕点将其自身的水分挥发至空气引起的，所以为了防止糕点干缩，必须控制好贮藏环境中的湿度；或使用较好的包装材料进行包装，以免糕点水分的挥发。

三、走油

1. 现象

糕点中不少品种都含有油脂，受了外界环境的影响，常常会向外渗透，特别是与有吸油性物质接触（如有纸包装），油分渗透更快，这种现象称之走油。

走油不仅使糕点的色香味均下降，而且还会产生油脂酸败味。

2. 控制方法

在糕点加工中，不能使用已有酸败迹象的油脂或核桃仁、花生仁和芝麻。糕点箱中应注意生产日期，仓库先进先出，保证先生产的产品先销售。此外，一些糕点也可加入一定数量的抗氧化剂，但使用抗氧化剂应当符合 GB 2760—2007 的要求。

四、变质

1. 现象

糕点是营养成分很高的食品，被细菌、霉菌等微生物侵染后，霉菌等极易生长繁殖，就是通常所见的发霉。糕点一经发霉后，必定引起品质的劣变，而成为不堪食用的废品。

2. 控制方法

霉菌滋生与环境卫生污染及湿度大小有很大关系，在糕点生产过程中通过蒸煮或烘烤的方法进行熟化，改变了微生物生长繁殖的内外部条件，从而控制微生物消长，基本达到商业无菌的要求。后因在冷却、内包装阶段受到空气中微生物二次污染及手部、设备工具等二次交叉感染而导致理化指标不合格，最终导致糕点产品在保质期内霉变。如要控制霉变，必须对以下几点进行严格控制：

（1）控制好车间内的相对湿度，尽量控制在65%以下，温度控制在24℃以下，以减少霉菌生产所需的环境。

（2）操作台、设备、工具等采用75%乙醇涂擦消毒，地面采用过氧化物类消毒剂或含氯类消毒剂消毒；上下午工作前各消毒一次，并要检测是否有霉菌未被彻底杀灭；每天两遍，不要怕麻烦或偷工减料。

（3）冷却及内包装车间，工人开工时采用食品动态空气消毒机对车间消毒净化，对人体无害，防止空气中细菌二次污染食品；工人下班后，采用臭氧或紫外线对空间消毒，可抑制车间内细菌的滋生与繁衍。

（4）手部细菌的二次污染控制，一双消毒不彻底的手约有80万个细菌，选择用75%医用酒精作为消毒介质，流程为："感应给皂机洗手—水龙头冲洗—感应式烘干—感应式手消毒"，因为酒精挥发后手部无任何残留。以首次杀菌后时间计算，建议每隔60～90min对手部重新消毒，阻隔手部细菌的滋生及繁衍。

（5）控制产品的含水量，采用负压排风或者安装抽湿机；同时需要检测氮气的纯度，防止氮气内混进氧气，以减少霉菌繁殖所需的条件。

（6）包装材料卫生控制，存放包装材料的储存室需要有空气消毒净化设备；在使用前，需做落菌霉菌检测，若发现菌落超标退回厂家，防止包装材料二次污染糕点食品。

学习引导

（1）糕点生产有哪几种面团？各种面团的操作要点分别是什么？

（2）糕点的原辅料在加工中的作用是什么？在进行原辅料配方设计中的应遵行什么原则。

（3）在糕点熟制时，如何选择熟制温度、熟制时间。

（4）调制韧性面团、酥性面团时有哪些注意事项？面团调制成熟如何判断。

项目七　面包生产技术

☞ 学习目标

(1) 了解面包的加工发展历史，掌握面包生产加工工艺、方法、操作技术。

(2) 根据市场对面包产品的要求，进行面包产品配方及工艺设计。

(3) 依照面包质量标准及要求，确定原辅料的选择标准。

(4) 按照食品安全生产的有关法律法规要求进行生产前的准备、生产中的实施与控制以及生产后的贮存、运输与包装。

(5) 评价与分析面包产品的质量。

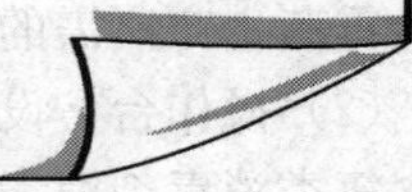

任务一　面包生产基础知识

面包是一种营养丰富，风味独特，组织蓬松，易于消化吸收，食用方便，深受广大人民群众所喜爱的方便食品之一。它是由小麦面粉，酵母和其他辅助材料加水调制成面团，再经过发酵、整形、成型、烘烤等工序而制成的。

一、面包的分类

(一) 我国面包的种类及其特点

我国面包的种类很多，大体上有以下几种分类：

(1) 按口味可分为甜面包和咸面包。

(2) 按其配料不同可分为主食面包和点心面包。

(3) 按成型方法可分为听型面包和非听型面包。

(4) 按成熟方法可分为烤制面包和油炸面包，或软式面包和硬式面包。

虽然我国的面包分类方法较多，但习惯上常分为两大类，即主食面包和点心面包。主食面包是以小麦粉为主，加入水、酵母和盐及少量辅料加工制成的，具有价廉物美、口味清淡等特点，又称为淡面包和咸面包。主食面包可以热吃，也可以冷吃，并能和其他菜肴、各种菜汤搭配起来食用，口感调和，不影响其他菜肴的独特风味。点心面包是在配料中加入了较多的糖、蛋、奶等及其他辅料加工制成的面包，具有营养丰富、口味较甜等特点，又称甜面包，一般按其配入的辅料而命名。这类面包用料考究，一般不和菜肴同食，可和饮料配食或单独食用。

（二）国外面包的种类及其特点

目前，世界上大多数产麦国家都以面包为主食，一些非产麦国家也有以面包为主食的发展趋势。各国根据本国的地理条件、农作物的发展和人们饮食习惯的不同，形成了具有本国民族特点的面包产品。

英国面包是以小麦粉为主要原料、发酵程度较小的面包。面包已成为英国的主要方便食品，典型产品“三明治”是一种面包夹肉、蛋和菜的方便食品。

法国面包以小麦粉为主，不加任何辅料，无油脂，无糖，皮为硬壳，形状细长，是法国人的主食。

意大利面包以小麦粉为主，大多加入辅料，富含营养，体型较小，典型品种是维也纳卷面包。

德国面包是以黑麦粉为主要原料，发酵酸度大的黑面包。这种面包中维生素 C 的含量高于其他小麦粉主食面包。

俄式面包是以全麦粉或黑麦粉制成的发酵酸度大的大圆形面包。

美国在面包生产方面，最早实现机械化。美国面包以小麦粉为主料，是一种发酵得很充分、体积膨胀得很大、疏松多孔的面包。

日本生产的面包与美国面包相似，他们在面包中不断地加进营养物质。唯有点心面包才是日本民族风味的代表。

二、面包的各种生产方法及工艺流程

（一）一次发酵法

一次发酵法是一种传统的制作方法，又称直捏法、直接面团法等。其比多次发酵法具有生产周期短，节省人力、动力和所需设备厂房，发酵损失少等优点；但酵母用量大，而且操作要求十分谨慎和严格，如果出现失误，很难进行补救，易影响产品质量。工艺流程如图 7-1 所示。

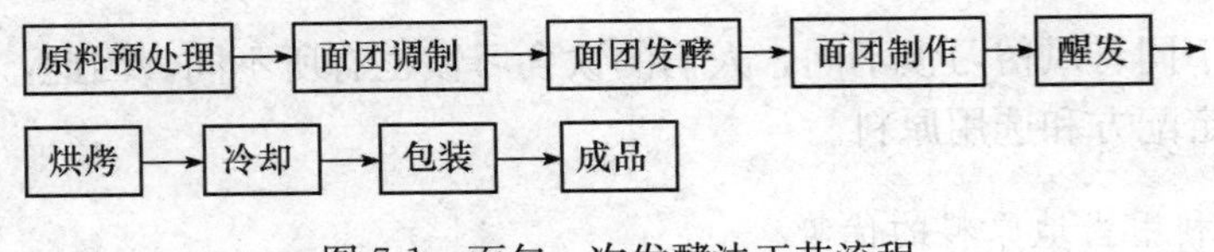

图 7-1　面包一次发酵法工艺流程

（二）二次发酵法

二次发酵法又称分醪法、中种法。其特点：同一次发酵法相比，大约节约 20％酵母，所生产的面包组织均匀、蜂窝细密、柔软弹性好、香味较浓，但生产周期较长，所需厂房设备等较多。工艺流程如图 7-2 所示。

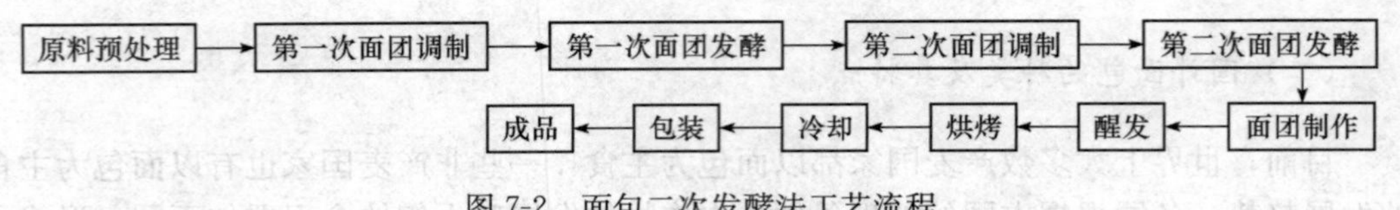

图 7-2　面包二次发酵法工艺流程

（三）快速法

快速法又称机械面团起发法。其特点：利用强烈的机械搅拌，把调制和发酵两个工序结合在一起，省去了单独发酵工序，大大缩短了面包生产周期，机械化和自动化程度较高，但同发酵法相比面包风味较差。工艺流程如图 7-3 所示。

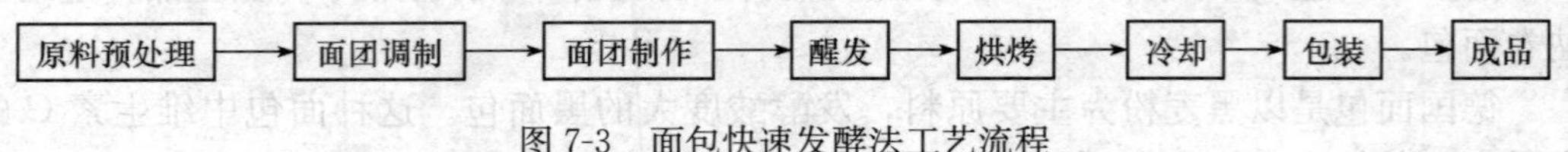

图 7-3　面包快速发酵法工艺流程

任务二　面包加工工艺

一、原料的预处理

（一）配方设计的基本原则

由于小麦粉在面包中所占的比重较大，因此面包配方的制定一般是以小麦粉的用量作为 100，其他各种原料，则用占小麦粉用量的百分数来表示。各种原料的比例由面包的品种和原料的性能来确定，一般应遵循以下原则。

1. 要符合营养、卫生条件

各种原料不仅要适应工艺特性及卫生要求，还要符合营养的互配原则。

2. 要符合当地居民的口味

由于地区不同、风俗习惯不同，人们的饮食习惯也有所不同。因此，要按当地人的口味爱好来确定配方和选用原料。

3. 要充分利用当地原料的优势

面包的原料是关系到面包品种的创新和优劣的重要因素，对于当地生产的适合于制作面包的原料，应充分利用。

4. 要适合当地的消费水平

面包是大众化的粮油方便食品，应考虑当地的消费能力，做到不但价格便宜，而且质量上乘。

几种国内、国外的参考配方见表 7-1、表 7-2。

表 7-1　我国常见几种面包配方

品　名	小麦粉/kg	酵母/kg	砂糖/kg	饴糖/kg	油脂/kg	食盐/kg	果料/kg	其他/kg
大面包	100	0.6	—	—	—	1.0	—	—
梭形面包	100	0.6	8	—	—	1.0	—	—
牛乳面包	100	1.4	24	—	猪油 8	0.6	10	奶粉 5
鸡蛋面包	100	1.0	10	16	4	0.8	10	鸡蛋 10
奶油面包	100	1.4	18	—	奶油 11	0.5	—	鸡蛋 5

表 7-2　国外常见几种主食面包配方

品　名	小麦粉/kg	酵母/kg	砂糖/kg	油脂/kg	乳制品/kg	酵母营养/kg	食盐/kg
英美面包	100	3	8～10	3	0.3～0.5	0.2～0.5	2.25
日本面包	100	2	6	5	3	0.1	1.8

（二）原料的预处理

原料的预处理在面包生产过程中是一个很重要的工序。原料的性质及质量，在很大程度上影响着面包的生产工艺和面包的质量。为此，原料在投入生产前，必须进行预处理，使其既符合卫生上的要求，又符合工艺上的要求，从而达到保证面包质量的目的。

1. 小麦粉

（1）小麦粉在使用之前必须过筛，使小麦粉形成松散的细小颗粒，并使小麦粉“携带”一定量的空气，从而有利于面团的形成及酵母的生长与繁殖，以促进面团发酵成熟。

（2）在过筛装置中需要增设磁块，以便吸附小麦粉中的铁质杂质。

（3）根据不同的生产季节，应适当调节小麦粉的温度，使之适合于工艺要求。在夏季，应将小麦粉贮存在低温、干燥、通风良好的地方，以便于降低小麦粉的温度；在冬季，应将小麦粉贮存在温度较高的地方，进行保温来提高小麦粉的温度。经过调整温度后的小麦粉，有利于面团的形成及面团的发酵。

2. 酵母

1）鲜酵母的处理

鲜酵母在使用之前，首先要检查酵母是否符合质量标准，对不符合质量标准的鲜酵母，如表面发黏或处于溶解状态的鲜酵母，不能使用。使用时先用 30℃的温水将鲜酵母溶化成酵母溶液。为了加速酵母的溶化，使酵母单体充分均匀地分散在溶液中，可用搅拌机进行搅拌。这样，在调制面团时，酵母能均匀地分布在面团内，有利于面团发酵。

2）活性干酵母的处理

使用活性干酵母时，先用 35℃的温水，使干酵母复水，并溶化成酵母溶液，然后静置 30min，使其活力得到恢复。若在温水中添加适量砂糖或酵母的营养盐类，可提高酵母的活性。

3. 砂糖

在调制面团时，如果直接用砂糖晶粒，则砂糖晶粒不易充分溶化，会使面包面团内包裹大量的糖粒，这些糖粒经高温烘烤熔化后，便造成面包表面麻点及内部大孔洞。所以砂糖不宜直接加入，应该先用温水溶化，再经过滤，除去杂质后，才能使用。

4. 油脂

普通液态植物油、猪油等可以直接使用。奶油、人造奶油、氢化油、椰子油等油脂，低温时硬度提高，呈固态或半固态，可以用文火加温或用搅拌机搅拌，使其软化。这样，使用时可以加快调制面团速度，使油脂在面团中分布得更为均匀。加热软化时，要掌握好火候，不能使其熔化，否则会破坏其乳状结构，降低成品质量。

5. 其他

食盐用水溶化并经过过滤后使用。

牛奶要过滤后才能使用；奶粉要先与小麦粉混合后使用，不能直接与液体料接触，否则会结块而影响面团的均匀调制。

其他原料，凡属于液体的都要进行过滤；凡属于粉质、需要加水溶解的，溶解后也都要进行过滤。

二、面团的调制

（一）面团调制的目的

面团的调制目的是使各种原料均匀地混合在一起；使小麦粉中面筋性蛋白质充分吸水形成湿面筋，并使面团具有良好的物理性质；使面团中进入大量的气体，形成气泡核心，有助于有氧发酵的进行及蜂窝结构的形成。

（二）面团调制的原理

1. 物理变化

当小麦粉和水一起搅拌时，小麦粉中的蛋白质和淀粉等成分便开始了吸水过程。由于各种成分的吸水性不同，它们的吸水量也有差异。小麦粉的主要组成如图 7-4 所示。

小麦粉 100％
- 固形物 86％
  - 蛋白质 12％
  - 淀粉 74％
  - 纤维素和无机盐（少量）
- 水分 14％

图 7-4　小麦粉的主要组成

调制成面团后，小麦粉吸收了大量水分，此时面团中水分约占 45％。

面团中的水分呈结合水和游离水两种状态存在。其分配情况如图 7-5 所示。

45%的水 { 结合水 27% { 蛋白质（占面团 7.5%吸水 15%）
淀粉（占面团 46%吸水 12%）
游离水 18% }

图 7-5　面团中水分分配情况

可以看出，约有 3/5（即 27%）的水被蛋白质和淀粉吸附，呈结合状态存在；有 2/5（即 18%）的水呈游离状态存在。游离水可使面团具有流动性或可塑性。27%的结合水中有 15%与蛋白质结合，占面团重量 7.5%的蛋白质吸收了 15%的水，这就是说蛋白质大约吸收相当于它本身重量 2 倍的水。淀粉仅吸收本身重量 1/4 的水。淀粉吸水后其体积膨胀不大，使面团具有可塑性。

已调好的面团，是由固相、液相和气相三相组成的。固相约占面团总体积的 43%，包括淀粉、麸星和不溶性蛋白质；液相是由水及溶解在水中的物质组成的，约占总体积的 47%；气相有两个来源，一是在面团搅拌过程中混入的空气，一是在酵母发酵过程中产生的二氧化碳气体。

面团中三相之间的比例关系，决定着面团的物理性质。面团中液相和气相的比例大的，会减弱面团的弹性和延伸性；固相占的比例过大，则面团的硬度大，不利于面包体积增大。

2. 化学变化

从调制开始，面团就进行着胶体化学变化。在搅拌初期，由于蛋白质和淀粉颗粒吸水很小，搅拌桨叶片受阻力不大。随着搅拌的进行，蛋白质吸水膨胀，淀粉吸水也增加，面团的黏度增大，表面附有水膜，面团开始黏附设备。继续搅拌，水分大量浸透到蛋白质胶粒内部并结合到面筋网络内部，形成具有延伸性和弹性的面团，当面团表面显出光泽时，搅拌即告完成。搅拌过度，面筋的网状结构受机械损伤而破坏。因此，搅拌时间要掌握适当。

在面筋蛋白质的氨基酸中，约有 1/10 左右的含硫氨基酸。这种氨基酸在面筋结合上起着极其重要的作用。随着搅拌的进行，含硫氨基酸中的硫氢基被氧化转换成二硫基。

两个蛋白质分子的—SH 被氧化时失去 H，发生—S—S—的结合，变成了一个大分子的网状结构，保持气体的能力增加，面团变得有弹性、韧性和延伸性。为了加速氧化进行，通常采用两种方法。一种是加速调粉机的转速，或延长搅拌时间；另一种是加入面团改良剂，如抗坏血酸、碘酸钾或溴酸钾等。

如果搅拌过度，面团的弹性和韧性减弱，面团的工艺性能变劣。这是由于一部分面筋蛋白质间的—S—S—结合转变成分子内的—S—S—结合，使分子间的结合程度削弱所引起的。

在搅拌过程中，面团的胶体不断发生变化。蛋白质粒一方面进行着吸水膨胀和胶凝作用，另一方面产生着胶溶作用。在一定时间和一定搅拌程度下，筋力强的小麦胶凝作用大于胶溶作用，其吸水过程也进行得缓慢，对这类小麦粉要适当延长调制时间；普通粉和弱力粉的吸水过程在开始时进行得快，但到一定程度后，其胶溶作用就大于胶凝作用，对这类小麦粉要缩短调制时间。

调制时加入的原料，如糖、食盐和油脂等，也影响着面团的胶体性质。食盐对面团胶体性质的影响，随食盐溶液浓度的不同而不同。加食盐适量，能与面筋产生相互吸附作用，增强面筋的弹性和韧性；加盐过度，则会降低面团的吸水性，面团被稀释，其弹性和延伸性变劣。

糖与糖浆的持水性强，有稀释面团的作用，能降低面团的弹性和延伸性。

油脂有疏水性，加入面团后便分布于蛋白质和淀粉颗粒的表面，阻碍蛋白质吸水形成面筋。同时它还会妨碍小块面筋形成大块面筋，不利于面团工艺性质的形成。因此，调制时不宜过早加入油脂。

在调制过程中，还发生生物化学变化。在小麦粉中由于加入酵母和大量水，使小麦粉和酵母中水解酶的活性加强，加快了小麦粉的水解过程。复杂的高分子物质部分地转变为简单的物质，不溶性物质转变为可溶性物质。面团中液相比例相对增加，其物理和胶体性质也有所改变。

在调制过程中，面团的温度有所提高，其热能有两个来源：一是机械能转化为热能；另一个是小麦粉微粒吸水时产生的热能。这些热能提高了面团温度，增加了水解酶的活性，加快了水解速度，降低了面团的韧性。

（三）面团调制的技术

1. 调制面团的五个阶段

1）原料混合阶段

各种原料在调粉机的作用下，进行充分混合。调粉机的搅拌桨一方面破坏部分小麦粉吸水形成面筋膜，同时扩大小麦粉与水的接触面积，使小麦粉被水完全湿透。此阶段的搅拌速度一般比较慢，如搅拌速度过快易造成原料飞散损失。

2）充分吸水阶段

这个阶段小麦粉将水全部吸收，而成为一体，并有一部分面筋结合，面团不附着在调粉机壁或搅拌器上。

3）结合或聚合阶段

在本阶段小麦粉中面筋性蛋白质经过充分吸水，水分大量浸透到蛋白胶粒内部并结合到面筋网络内部，随着面筋的结合，面团出现延伸性和弹性，这个时期的面团是适于作面包的面团。

4）氧化反应阶段

在搅拌过程中，由于氧气的参与，当 2 个蛋白质分子的 SH—部分接近时，被氧化失去 H 发生—S—S—的结合，变成一个大分子，使保气力增强。

5）破坏阶段

如继续调制，面团在搅拌器的不断作用下，已形成大分子的面筋网络结构被解体和破坏，还会由于过度氧化而出现脆弱的现象，影响面团的保气能力，即破坏阶段。

2. 一次发酵法

先将水和活化的酵母液放入调粉机中，再加入全部小麦粉，稍微搅拌使其混合，再加入处理过的糖、食盐等配料，继续搅拌，待面团快要调好时，再加入油脂，搅拌成熟，即进入发酵阶段。

3. 二次发酵法

第一次调制面团，将已处理好的全部小麦粉的50%左右，全部酵母液和适量的水，倒入搅拌罐内，进行搅拌，约5min左右，至混合成软硬合适的面团为止，然后进行第一次发酵。待面团发酵好后，即进行第二次面团调制。

第二次面团调制，是将第一次发酵好的面团和剩余原料一同放入搅拌罐中，开始搅拌后，加入适量的水和油脂，继续搅拌。第二次搅拌的目的不但使酵母和原料混合均匀，而且要将面团的筋力调制出来，调至到取出一块面团，压扁能拉成较透明的薄膜而不破，即为终点。第二次搅拌时间一般为10min左右。

4. 影响面团调制的因素

(1) 小麦粉。小麦粉的蛋白质含量及颗粒大小，小麦粉的吸水能力虽小麦粉中蛋白质含量的不同而异，小麦粉中蛋白质含量高的吸水能力强，反之，其吸水能力弱。所以在调制面团时，一般可根据测定小麦粉中面筋的含量来决定其加水量。小麦粉的颗粒大小对吸水速度也有影响，颗粒大的小麦粉其总面积小，和水接触的表面积也小，在单位时间内的吸水量就少，反之，其吸水量就越多。

(2) 加水量。面团的形成是在面筋蛋白质充分吸水的条件下进行的，因此加水量要充分。小麦粉中面筋性蛋白质含量高，吸水能力强，反之，吸水能力弱。在生产中加水量一般为小麦粉的45%左右。

(3) 温度。小麦粉的吸水量最适温度为30℃，该温度时，小麦粉大量吸水，其吸水量能达到本身重量的150%，只有小麦粉大量吸水才能形成湿面筋，有利于面团的形成。面团温度低，小麦粉吸水速度慢；面团温度高，其吸水率减少。在较高温度下调制，面团形成快，但面团也会迅速弱化，并进入破坏阶段；在较低温度下调制，面团形成的时间长，达到成熟后，衰退和破坏阶段也来的迟。因此，在操作中应控制面团温度。在实际生产中，常采用调整水温的方法来控制面团的温度。

(4) 糖。糖会使小麦粉的吸水率降低，调制同样硬度的面团，每增加1%的糖，吸水率降低0.2%～0.4%，而且随着糖量的增加，小麦粉吸水速度变慢，这就需要延长搅拌时间。糖的这种作用，对强力粉作用明显，对弱力粉作用不明显。

(5) 油脂。油脂会使小麦粉的吸水率降低，使用量过大，会使面团流散，不易成团，一般使用量为1%～10%。

(6) 食盐。食盐同糖一样会降低小麦粉的吸水率，每加2%的盐，其吸水率将降低3%。同时盐可加强面团的韧性，延缓面团形成的时间。因此，盐量增加，搅拌时间就应延长。

(7) 设备。立式和倾斜式调粉机对面团具有拉、伸、揉、捏等作用，有利于小麦粉中蛋白质形成湿面筋，适合于调制面包面团；而卧式粉机，其拉、伸、揉、捏作用较小，容易产生面包抱轴现象，调制效果较差。调粉机的转速较快，能较快使各种原料混合均匀，有利于湿面筋的形成；转速慢，则不利于湿面筋的形成。调粉速度一般不能低于 35r/min。

三、面团的发酵

（一）面团发酵的目的

面团通过发酵，可达到以下目的。面团中有发酵产物蓄积，赋予最终制品以风味、芳香；使面团变得柔软且易于伸展的状态，即面团膜薄层化；面团中发生氧化，使其保气能力增加；增加面团的体积，形成制品内部的蜂窝状结构。

（二）面团发酵的原理

面团的发酵是由酵母的生命活动来完成的，酵母利用面团中的营养物质，在氧气的参与下，进行繁殖，产生二氧化碳气体和其他物质，使面团蓬松富有弹性，并赋予成品特有的色、香、味、形。

在面团发酵的过程中，单糖是酵母最好的营养物质。在一般情况下，小麦粉中单糖含量很少，不能满足酵母发酵的需要，但小麦粉中含有大量的淀粉和一些淀粉酶，在面团发酵时，淀粉在淀粉酶的作用下，水解成麦芽糖。其反应为

$$(C_6H_{10}O_5)_n \xrightarrow{\text{淀粉酶}} n(C_{12}H_{22}O_{11})$$

酵母不能直接利用麦芽糖和蔗糖进行发酵。但是酵母本身可以分泌麦芽糖酶和蔗糖酶，将麦芽糖和蔗糖水解成单糖供酵母利用。其反应式为

$$C_{12}H_{22}O_{11} + H_2O \xrightarrow{\text{麦芽糖酶}} 2C_6H_{12}O_6$$

$$C_{12}H_{22}O_{11} + H_2O \xrightarrow{\text{蔗糖酶}} C_6H_{12}O_6 + C_6H_{12}O_6$$

酵母在面团发酵过程中，为了维持生命活动而需要得到能量，能量来源可由两种不同的方式从有机物体中摄取，一种是由糖类在酚的参与下进行呼吸作用；另一种是由糖类的发酵作用得到的能量。

生产面包用的酵母是一种典型的兼性厌氧微生物，其特性是在有氧和无氧的条件下都能生存。

面团发酵的初期，酵母菌以己糖为营养物质，在氧的参与下，进行旺盛的呼吸作用，将己糖分解为最简单的产物——CO_2 和 H_2O，并释放一定能量。这一过程的反应式为

$$C_6H_{12}O_6 + 6O_2 \longrightarrow 6CO_2 + 6H_2O + 674\text{kcal}$$

（1kcal = 4.184kJ，下同）

随着呼吸作用的进行，二氧化碳气体逐步增加，面团的体积逐渐增大，氧气含量逐渐降低，酵母的有氧呼吸转变为缺氧呼吸，即发酵作用，同时产生了酒精和少量的二氧化碳及部分能量。其反应式为

$$C_6H_{12}O_6 \longrightarrow 2CO_2 + 2C_2H_5OH + 24\text{kcal}$$

在整个发酵过程中，酵母的代谢是一个很复杂的反应过程。糖在多种酶的参与下，生成丙酮酸。有氧与无氧呼吸只是从丙酮酸开始，在氧气充分时，由丙酮酸以三羧酸循

环的方式生成二氧化碳和水；无氧时，酵母本身含有脱羧酶和脱羧辅酶，可将丙酮酸经过又一脱羧作用产生乙醛，乙醛接收磷酸甘油醛脱下的氢而生成乙醇。

在实际生产中，上述的两个作用是同时进行的，从生产实践来看，面包面团的发酵目的是使面团充分膨胀并产生面团的特有风味。为了达到这个目的，酵母的有氧呼吸是主要的。所以，多数面包厂在面团发酵后期，为了弥补发酵的不足，辅以多次揿粉，就是为了排除面团内部的二氧化碳，增加氧气，促使面团发酵成熟。缺氧呼吸也是面团发酵不可缺少的过程，同时也伴随着产生少量的乙醇、乳酸等，提高了面包的特有风味。

（三）影响面团发酵的因素

1. 温度

温度是酵母生命活动的重要因素。在面团发酵中，最适温度应为25～28℃，低于这个温度，面团发酵迟缓，延长生产周期；高于这个温度，虽能缩短发酵时间，但有利于产酸菌的生长，容易造成面团酸度增高，使成品质量下降。另外，在面团发酵过程中，由于酵母菌的代谢作用产生了一定的热量，也会使面团温度升高。所以面团发酵时温度应控制在25～28℃，最高不要超过30℃。

2. 酵母

（1）酵母的发酵力。酵母的发酵力是酵母质量的重要指标。在酵母发酵时，如果发酵力小，则面团发酵时间长，面团的起发迟缓，容易造成面团的起发不足。一般要求鲜酵母和活性干酵母的发酵力在650mL以上。

（2）酵母的用量。在面团发酵过程中，发酵力相等的酵母在相同的条件下进行面团发酵时，如果增加酵母用量，可以促进面团的发酵速度；如果降低酵母的用量，面团的发酵速度就会减慢。所以在面团发酵时，可以通过调整酵母的用量来适应面团发酵的工艺要求。在一般情况下，鲜酵母的用量。一次发酵法生产的面包，约为小麦粉量的2%；二次发酵法生产的面包，约为小麦粉量的1.5%。糖量用量高的面包，鲜酵母的用量还应多些。

3. 酸度

面包的酸度是衡量面包质量优劣的一个重要指标。面包的酸度是面团在一系列发酵过程中由各种产酸菌的代谢作用而生成的。这些酸性物质有乳酸菌、醋酸、丁酸等。此外，酵母在吸收了硫酸铵、氯化铵等酵母营养食料后，也会产生少量的硫酸、盐酸等强酸性物质，对面团的酸化有明显作用。面团中的酸大约60%左右是乳酸，其次是醋酸等。所以，在面团发酵时，只有有效控制乳酸菌和醋酸菌等的污染，才能有效地控制面包成品的酸度。

乳酸发酵是由乳酸菌的代谢作用来完成的。在面团发酵过程中，乳酸菌将乳糖分解生成乳酸。其反应式为

$$C_6H_{12}O_6 \longrightarrow 2CH_3CHOHCOOH + 20cal$$

乳酸菌在适宜的温度（37℃）下进行发酵作用而产生的乳酸，能引起面团酸度的增

高，但适宜的乳酸亦能使产品产生特有的风味。

丁酸是由丁酸菌发酵而生成的。丁酸菌是属于嫌气性微生物，在无氧条件下发酵生成丁酸：在有氧条件下则不能。糖是丁酸菌的营养物质，主要产物是丁酸、二氧化碳。其反应式为

$$C_6H_{12}O_6 \longrightarrow CH_3CH_2CH_2COOH + 2CO_2 + 2H_2 + 18cal$$

很多的丁酸菌都含有强烈的酶，这些酶能水解多糖称为可发酵的糖，供发酵之用。

醋酸菌则给面包带来不良的风味。

面团在发酵过程中，引起面团酸度的产酸菌主要来自鲜酵母。所以，保持酵母的纯洁度，严格掌握发酵温度，对于防止产酸菌的生产与繁殖是很重要的。

4. 小麦粉

1）面筋

在面团发酵时，用筋力强的小麦粉调制成的面团，能保持大量的气体而不逸散，使面团膨胀而形成海绵状结构；如果使用筋力弱的小麦粉，面团发酵所生成的大量气体不能很好保持而部分逸出，容易造成面包坯塌陷而影响面团成品的质量。所以，生产面包时应选择面筋含量高而筋力强的小麦粉。

2）酶

在面团发酵过程中，小麦粉本身有直接供给酵母利用的单糖很少。不过，淀粉可在淀粉酶的作用下，不断地将淀粉分解成单糖供给酵母利用，加速面团发酵。如果使用已变质或者经高温处理的小麦粉，淀粉酶的活性受到抑制，降低了淀粉的糖化能力，就会影响面团的正常发酵。假如在生产中遇到此种情况，可在面团中加入少量的麦芽汁或麦芽粉，以弥补淀粉酶活力的不足。

5. 加水量

在正常情况下，含水量多的面团容易被二氧化碳气体所膨胀，从而加快了面团的发酵速度。含水量少的面团，对气体膨胀的抵抗力较强，从而抑制了面团的发酵速度。所以适宜的加水量对面团发酵也是有利的。

6. 糖

在面团发酵过程中，糖是酵母生长和繁殖的营养物质，适量的糖能促进面团的发酵。但加糖量过高，会产生较大的渗透压，使酵母细胞脱水萎缩，活力降低，从而延长发酵时间。因此，在生产高档面包时，由于加入的糖量较大，对酵母的活力有所影响，酵母的加入量应适当增加。

7. 油脂

适量的油脂在面团中形成油膜，能润滑面筋网络，并能与面筋结合形成柔软而有弹力的面筋膜，改善面筋的脆性，使面筋包住发酵时产生的二氧化碳气体，增加了面团的持气性，从而增大了面团的体积。但是，如果用量过多，会在酵母周围形成不透性的油

膜，影响酵母从外界摄取营养物质，阻碍酵母的正常生长、繁殖和代谢作用，使面团的发酵速度减慢。因此，在生产高档面包时，由于加入的数量较大，影响面团的发酵速度，酵母的加入量应适当增加。

（四）面团发酵技术

1. 一次发酵法

采用一次发酵法，一般发酵温度为25～28℃，相对湿度为75%，发酵时间为2～4h。

2. 二次发酵法

第一次发酵的目的是使酵母扩大培养，以便于面团的进一步发酵。一般发酵温度为25～28℃，相对湿度为75%，发酵时间为3～5h，使用强力粉生产面包时，则发酵时间较长些；如果使用弱力粉生产面包，则发酵时间就短些。当面团膨胀起来又开始塌陷时，就可以进行第二次调制面团。

第二次发酵温度为28～30℃，相对湿度为75%，发酵时间为1.5h左右即可成熟。

3. 面团成熟度的判断

面包生产中所讲的“成熟”，是表示面团发酵到产气速率和保气能力都达到最大程度的时候。尚未达到这一时期的面团叫做嫩面团：超过这一时期叫做老面团。

面团的成熟度与面包的质量有密切关系。用成熟适度的面团制成的面包，皮薄有光泽，瓤内的蜂窝薄、半透明，具有酒香和酯香；用嫩面团制成的面包，面包体积小，皮色深，瓤内蜂窝不均匀，香味淡薄；用老面团制成的面包，皮色淡，灰白色，无光泽，蜂窝壁薄，气孔不匀，有大气泡，有酸味和不正常的气味。

因此，判断面团的适宜成熟度，是面团发酵技术管理中的重要一环。判别面团是否成熟有以下几种方法。

（1）用手指轻轻插入面团内部，待手指拿出后，如四周的面团不再向凹处塌陷，被压凹的面团也不立即复原，仅在凹处四周略微下落，这就是面团成熟的标志；如果被压凹的面团很快恢复原状，这是面团嫩的表现；如果凹下的面团随手指离开而很快跌落，这是面团成熟过度的象征。

（2）用手将面团撕开，如内部呈丝瓜瓤状并有酒香，说明面团已经成熟。

（3）用手将面团握成团，如手感发硬或粘手是嫩面团：如手感柔软且不粘手就是成熟适度：如面团表面有裂纹或很多气孔，说明面团已经老了。

4. 揿粉

揿粉是面团发酵后期不可缺少的工序。发酵成熟后的面团应立即进行揿粉。

1）揿粉的作用

揿粉可使面团内的温度均匀，发酵均匀，增加起泡核心数，增加面筋的延伸性和持气性。

2）揿粉的方法

将已起发的面团中部压下去，驱跑面团内部的大部分二氧化碳气体，再把发酵槽的四周及上部的面团拉向中心，并翻压下去，把原来发酵槽底部的面团翻到槽的上面来。揿粉后的面团，再让其继续发酵一定时间，使其恢复原来的发酵状态，然后再进行第二次或第三次揿粉。使用强力粉可多揿，使用弱力粉可少揿。也可采用搅拌机搅拌的方式来达到揿粉的目的。

3）揿粉的时间

面团揿粉时间掌握适当与否，对面包的质量有重要的作用。面团揿粉的时间，常因下列各因素而变化：

(1) 面团中含酵母量的多少、糖分的高低。

(2) 面团发酵时的温度和面团的软硬度。

(3) 面筋的性质等。

四、整形与醒发

1. 分割与称量

分割就是将发酵好的面团按照成品的重量要求，切割成小块面团。分割分为人工分割和机械分割。

人工分割是由人工用切刀把面团切成小块，然后再进行称重。人工分割要求有熟练的操作技术，动作要迅速，块量大小要准确，但劳动强度大。

机械分割是由面团自动切割机来完成。面团自动切割机器工作原理是采用真空吸入式原理将面团吸入活塞内，再压入定量活塞，而达到面团的定量分割。

由于在分割时，需要一定的时间，在这时间内面团还在继续发酵，面团中的气体含量、相对密度和面筋的结合状态都在发生变化，所以在分割工序中最初的面团和最后面团的重量和物理性能是有差异的。为了把这种差异限制在最小限度，分割应在尽量短的时间内完成。主食面包的分割，一缸面团最好在 15～20min 完成。否则，面团发酵不一致，前后面团所含气体差异过大，造成分割不均匀。

由于面包坯在烘烤后将有 10%～12%的重量损耗，故在分割和称量时要把这一重量损耗计算在内。

2. 搓圆

搓圆是将分割后形状不整齐的小块面团加工成完整的球形，并具有光滑连续的表面。面团经过搓圆，可以提高面团的持气能力，降低面团黏性，使切割时遭受破坏并发生紊乱的面筋网状结构得到恢复，并能消除面团中的大气泡，改善结构，使面团内部结构均匀，以利于酵母的进一步繁殖与生长。

搓圆有手工搓圆和机械搓圆两种方式。生产中目前多采用后者。手工搓圆的操作要点是：手心向下，用五指握住面团，向下轻压，在面板上顺一个方向旋转，将面快搓成圆形。滚圆时表面揉光即可，不能过度揉搓，以免造成刚形成的表皮被撕破，影响成品质量。另外，滚圆完成后一定要注意收口向下放置，避免面团在醒发或烘烤时收口向上翻起形成表面的皱褶或裂口。

3. 中间醒发

1）中间醒发的目的

面团经过分割和搓圆后变得坚实，失去了很多气体，弹性和柔软性也大为下降。为使面团在整形时，表面不致撕破，蜂窝状结构免遭破坏，必须将面团静置一段时间，让它继续发酵，以重新获得气体，恢复其弹性和柔软性。

2）工艺条件

（1）温度。要求温度控制在25～28℃，温度过低，面团冷却，醒发迟缓，延长中间醒发时间；温度过高，会促进面团迅速老熟，持气性变坏和面团的黏性增大。

（2）相对湿度。控制在75%左右，过低面团表面易结壳；过高面团表面结水，使黏度增大。

（3）时间。一般为12～20min，大多数厂家为10min左右。

（4）中间醒发适宜程度的判别。中间醒发后的面包坯容积相当于中间醒发前容积的1.7～2.0倍时为合适，膨胀不足，做型时不易延伸；膨胀过度，做型时排气困难，压力过大易产生撕裂现象。

4. 整形

将经过中间醒发后的面团，按照面包的品种要求，制作成不同形状，这一过程称为整形。整形的要求是在不损坏面团的情况下，驱赶面团中的二氧化碳气体，充分混入新鲜空气，使面团中酵母发酵的很好，并做成各种形状的面团，将面团装入模具，进入最后醒发。

主食面包一般呈枕式长方条形。其整形的工序包括压薄、卷压两部分。首先，将搓圆后完成中间醒发的面团将其擀成薄片型，使面团中的气泡均匀的分布在面团中，同时将多余的气泡排掉，使面团内部组织均匀。然后将压好的面片卷成圆筒状，进一步的卷紧搓圆。卷压这一步是整形工作的关键，要求圆筒必须卷紧，中间不能有缝隙，否则烘烤成熟后成品内部会形成大的孔洞。另外，还要求各块面团都卷成粗细长短一致的圆柱形筒，否则，成型后烤出的面包将会呈现一头大一头小的圆锥形、两头小中间大的橄榄形、两头大中间小的哑铃形等各种不规则形状，影响外观的整形与美观。

主食面包在整形后，要移放到面包听模内，进行下一步的醒发、烘烤。先在面包听模内壁涂一薄层油脂，油脂选用猪油或其他的食用油都可以。用油量不可太多，以免影响面包形状和表面颜色。也不可太少，以免面包黏附听模内壁。一般均匀地涂一薄层既可，理论上的用量可按面团分割重量的0.1%～0.2%为好。装模时面包应放在听模中央，与两端两侧壁的距离相等。面团的合缝处必须向下放置，贴住听模底部，以防面团在醒发或烘烤时合缝处翻起，使面包表面有裂纹，形状不整齐，表面粗糙，不光滑。

面包烤盘或烤模多使用厚为0.4～1.0mm钢、铁、镀锌板，用折叠或焊接方法制成。烤模的形状是多种多样的，有长方形、椭圆形等。制作主食面包的烤模分有盖和无盖两种。烤模的容积是根据面团的重量来确定的。烤模容积（mL）与面团重量（g）之比称为烤模的比容积，各国所采用的数据有所不同，美国为 3.30～3.90，日本为 3.30～4.50，我国一般为 4.0～4.5. 模宽与模高通常采用 1∶1.1。在烘烤中，上、下两面的热量总是大于两侧，因此模具过高不利于对热能的合理利用。

新的模具，不论是铁板、钢板或镀锌板制成的，都需要在使用前擦油或涂上涂料。否则，容易与制品粘连，不易脱模。对新模的处理是：先将表面的油脂、污物等清洗掉，然后放在烘炉内烘烤 40～60min。钢模具烘烤炉温为 250～300℃，镀锌板具烘烤炉温不能超过 218℃，否则焊锡会熔化。出炉后降至 60℃以下时，涂植物油后再入炉烘烤一次方可使用。但每次脱模后使用前仍需刷上或涂上一层在进行装模。最好采用硅树脂涂层，即将无水硅酸与树脂溶于有机溶剂中，然后涂饰在模具上，经 200～300℃的温度烘烤。这时，无水硅酸就在金属表面上结成一层薄膜。这层薄膜有良好的疏水性，不用擦油也可使面包脱落，能连续使用几百次。硅树脂薄膜较脆，撞击易脱落，在潮湿的场所放置易生锈，应放置在高温和干燥的场所。在涂布硅树脂前，要将锈和污物等除掉。先用稀盐酸冲洗，再用苏打水中和、水洗。最后用酒精脱水干燥，然后再涂布硅树脂，稍经放置待有机溶剂蒸发，最后再烘干。

5. 醒发

醒发。又叫最后发酵、成型，就是把整形完了的面包坯，再经最后一次发酵，使其成为所需要的形状。

1）目的

面团经过整形后，处于紧张状态，醒发是为了使面团得到恢复，使面筋进一步结合，增强其延伸性；酵母再经最后一次发酵，使面包坯膨胀到所要求的容积；改善面包内部结构，使其疏松多孔。

2）醒发的工艺条件

（1）温度。醒发温度一般控制在 40℃左右，在这个温度下酵母的产气能力最大。因为是最后一次发酵，只要使面团很快膨胀起来即可。

（2）湿度。一般相对湿度应控制在 85%～90%，湿度过低，面包坯表面容易结皮干裂；湿度过高，面包坯表面容易结露水，产生斑点，甚至塌架。

（3）时间。醒发时间一般掌握在 50min 左右，具体应根据醒发程度而定，醒发时间不足，烤出的面包体积小；醒发时间过长，面包酸度大，同时，由于面团膨胀过大，超过了面筋的延伸限度而产生跑气造成塌架现象。

3）醒发程度的判断

判断面包坯醒发是否适度，一般有两种方法。一种是面包坯的体积膨胀到烘烤后体积的 80%左右即可，另一种是将醒发前后的体积之比掌握在 1∶（2～3）的范围。

醒发的程度与烘炉的温度也有关系。一般来说，炉温低，面包入炉后面包膨胀得大些，因此醒发程度宜轻些；反之，醒发程度宜重些。

五、面包的烘烤

烘烤是面包生产的重要工序之一。经过醒发后的面包坯，应立即入炉烘烤。面包坯在高温的作用下，由“生”变熟，成为表面棕褐色，组织柔软，富有弹性，并具有焙烤食品特有香气的面包。

(一) 烘烤的理论

面包坯入炉后，在高温的作用下，将发生一系列的物理、生物化学等方面的变化，所有这些变化对面包的质量都有密切的关系。

1. 温度变化

面包坯加热是烘烤中的主要过程，烘烤中的其他过程是随着面包坯在加热时温度的改变而变化的。面包坯在烘烤时，炉中的热量是通过辐射、传导和对流的方式传给面包坯表面的。

面包坯在烘烤过程中，所有的热交换方式都是综合性的，以辐射热起主要作用，热传导次之，对流的作用最小。如果炉内设有强制性热空气对流装置，则对流的作用可以提高。

醒发后的面包坯，其温度一般在 30～40℃之间。当面包坯入炉后，在辐射、传导及对流的作用下，面包坯表面首先受热，失去水分，温度很快达到 100℃以上。这是面包的表面层与内层便产生了温差，热量逐渐由表面通过传导的方式进入面包坯内部。由于面包坯透水性较差，而内部水分不易蒸发出来，这样，面包坯内部的温度升高比较慢，一直到面包坯由“生”变熟，到烘烤结束时面包坯的中心温度仍不超过 100℃，而此时面包的表面温度则高达 180～200℃。

炉内湿度，对面包的加热和面包的质量也有显著的影响。如果炉内的空气过于干燥，会使面包坯表面很快形成一层干燥而坚硬的外表皮，从而限制了面包体积的膨大及热传导速度，最终影响面包的重量、体积、形状和色泽等质量指标。为此，应采取向炉内喷水或通入蒸汽等方法来提高炉内的湿度。

另外，面包坯的重量和形状也是影响加热的因素。重量越大的面包坯所需的烘烤时间越长；重量相等的面包坯，长形的比圆形的传热快。

2. 水分变化

在烘烤过程中，面包坯中的水分也发生了剧烈的变化，既有以汽态方式向炉内的扩散，又有以液态方式由面包的中心部位向表面的转移。至烘烤结束时，原来水分均匀分布的面包坯发生水分的重新分配，即表面失水，内部水分有所增加。

当面包坯入炉后，炉内的热蒸汽遇到冷的面包坯，很快就产生了冷凝并被吸附在面包坯的表面，从而增加了面包坯的重量。这种水分的冷凝和吸附现象不仅在面包的表面进行，而且也在与面包表面相连的内层进行。冷凝和吸附延续的时间和数量，取决于炉内的湿度、温度和面包坯入炉前的温度。炉内的湿度越大，炉内温度及面包坯入炉前的温度越低，冷凝的时间则越长，水的凝聚量也越多。

冷凝水产生后不久，面包坯表面温度很快上升到沸点以上，这时冷凝作用停止而开始水分蒸发过程。随着水分的蒸发，面包坯的表面很快形成了一层硬表皮。由于表皮的毛细管很小，阻碍着面包坯蒸发区域水蒸气的扩散，从而加大了蒸发区域蒸汽的压力，又由于面包内部的温度低于蒸发区域的温度，因而加大了内外层蒸汽压力差，于是水蒸气就由蒸发区域向面包坯的中心区域推进，遇到低温就产生冷凝，形成一个冷凝区域。随着烘烤时间的延长，冷凝区域逐渐向中心转移，当烘烤结束时，面包瓤中心的水分，大约比原来增加了2%左右，面包在烘烤过程中的失水率，一般为7%～10%。

3. 微生物学和生物学变化

面包坯中的微生物主要是酵母菌和部分产酸菌，它们的生命活动的加强或减弱，随着烘烤温度而发生变化。当面包坯入炉后，酵母就开始了比以前更旺盛的生命活动，使面包坯继续发酵产生大量的气体而膨胀。当面包坯加热到38℃左右时，酵母菌的生命活动达到最高峰；大约到40℃时，酵母的生命活动仍然强烈；当加热到45℃时，它们的产气能力骤然下降；到达50℃以上时，酵母失去活力；60℃是酵母在数分种内全部死亡。

面包中的产酸菌主要是乳酸菌。各种乳酸菌的最适温度不同，嗜温性的为35℃左右，嗜热性的为48～54℃。当面包坯开始烘烤时，它们的生命活动随着温度的升高而加快，当超过其最适温度到一定程度以后，其生命活动就逐渐减弱，大约到60℃时乳酸菌全部死亡。

面包坯在烘烤中也会发生一系列生物化学的变化。

淀粉是面包坯的主要成分之一。在烘烤过程中，淀粉粒遇热糊化，同时在淀粉酶的作用下，把少部分的淀粉水解成糊精和麦芽糖。

淀粉酶在水解淀粉过程中起着重要作用。当把面包坯放入炉内进行烘烤时，随着温度的升高，淀粉的活性不断增强，到它们失去活性为止，一直进行着水解过程。一般认为β-淀粉酶的钝化温度约在82～84℃，而α-淀粉酶约在97～98℃。由于α-淀粉酶的耐热性比较高，因而容易把面包坯内一定量的淀粉分解为糊精，造成面包心发黏（俗称“糖心”）。这种现象在正常烘烤是不易发生，但在烘烤不透时，α-淀粉酶的活力不能钝化，便容易发生。

面包坯中的面筋，遇热容易变性凝固。当把面包坯加热到60～70℃时，就开始变性凝固，并释放出胀润时所吸收的部分水分。面包坯中的蛋白质在蛋白酶的作用下分解成少量的胨、多肽、肽、氨基酸等。

4. 颜色变化

面包表皮的褐变是在高温下产生的，所以与酶褐变无关，而是由美拉德反应和焦糖化的非酶褐变引起的。从生产面包的条件来看，面包坯中存在着充足的还原糖、蛋白质和氨基酸，并具有一定的pH、水分和温度等，这些都是美拉德反应的必要条件，所以说面包表皮褐变的主体是美拉德反应。

面包坯在高温烘烤的过程中，随着表面褐变的同时，也产生出特有的风味，这些风味是由各种羰基化合物形成的，如酮、醛、酸等。其中醛类起着主要作用，而且也是面包风味的主体。随着烘烤时间的延长，面包表面的褐变逐渐加强，这些物质形成就越多，面包的特有风味也越强烈。

褐变反应的基础物质是还原基的糖与含有氨基的化合物。所以在生产上，可控制还原糖的量来调节褐变的程度，也可以用增减氨基酸的量来控制，但是调节氨基酸不如调解用糖量方便。

pH 是褐变反应的重要条件。在碱性条件下，糖的还原基容易进行反应。如果要使褐变反应减少时，可以把制品的 pH 调到酸性，这样可以降低褐变反应的速度。

褐变反应速度随着温度升高而加快。所以，生产中用调节温度的方法控制褐变反应的程度，效果比较明显。

5. 体积和重量的变化

当面包坯入炉后，在烘烤初期，面包坯的体积会有显著的增大。这是由于在高温作用下，面包坯中原先积累的和正在剧烈发酵而产生的二氧化碳气体受热膨胀的缘故。当加热到 79℃时，由于发酵所产生的酒精也变成蒸汽，以及随着温度身高而产生的水蒸气和溶于水的二氧化碳的释放，面包坯体积增大的速度将逐渐降低，最后停止膨大而定性。

面包坯入炉后体积的变化，与面包质量有很大关系，因此应严格掌握好炉内温度。如果炉内温度过高，面包坯的表皮形成较快，从而限制了面包体积的增长或造成面包表皮裂开；如果温度过低，会造成体积膨胀过大，将会造成外形凹陷或面包底部相互粘连。

面包坯在烘烤中的重要损耗，是由于水分、少量酒精、二氧化碳、挥发酸和醛等物质的挥发所致，其中水分占总损耗量的 95%左右。

面包坯在烘烤中，重要损耗率的变动范围在 6%～14%，一般多数都在 7%～10%。

面包坯在烘烤中的重量损耗，主要是第二阶段发生的。因为在烘烤的第一阶段（即入炉初期），由于烤炉内湿度比较高，其重量不仅没有减少，反而因冷凝水的关系而略有增加。随后开始的蒸发，其蒸发速度也因炉温不高而比较慢。当烘烤到第二阶段，由于炉温升高，湿度降低，蒸发速度加快而增加了其损耗量。

此外，面包的重量越大，其损耗量越小。重量相同的面包，烘烤表面积越大，其损耗量也越大。听型面包其损耗量小于非听型面包。面包皮越厚的其损耗量也越大。

（二）烘烤技术

面包的烘烤过程一般分为三个阶段。各阶段的作用及操作技术要点如下：

第一阶段，使面包坯充分膨胀。这一阶段应该在炉温较低、底火高于面火和相对湿度较高的条件下进行。其条件：相对湿度为 75%左右；面火视品种不同，温度一般在 120～200℃选择，大面包选择较低的面火温度，而小面包则选择较高的面火温度，底火为 250℃左右。

第二阶段，使面包定性。这时炉温可提高到最高限度，使面包坯表面很快脱水形成硬壳，限制面包坯的膨胀。第二阶段中，面火为250℃，底火为180～250℃。

第三阶段，主要使面包坯表皮产生褐变，增加面包成品的香味。这一阶段温度下降，面火大于底火。面火为180～200℃，底火可降到170℃。底火温度过高，易使面包底部焦煳。

烘烤温度和时间要根据不同的配方、面包的大小和形状以及烘烤形式而定。一般来说，小面包则温度高些，时间短些；而大面包温度低些，时间长些。如果炉温已确定，烘烤时间则应根据面包的大小、形状来确定。在一般情况下，面包的重量越大，烘烤时间越长；同样重量的面包，圆形比长方形的烘烤时间长。一般小面包烘烤时间多在10～15min，而大的面包烘烤时间则需要0.5h左右。

六、面包的冷却与包装

（一）面包的冷却

1. 冷却的作用

（1）防止面包变形。刚出炉的面包温度很高，面包的外皮较硬而脆，如果堆放贮存，易造成碎皮和变形。经冷却后，使面包内部水分随着热量的散发而转移，从而增加面包皮的韧性和弹性，使其变得较软，同时面包瓤的强度也有所，在经受压，便不会破坏其外形。因此，只有冷却后的面包，才便于包装贮存。

（2）防止面包霉变：刚出炉的热面包，其含水量仍然很高，如不经冷却就进行包装，随着热量的散发，一部分水分蒸发出来，冷凝在包装材料上，给微生物的生长繁殖提供了条件，易使面包霉变，还会使面皮浸湿而受到破坏。

2. 冷却的技术管理

冷却开始前，面包皮温度可高达180℃，而中心温度则在98℃左右，随着热量的散发，外表皮温度很快下降至瓤内的温度以下，便产生了温差。由于温差的作用，面包瓤的水分和热量就通过面包本身的空隙向外部转移而散发，使面包内部的水分不断减少，造成面包重量的损耗。在冷却过程中，面包重量大约损耗1%～2%。

冷却的温度为22～26℃，相对湿度为75%，空气流速为3～4m/s。冷却的时间，要根据面包成品的大小而定，一般需要冷却1～2h，以面包心的温度下降到35～38℃为宜。

面包在冷却过程中，面包从高温降至室温时，其重量损耗随着面包大小不同约为1%～3.5%，平均为2%。重量损耗与下列因素有关：

（1）小面包比大面包的重量损耗大。

（2）冷却时相对湿度越大，重量损耗越小；反之，则越大。

（3）冷却时温度低，面包冷却快，重量损耗小；反之，则重量损耗大。

冷却的方法有强制冷却法和自然冷却法两种。自然冷却法是最简单最常用的方法，其做法就是把刚出炉的面包放在铁架子车上，推到冷却间让其自然冷却。其优点是能使面包在冷却过程中保持自然风味，但耗时较长，且易受季节影响较大。最好采用空调控制温、湿度的强制冷却方法，该方法较为省时，同时还能有效地控制水分的损失。

（二）包装

经过冷却或切片的面包，要及时包装。包装的作用主要有以下几个方面：

（1）保持成品清洁卫生。面包在运送和销售过程中，极易收到污染而引起变质。包装后，可以保证面包清洁卫生，免遭污染，保障消费者的健康。

（2）防止面包变硬。面包从成品出厂到销售出去，其内在质量随时间的延长而降低，这是由于淀粉的老化、水分蒸发，使面包变硬，降低面包的松软性和口感。面包经包装后，可避免水分大量损失，保持面包的新鲜度。

（3）改善产品外观。新颖美观的包装装潢，不但可以刺激广大消费者的消费欲望，其包装印刷内容，还能使消费者充分了解产品，取得消费者的信任，从而扩大销售量。

（三）常用的包装材料

面包的包装材料应从以下几个方面来考虑：

（1）必须符合食品卫生要求，不得直接或间接污染面包。

（2）以不透水和尽可能不透气为好，因为透水会使面包变干、变硬，透气会使香味散失；此外，空气的进入也会使面包老化。

（3）具有一定的机械强度，以便于机械化操作，并且要易于着色和印刷。

（4）成本低廉。

目前，常用的面包包装材料有耐油纸、蜡纸、聚乙烯、聚丙烯、硝酸纤维薄膜等。

任务三　各类面包加工技术

面包的种类很多，其制造方法也各不相同。前面已经叙述了面包的一般工艺理论和工艺技术，现将几种面包的制造方法做简单介绍。

一、果子面包

所谓果子面包，顾名思义就是在面包成品中含有果料，如果脯、青梅、葡萄干、核桃仁等。面包成品呈现出香甜可口和具有各种果料的特有风味。

在制造过程中，果料一般是在第二次面团调制的后期加入，这样可以避免使面包成品出现褐色斑点。另外，用化学药品处理过的果料，在面团发酵过程中容易影响酵母的正常生长，所以应避免使用。

（一）配方

特粉 50kg，砂糖 9.5kg，植物油 4kg，鸡蛋 4kg，酵母 0.5kg，食盐 0.1kg，果脯 2.5kg，青梅 2.5kg，葡萄干 3kg，核桃仁 3kg。

（二）制造过程

1. 第一次发酵

果子面包的持水量比较低，调制面团时加水量为面粉的30%左右。第一次调制面团时投入的面粉数量一般为全部面粉的50%。

先将0.5kg的酵母用温水调制均匀，加入0.1kg的糖，将此酵母液在室温下放置15～30min，使其活化后待用。

将10kg的水（包括酵母液用水）和全部的酵母液放进调粉机内，搅拌均匀后再加入25kg的面粉，继续搅拌，在28℃条件下发酵3～4h后，再进行第二次发酵。

2. 第二次发酵

在发酵前，先将果料用温水洗净，将青梅和核桃仁切成小块待用。将第一次发酵成熟的面团放入调粉机内，然后除留下1.5kg植物油和全部果料外，将其余的全部辅料都放进调粉机内，加入5kg的水，开动调粉机搅拌。除留下1.5kg的面粉作撒粉外，将剩余的全部面粉加入调粉机内，待搅拌至没有干面粉时再加入果料，继续搅拌均匀。在调粉结束前，将剩余的1.5kg植物油放进调粉机内搅拌至成熟。在室温29℃条件下，发酵约2～3h，待面团发酵成熟后，就可以进行整形和成型。

3. 整形和成型

如果生产圆形面包，搓成圆形面包坯后，即可进入成型工序。如果做听型面包，可将面块搓圆后，再做成鸭蛋圆形，然后压成片状。叠成三折后压实，结口向下放在听子内，即可成型。

成型一般在成型室内进行。在30℃下发酵约2h，待成型完毕后，即可进入烘烤工序。

4. 烘烤、冷却、包装

果子面包因含糖量较多，要求烘烤时炉温较低，一般在200℃左右，烘烤约20min即可成熟。出炉后的面包应立即出听，待冷却后进行包装。

二、大面包

目前黑龙江省哈尔滨市多数糕点厂生产大面包、梭形面包等无糖面包时，多采用酒花引子来进行面团发酵。现将大面包的生产方法介绍如下。

（一）配方

标准粉50kg，食盐0.5kg，酒花0.1kg。

（二）制造过程

1. 酒花引子的配制

（1）冲浆子。取面粉5kg，用沸腾的开水7kg将面粉冲成浆状物，搅拌均匀，冷却后待用。

（2）酒花水的制备。在 0.1kg 的酒花中加入 8kg 的水，等加热沸腾后再煮约 25～30min，过滤冷却后待用。

（3）酒花引子的配制。待浆子和酒花冷却到 25℃左右时，进行混合搅拌，并加入酒花引子根 2kg，待搅拌均匀后，在 25℃的室温下发酵约 20～24h 后成熟，既可用于面团发酵。

发酵成熟后的酒花引子，最好当日用完以免变质。如果当日用不完时，可放在低温处贮藏，以防腐败变质。

2. 第一次发酵

按 50kg 的面粉配料，取酒花引子 2kg，加水 3kg，倒入调粉机中搅拌均匀，然后加入 7kg 的面粉，待搅拌均匀后放在发酵槽中，在 27～28℃的室温下约发酵 7～8h，待面团发酵成熟后，可进行第二次发酵。

3. 第二次发酵

将第一次发酵完毕的面团放入调粉机中，加入 7kg 左右的水，把面团搅拌开，再加入 13kg 的面粉，待面团调制成熟后，放入发酵槽中，在 25～26℃的室温下，发酵约 3～4h，成熟后即可进行第三次发酵。

4. 第三次发酵

先用温水把 0.5kg 的盐化开，倒入调粉机中，连同化食盐的水共加 16kg 的水，把第二次发酵后的面团放入调粉机搅拌开，然后将 28.5kg 的面粉倒入调粉机内，待面团搅拌均匀后，移至发酵槽中，在 25℃左右的室温下发酵 30min 左右，待面团内部呈丝瓜瓤子状即便是成熟。

5. 整形与成型

对于面粉用量为 1.75kg 的大面包来说，面包坯的重量约为 2.75kg。

大面包的整形，一般是用手工整形。搓圆时每只手搓一个，两手相对，手心向下倾斜，用手掌推揉面坯约 14～15 次，至面包坯呈圆形，顶部光滑即成。然后封好结口，用手掌托起面包坯，使结口向上，放在铺好面袋的盆中，在 25℃左右的室温下置 20～30min，成型完毕。

6. 烘烤与冷却

入炉烘烤时，使已成型的面包坯结口向下，扣在木板上送入单插式的平炉内，把面包坯摆成均匀的品字形。当烘烤到 15min 左右时，要打开炉门检查一次，如果面包表面已呈色，就可以开着门烘烤至成熟。

烘烤大面包时要求炉温低，一般在 170～180℃烘烤 55～60min 成熟。

烘烤后的大面包要经过冷却后才能装箱。因为新出炉的面包表面发脆，内部软，容易碰碎压坏，所以要放在架子上。冷却后才能搬运入库。

三、冰晶酥皮面包

冰晶酥皮面包是我国广州市的传统食品之一，也是一种具有特殊风味的面包。它的特点是辅料重，营养丰富，含热量高，表面呈乳白色，类似冰晶，故名为冰晶酥皮面包。

（一）配方

特制粉 50kg，白砂糖 16kg，猪油 1kg，花生油 1kg，冰蛋 2.75kg，碳酸氢铵 100g，发酵粉 150g，猪板油少许。

（二）制造过程

1. 面包坯的做法

先把原辅材料过筛、过滤除去杂质后，并在总的配料中扣除酥皮的用料。然后将剩余的原辅材料分两次调成面团，再经过两次发酵后制成圆的面包坯，成型完毕后进行盖酥皮即可烘烤。

2. 酥皮的制造过程

将已过筛的面粉 4.5kg、白砂糖 4kg、冰蛋 0.25kg、油 2kg 再加上碳酸氢铵 100g、发酵粉 150g 和适量的水。

先将面粉倒在案板上围成圆圈，在面粉圈的中央倒入剩余的辅助材料，混合均匀后，再将周围的面粉掺入并调制成酥性面团。将和好的酥性面团做成约 1g 重的面块，然后用刀搓压成厚度为 2mm 的酥面皮，盖在已成型完毕的面包坯上，入炉前再在面包坯的酥皮上放几小块猪板油。

3. 烘烤

将已制作好的酥皮面包坯在 250℃下烘烤 4～5min 即可成熟。

四、罗宋面包

罗宋面包属于无糖面包。由于制造上的特点，吃起来具有特殊的风味，既经济又实惠，深受广大人民群众欢迎。

（一）配方

标准粉 250kg，食盐 2.5kg，酒花 0.5kg。

（二）制造过程

1. 第一次发酵

取酒花引子 8.5～9kg，放入调粉机内，加温水 10kg 左右，搅拌均匀后再加入

27.5kg的面粉，调制成面团，在27～28℃的条件下发酵7～8h，待面团发酵成熟后，可进行第二次发酵。

酒花引子的用量不可超过水的用量，否则发酵好的面团容易裂口。第二次发酵时的用粉量也不能太多，多了开口不整齐，向外散开，致使成品的外形不整齐，影响美观。

2. 第二次发酵

将第一次发酵成熟的面团放在调粉机中，加入约30kg的温水，将面团搅拌开后，再加入55kg的弱质面粉调制成面团，然后在25℃左右的条件下发酵约3～4h，待发酵成熟后可进行第三次发酵。

3. 第三次发酵

罗宋面包的面团要硬，所以调制面团时要控制好加水量。在调制面团前先用温水将2.5kg的食盐化开，倒入调粉机中，包括食盐水在内共加入约80kg的水，再放入第二次发酵好的面团，将该面团搅拌开。然后留下10kg的撒粉，将其余的157.5kg面粉分别放到调粉机内，调制成面团。要求面团的温度＜20℃，在25℃的室温下发酵约30min即可成熟。如果面团发酵仍不成熟，可用撤粉的办法来辅助。

这种面团要求发酵嫩，如果面团发过度，不但影响操作，而且也会造成开口不整齐。

4. 整形与成型

制作200g面粉的罗宋面包，面包坯的重量应为310g。

搓圆时要和大面包一样，先搓成圆球形，并把结口封住，以保持面包坯中的气体。搓好后的圆球型面包坯放在盘内发酵20min后，再做成梭子的形状。

罗宋面包的成型方法基本上与听型面包相同，但应该做成两头尖的形状，然后使结口向下放在烤盘中，在25℃下成型约20～30min即可。

成型好的面包坯在入炉前要用小刀在面包坯表面划一道长条形的口子，目的是使面包表面在烘烤过程中沿口子裂开，增加面包的特色。

5. 烘烤与冷却

罗宋面包的烘烤，要求炉温低，湿度大。如果炉温太高容易把面包的表皮烤焦，使表面不易裂开。烘烤时炉内的湿度要大，因为湿度大能使烘烤出来的面包表皮光亮和具有焦糖香的特有风味。一般在170～180℃时烘烤10～15min即可成熟。

出炉后的罗宋面包需要冷却16～20min才能装箱出售。

任务四　面包质量鉴定

在面包的生产过程中，从原料、辅料的配比到处理；从调制面团、面团发酵、整形、成型、烘烤到成品等都是围绕产品质量来进行的。产品质量的高低是一个重要的问题，它标志着一个工厂的管理水平和技术水平，而且关系到广大人民群众生活和身体健康的重大问题，为了提高产品质量，把面包的质量标准叙述如下。

一、感官指标

1. 色泽

面包的表皮呈金黄色或棕黄色，均匀一致，无斑点，有光泽，不能有烤焦和发白现象。

2. 表面状态

面包表面应光滑、清洁，无明显撒粉粒，没有气泡、裂纹、变形等情况。

3. 形状

各种面包应符合所要求的形状。枕形面包头的大小应一致。用面包听制作的面包坯粘听，用烤盘制作的面包粘边不得大于四周长的 1/4。

4. 内部组织

从断面观察，气孔细密均匀，呈海绵状，不得有大孔洞，富有弹性。

5. 口感

松软可口，不酸、不黏，无异味、无未溶化的糖、盐等粗粒。

二、理化指标

（1）水分。以面包中心部位为准，水分含量在 34%～44%范围。
（2）酸度。以面包中心部位为准，不超过 6.0 度。
（3）比容。咸面包在 3.4 以上，淡面包、甜面包、花色面包在 3.6 以上。

三、卫生指标

（1）无杂质、无霉变、无虫害、无污染。
（2）砷（mg/kg）≤0.5。
（3）铅（mg/kg）≤0.5。
（4）食品添加剂按 GB 2760—2007 规定。
（5）细菌指标：
细菌总数：出厂（个/g）≤750。
销售（个/g）≤1000。
大肠细菌（个/100g）≤30。
致病菌（系指肠道致病菌及致病性球菌）不得检出。

任务五　面包加工常见的质量缺陷及其控制方法

面包的常见缺陷有体积过大或过小，表面颜色过淡或过深，色泽不均匀，有斑点，无光泽，表面有气泡、裂纹、变形，内部组织粗糙、气孔大、缺乏面包特有的特殊香味，出炉不久就老化乏味，等等，其产生原因和控制方法如表 7-3 表示。

表 7-3 面包常见缺陷产生原因及控制方法

质量缺陷	原因分析	纠正方法
面包体积过小	（1）酵母量不足	（1）增加酵母用量
	（2）酵母失去活性	（2）注意保藏酵母，过期酵母不用
	（3）小麦粉筋度不足	（3）选用高筋小麦粉
	（4）小麦粉太新	（4）不用新磨出机的小麦粉
	（5）调制面团不足或过久	（5）控制搅拌程度
	（6）加糖量太多	（6）减少糖的用量
	（7）面团温度不当	（7）加冰水或热水调制
	（8）缺少改良剂	（8）加入适量改良剂
	（9）加盐量不足或过多	（9）控制加盐量在 1.5%～2%
	（10）最后醒发不足	（10）增加醒发时间，提高醒发室温度
面包内部组织粗糙	（1）小麦粉品质不佳	（1）选用优质小麦粉
	（2）调制不足	（2）将面筋充分打起
	（3）面团过硬	（3）加水至最大吸水量
	（4）发酵过久	（4）相对缩短发酵时间
	（5）整形时压不紧	（5）整形时须将老气排走，面团压紧
	（6）撒粉太多	（6）尽量不用或少用生粉
	（7）加油脂量不足	（7）加入 4%～6%的油脂
面包表皮颜色过深	（1）加糖量太多	（1）减少糖量
	（2）炉火太大	（2）使用正确的炉温
	（3）发酵不足	（3）延长发酵时间
	（4）面火太大	（4）降低面火
	（5）烘烤时间太久	（5）控制烘烤时间
面包表皮过厚	（1）加油量不足	（1）增加油量
	（2）炉温太低	（2）使用适当炉温
	（3）发酵过久	（3）减少发酵时间
	（4）炉内太干	（4）喷蒸汽入炉
	（5）糖、奶粉不足	（5）提高二者成分
	（6）醒发体积过大	（6）正确控制醒发时间
	（7）过久醒发或无湿度醒发	（7）控制醒发时间与温、湿度
面包入炉前或入炉初期塌陷	（1）小麦粉筋度不足	（1）选用高筋小麦粉
	（2）调制面团不够	（2）延长调制，将面筋打起
	（3）缺少改良剂	（3）加入含氧化剂的改良剂
	（4）缺盐	（4）加盐
	（5）醒发时间过长	（5）提高醒发温度，减少醒发时间
	（6）醒发体积过大	（6）掌握好醒发终点
	（7）油、糖、水太多	（7）减少油、糖、水的含量
	（8）移动面团时振动太大	（8）醒发后，入炉时须轻放

一、保鲜

面包最宜乘热食用，刚出炉的新鲜面包，口感柔软而有弹性，香气宜人而有韧性；时间长就会老化，使面包变得口感干硬无味，弹性和香味消失。老化是普遍存在的现象，其原因主要是由于面包在贮藏期间，面包瓤中的淀粉发生了“回生”现象造成的，而不是由于腐败微生物所引起的。因为面包的主要成分是糖类，约占小麦粉总量的70%～80%。而糖类的主要成分是淀粉，约占糖量的99%以上。淀粉是由细小微粒组成的“胶囊”聚合体，呈放射状扩展排列的，成为结晶结构状态，又称作β状态。面包在加热烘烤过程中，由于淀粉分子受热运动速度加快，淀粉分子间原有的有规则排列被打乱，其结晶状态破裂，变成了杂乱无章的排列方式，即成为非结晶结构状态，又称作α状态，此时的面包是新鲜的，在贮藏过程中，淀粉分子的排列发生了逆转现象，随着这种现象的出现。面包开始加快“回生”。也就是老化了。同时，在贮藏过程中，香气逐渐消失，主要原因是香气成分中的许多醛基等挥发性物质挥发掉了，尤其是无包装的面包香气急剧减少。因此，如何保鲜，防止老化，具有广泛的现实意义。

（一）影响面包老化的因素

（1）含水量。含水量减少，面包容易老化，但不是根本原因。如果把面包存放在高湿环境中或密封包装起来，能使面包的老化延缓一些时间，但仍会老化。

（2）温度。温度在－18℃不易老化，4.4～10℃时面包老化速度最快；到43℃，虽然老化速度慢，但面包易产生其他滋味；当温度低于－18℃，或高于50℃，面包老化的速度非常慢。已经老化的面包，当加温到50℃以上时，可以使面包变得新鲜而柔软。

（3）制作工艺。机械能法比传统法制作的面包老化速度慢；高速调制面团、短时发酵，都能使面包的老化缓慢。

（4）原料。酵母量越多，面包越易老化；发酵过度或越嫩也都容易老化；加入乳化剂或蛋白质含量高，则不易老化。

（二）预防老化的方法

（1）塑料袋密封包装。这是最简单有效的方法，可使面包保鲜达3～5d。

（2）添加乳化剂或抗老化剂。乳化剂主要有α-甘油单酸酯、卵磷脂等；抗老化剂主要有硬酯酰乳酸钠、硬酯酰乳酸钙、硬酯酰延胡索酸钠等乳化剂和抗老化剂的正常使用量为小麦粉用量的0.5%左右。

（3）适当增加油脂的用量。猪油、大豆磷脂、起酥油等均能延长面包的保存期，并能显著的改善面包的品质，增加面包的体积。

（4）加入脱脂大豆粉。脱脂大豆粉能减少面包的水分散失，降低淀粉分子由非结晶结构向晶体结构转化的程度，改善面包的贮存稳定性。脱脂大豆粉的用量一般为小麦粉用量的1.5%～3.0%，超过3.0%，则面包有豆腥味。

（5）利用α-淀粉酶预防面包老化，并能减少一部分食糖的用量。α-淀粉酶的用量，一般为小麦粉用量的0.009%～0.3%，不能多用，否则面包容易发黏。

(6) 添加丙二醇。丙二醇是一种无色、无味的透明黏稠液体，具有乳化性和湿润特性，能延长面包的贮存时间，而且还可以缩短面团发酵、醒发时间。

(7) 采用冷冻贮存法。这是目前国外常用的有效而又比较实用的方法。其工艺是在－29～－23℃的冷冻器内，在2h内把面包温度冷却至－6.7℃以下（－6.7℃是面包的冻结温度），然后再逐渐降温至－18℃，在此温度下贮存，面包可以保鲜1个月左右。在贮存期间要尽量避免温度波动，否则会发生水分升华、扩散或转移，使面包趋向老化。

二、面包的腐败

面包在贮存中发生的腐败现象是由微生物引起的。一种是面包瓤心发黏，另一种是表皮长霉。瓤心发黏是由细菌引起的，而表皮生霉是由霉菌所致。

1. 瓤心发黏

面包瓤心发黏是由普通马铃薯杆菌和黑色马铃薯杆菌引起的。先从面包瓤心开始，原有的多孔疏松体被分解，变得发黏、发软，瓤心灰暗，最后变成黏稠胶体物，产生香瓜腐败时的臭味。用手挤压可成团，将面包切开，可见白色的菌丝体。马铃薯杆菌孢子的耐热性很强，甚至可耐140℃的高温。面包在烘烤时，其瓤心的温度在100℃以下，这样就有部分孢子被保留下来。而面包瓤心的水分都在40%以上，只要温度合适，这些芽孢就繁殖增长。这种菌体繁殖的最适温度为35～42℃。因此，在夏季高温季节，最容易发生。

瓤心发黏，除了感官检查外，还可以采用马铃薯杆菌含有过氧化氢酶，能分解过氧化氢这一性质进行检查，取面包瓤2g，放入装有10mL 3%的过氧化氢水溶液的试管中，过氧化氢被分解而产生氧，计算1h产生的氧气量，从而确定被污染的程度。

预防方法。马铃薯杆菌主要存在于原料、调料、工具、面团残渣以及空气中。对面包所用的原料要进行检查。所用工具应经常进行清洗消毒。

另一种预防方法是适当提高面包的pH。当面包在pH5以下时，可抑制这种菌。也可以添加下列防腐剂：用小麦粉量的0.05%～0.1%的醋酸、0.25%的乳酸、磷酸氢钙或0.1%～0.2%的并酸盐，都有一定效果。但面包的酸度过高不受欢迎，所以上述防腐方法只能在一定范围内使用。

2. 面包皮霉变

面包皮霉变是由霉菌引起的。污染面包的霉菌群种类很多，有青霉菌、青曲菌、根霉菌、赫曲菌以及白霉菌等。霉菌类是从菌丝柄长出孢子囊。孢子囊中孢子借空气流或附着在其他物体上传播，落到面包皮上。霉菌孢子喜欢潮湿环境，20～35℃是它生长的适宜温度。在上述条件下，只要24～48h，即可繁殖到肉眼能看得见的程度。

霉变与发黏不同，霉变是先从面包表皮开始，发黏则开始于瓤心。如果贮存场所或包装物潮湿，面包表面结露，霉菌就极易繁殖，因为面包是霉菌的良好培养基。

初期生长霉菌的面包，就带来霉臭味，表面具有彩色斑点，斑点继续扩大，会蔓延至整个蜂窝，以致最后使整个面包霉变。

可采用下述措施防止霉变。对厂房、工具、定期清洗和消毒；霉菌易在潮湿和黑暗的环境下繁殖，阳光晒、紫外线照射和通风换气都有效果。

使用防腐剂，用醋酸或乳酸 0.05%～0.15%、丙酸盐 0.1%～0.2%，在防霉上有良好的效果。加有乳制品的面包，应增加防腐剂的用量。

学习引导

(1) 简述面包的加工发展历史。

(2) 面包有哪几类？其产品有何特点？其工艺和配方上有何区别？

(3) 请简单介绍面包加工的基本工艺及操作要求。

(4) 请介绍面包生产中对原料有何要求？

(5) 请介绍不同种类面包面团调制的方法及要点。

(6) 请介绍不同发酵方法对面包质量的影响。

(7) 说明面包烘烤温度、时间和面包质量之间的相关性。

(8) 说明面包的质量评价标准。

项目八　焙烤食品包装与贮藏

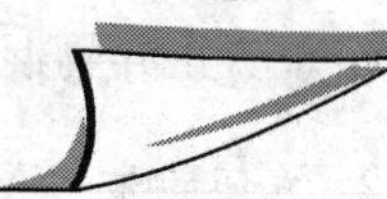

学习目标

(1) 分析产品特点，根据市场或客户对焙烤产品的要求，进行包装材料和包装技术的选择。

(2) 根据不同的焙烤产品特点制定适宜的贮藏技术。

任务一　焙烤食品包装基础知识

焙烤食品作为人类食品的一个主要部分已有几千年历史。由于焙烤食品是直接食用的食品且保质期较短，因此，在市场销售过程中，既要有一定的库存量又要防止食品的积压造成质量的下降。为了保证市场供应的需要，我们要做好焙烤食品的贮存和销售工作，使消费者能吃上色、香、味、形俱佳的食品。如今，面包及其他焙烤食品已从家庭式生产发展到现代化大规模的工业生产，成为我国食品工业的重要组成部分。然而，焙烤食品易受到物理、化学和微生物因素的损害，影响其品质，缩短货架期。如何在贮存、运输、销售过程中，保持新鲜、防止变质、减少损失是人们一直关心和研究的问题。在当今商品竞争日趋激烈的时代，包装已成为食品生产中重要的环节。焙烤食品包装的材料、包装技术和方法的不断发展和完善，对焙烤食品进一步的发展日益显现出重要性。

包装是指按一定技术方法以及相关规定，采用容器、材料及辅助物等将物品包封并予以适当装潢和标志的工作总称，包括静态的包装物和动态的包装过程两个方面。静态的包装物即用来进行包装的容器或其他材料；动态包装过程即为保护产品、方便贮运、促进销售，按一定的技术方法而采取的容器、材料及辅助物包装，并在包装物上附加有关标志的过程。

包装具有三大特性，即保护性、单位集中性及便利性，这三大特性使其具有保护食品、方便物流、促进销售等功能。

1. 保护食品

保护食品是包装最主要的作用。设计科学的包装可使内装物在物流过程中避免因外力、光热、有害气体、温度、湿度、微生物及其他生物等内部、外部因素的影响而遭受损坏，使食品处于完好的状态。如，在内外包装中填加填充物可以降低运输及搬运过程中颠簸、振动对食品带来的伤害；采用保鲜或防潮包装可以保持食品的新鲜度，防止其变质。

包装的保护性主要体现在以下几个方面：

(1) 防止食品破坏变形。食品包装必须能够承受在装卸、运输、保管等过程中的各种冲击、振动、颠簸、压缩、摩擦等外力的作用，形成对内装焙烤食品的保护。

(2) 防止食品发生化学变化。食品在流通、消费过程中易因受潮、发霉变质而发生化学变化，影响其正常使用。包装能够在一定程度上起到阻隔水分、光线及有害气体的作用，避免外界环境对食品产生不良影响。

(3) 防止有害生物对食品的影响。鼠、虫及其他有害生物对食品有很大的破坏性，这就要求包装能够具有阻隔霉菌、虫、鼠侵入的能力，形成对内装焙烤食品的保护。

(4) 防止异物混入、污物污染、丢失、散失和盗失等。

2. 方便物流

包装单位的大小直接影响到运输、保管及装卸的效率，影响整个物流的速度和成本。通过包装将食品形成以一定数量集中的单元，便于装卸、搬运、运输、仓贮等物流环节的机械化作业，便于采用科学合理的管理方式，从而有利于提高物流作业效率，降低物流成本。同时，包装标志可以使物流作业人员正确地进行商品的区别和存放，包装物上对操作的说明可用于指导搬运作业。

3. 促进销售

包装在焙烤食品销售中占有重要的位置。它能提供食品的信息，有助于顾客了解和正确使用食品；而且富有特色、精美、方便的包装还可以激发顾客对食品的偏爱和购买欲望，从而促进销售。

包装按其功能可分为三大类：散体包装、内包装和外包装。散体包装一般与食品直接接触，目的是保证食品的卫生性、保存性和方便性；内包装是将数个散体包装的食品再包装，作为外包装的中间体和商品单位，要求比较美观，能够刺激消费者的购买欲；外包装主要是为了运输和保存的需要而进行的包装，目的是防止受外力损伤和运输的方便性。

图 8-1 是食品包装的安全与卫生图解示意图。由图可知食品在从生产领域转入流通领域的过程中，由于装卸、搬运、贮存可能造成破损、变形；由于外界温度、湿度、光线、气体等条件的变化可能产生霉烂、变质等。这就要求根据所包装食品的特性、运输和贮存条件、包装材料的理化性能以及包装通用规范的要求来选择合适的包装材料，对食品进行包装，以防食品受损，达到保护食品，使其完好无损地到达用户手中的目的。

一、包装材料

常用的食品包装材料有纸类包装材料、塑料、金属、玻璃等。

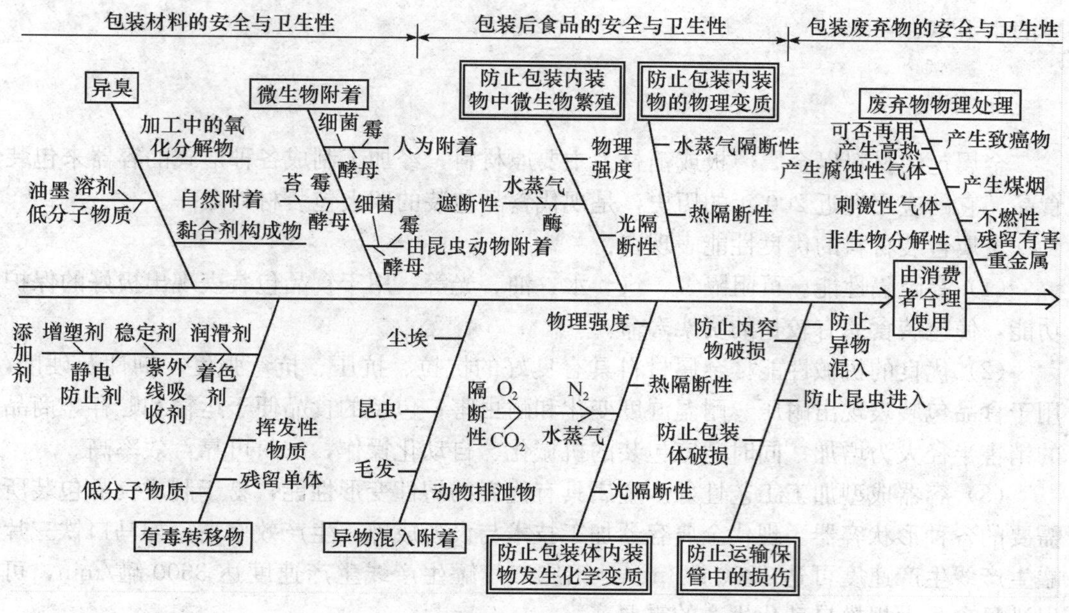

图 8-1　食品包装安全与卫生图解

1. 纸

纸是以纤维素纤维为原料所制成材料的通称，是一种古老而又传统的包装材料。可分为包装用原纸和包装加工纸。包装用原纸可分为：普通包装纸、纸袋纸、中性包装纸、羊皮纸、鸡皮纸、半透明玻璃纸等；加工纸可分为：防潮纸、防锈纸、多层铝塑复合纸、瓦楞纸板等。由于食品是直接入口的，因此，在整个包装过程中绝对禁止采用社会上回收的废纸作为原料，也不允许添加荧光增白剂等有害助剂。

2. 塑料

塑料是一种以高分子聚合物——树脂为基本成分，再加入一些用来改善其性能的各种添加剂制成的高分子有机材料。塑料用作包装材料是现代包装技术发展的重要标志，因其原材料来源丰富、成本低廉、性能优良，成为近 40 年来世界上发展最快、用量巨大的包装材料。常用的有聚乙烯（PE）和聚丙烯（PP）、聚苯乙烯（PS）、树脂、聚氯乙烯（PVC）、聚偏二氯乙烯（PVDC）、聚酰胺（PA）和聚乙烯醇（PVA）等。塑料包装具有良好的物理力学性能，抗穿透、耐撕裂、抗挤压、耐折叠，同时具有良好的配件保护性能；具有良好的化学稳定性能，耐水、耐油、耐化学溶剂；具有良好气体阻隔性能，能有效防止配件生锈、霉变；具有良好的加工性能，能适应高速自动化包装机械的封口工艺；具有良好的透明性，便于观察内容物外观和检查其内容物的性能或具有良好的不透明性，可防止内容物因光照而破坏。包装用薄膜应质地柔软、易成型、易于封合和粘接；且薄膜密度较小，便于贮存，包装成本低，开启方便。20 世纪 70 年代，世界塑料因其质轻价廉、品质优异，迅速普及人类社会的每个角落。虽然这些年受到绿色革命的环保制约，有些品种（如发泡塑料餐具）将被淘汰，但塑料仍是 21 世纪包装世界的主力军。

3. 金属

金属包装材料以金属薄板或箔材为主要原材料，经加工制成各种形式的容器来包装食品。它的应用有近 200 年的历史，是现代食品包装的四大包装材料之一。

金属包装材料的优良性能表现在：

（1）高阻隔性能。可阻隔气、汽、水、油、光等，用于食品包装表现出极好的保护功能，使包装食品有较长的货架寿命。

（2）优良的机械性能。金属材料具有良好的抗拉、抗压、抗弯强度、韧性及硬度，用于食品包装表现出耐压、耐温湿度变化和耐虫害；包装的食品便于运输和贮存，商品的销售半径大为增加；同时适宜包装的机械化、自动化操作，密封可靠，效率高。

（3）容器成型加工工艺性好。金属具有优良的塑性变形性能，易于制成食品包装所需要的各种形状容器。现代金属容器加工技术与设备成熟，生产效率高，如马口铁三片罐生产线生产速度可达 1200 罐/min，铝质二片罐生产线生产速度达 3600 罐/min，可以满足食品大规模自动化生产的需要。

（4）良好的耐高低温性、导热性及耐热冲击性。金属材料这一特性使其用作食品包装可以适应食品冷热加工、高温杀菌、杀菌后的快速冷却等加工需要。

（5）表面装饰性好。金属具有光泽，可通过表面彩印装饰提供更理想美观的商品形象。

（6）包装废弃物较易回收处理。金属包装废弃物的回收处理减少了对环境的污染；同时它的回炉再生，可节约资源、节省能源，这在提倡“绿色包装”的今天显得尤为重要。

金属作为食品包装材料的缺点表现：化学稳定性差、不耐酸碱腐蚀，特别是用其包装高酸性内容物时易被腐蚀，同时金属离子易析出而影响食品风味，这在一定程度上限制了它的使用范围。为弥补这个缺点，一般需在金属包装容器内壁施涂涂料。另一个缺点是价格较贵，但会随着生产技术的进步和大规模化生产而得以改善。

食品包装常用的金属材料按材质主要分为两类：一类为钢质包装材料，包括镀锡薄钢板（马口铁）、镀铬薄钢板、涂料板、镀锌板、不锈钢板等。另一类为铝质包装材料，包括铝合金薄板、铝箔、铝丝等。

4. 玻璃

玻璃是由石英石（构成玻璃的主要组分）、纯碱（碳酸钠、助熔剂）、石灰石（碳酸钙、稳定剂）为主要原料，加入澄清剂、着色剂、脱色剂等，经 1400～1600℃高温熔炼成黏稠玻璃液再经冷凝而成的非晶体材料。目前，玻璃使用量占包装材料总量的 10%左右，是目前食品包装中的重要材料之一。玻璃具有其他包装材料无可比拟的优点：高阻隔，光亮透明，化学稳定性好，易成型。但玻璃容器质量大且容易破碎，这一性能缺点影响了它在食品包装上的使用发展。随着玻璃工业生产技术的发展，现在已研制出高强度、轻量化的玻璃材料及其制品。

二、包装技术

随着科学技术日新月异的发展，新材料新工艺的不断出现，新的包装技术不断出现并在生产实践中广泛应用。

1. 防潮包装技术

含有一定水分的食品，尤其是对湿度敏感的干制食品，在环境湿度超过其质量所允许的临界湿度时，食品将迅速吸湿而使其含水量增加，达到甚至超过维持质量的临界水分值，从而使食品因水分影响而引起质量变化。水分含量较多的潮湿食品会因内部水分的散失而发生物性变化，降低或失去原有的风味。从食品的组织结构分析，凡具有疏松多孔或粉末结构的食品，它们与空气中水蒸气的接触面积大，吸湿或失水的速度快，很容易引起食品的物性等品质变化。防潮包装就是采用具有一定隔绝水蒸气能力的防潮包装材料对食品进行包封，隔绝外界湿度对产品的影响；同时在保质期内控制食品包装内的相对湿度满足产品的要求，保护内装食品的质量。

目前防潮性能最好的材料是玻璃陶瓷和金属包装材料，这些材料的透湿度可视为零。大量使用的塑料包装材料中适宜用于防潮包装的单一材料品种有 PP、PE、防潮玻璃纸等，这些薄膜材料的阻湿性较好，热封性能也好，可单独用于包装要求不高的防潮包装。在食品包装上大量使用的是复合薄膜材料，复合薄膜比单一材料具有更优越的防潮及综合包装性能，能满足各种食品的防潮和高阻隔要求。

2. 真空和充气包装技术

真空和充气的目的都是为了减少包装内氧气的含量，防止包装食品的霉腐变质，保持食品原有的色、香、味，并延长保质期。区别在于真空包装仅是抽去包装内的空气来降低包装内的含氧量，而充气包装是在抽真空后立即充入一定量的理想气体如 N_2、CO_2 等，或者采用气体置换方法，用理想气体置换出包装内的空气。

用做充气包装的塑料薄膜，一般要求对 N_2、CO_2 和 O_2 均有较好的阻透性，常选用以 PET、PA、PVDC 等为基材的复合包装薄膜。用做真空包装的塑料薄膜，一般要求透氧度较小，如具有良好的阻气性的 PET、PA、PVDC 等薄膜；但考虑到薄膜材料的热封性和对水蒸气的阻隔性，这些材料一般不单独使用，常采用 PE 和 PP 等具有良好热封性能的薄膜与之复合成综合包装性能较好的复合材料。需注意的是单层 PE 和 PP 因透气性大而不能用于真空和充气包装。

3. 脱氧包装技术

脱氧包装是指在密封的包装容器内，封入能与氧起化学作用的脱氧剂，从而除去包装内的氧气，使被包装物在氧浓度很低，甚至几乎无氧的条件下保存的一种包装技术。脱氧剂具有能防止氧化和抑制微生物生长的特点，其作用是去氧、防腐和保鲜。常用的脱氧剂有次亚硫酸铜、氢氧化钙、铁粉、酶解葡萄糖等，它们都能大量吸收氧气。铁制剂类脱氧剂可用于蛋糕的保藏。

4. 防霉腐包装技术

防霉腐包装技术是通过控制焙烤食品本身的温度，使其低于霉腐微生物生长繁殖的最低界限，抑制酶的活性。它一方面抑制焙烤食品的呼吸、氧化过程，使其自身分解受阻，一旦温度恢复，仍可保持其原有的品质；另一方面抑制霉腐微生物的代谢与生长繁殖来达到防霉腐的目的。低温冷藏防霉腐包装应使用耐低温防霉包装材料。

5. 干燥防霉腐包装技术

干燥防霉腐包装技术是通过降低密封包装内的水分与商品本身的水分，使霉腐微生物得不到生长繁殖所需水分来达到防霉腐的目的。通过在密封的包装内置放一定量的干燥剂来吸收包装内的水分，使内装商品的含水量降到其允许含水量以下。

6. 电离辐射防霉腐包装技术

电离辐射的直接作用是当射线通过微生物时能使微生物内部物质分解而引起诱变或死亡；其间接作用是使水分子分解为游离基，游离基与液体中溶解的氧作用产生强氧化基团，此基团使微生物酶蛋白的—SH基氧化，酶便失去活性，因而使其诱变或死亡。照射不会引起物体的升温，被称为冷杀菌。电离辐射防霉腐包装目前主要应用β射线与γ射线，包装的食品经过电离辐射后完成消毒灭菌。

任务二 焙烤食品包装

焙烤食品种类繁多，主要有面包、饼干、蛋糕、酥饼等。由于不同的焙烤食品具有其特有的性质，因此不同的焙烤食品对各自包装要求也各不相同。

一、面包的包装

面包是由可发性面团和酥松剂烤制成的，水分含量高，一般在30%以上。无包装面包易发生水分丧失（表1）。水分损失主要发生在面包瓤外侧1cm处，在这个部位形成了1个干燥的内瓤层；面包心部的平衡湿度约为90%，很容易散失水分而变硬。面包陈变时水分从淀粉转移到内部的蛋白质部分，淀粉变干，丧失其组织特性。前人的研究表明面包水分含量变化为2%～3%时，产品的口味和风味就会受到影响。

面包的包装目的：

（1）保持面包清洁卫生，避免在贮运和销售过程中受污染。

（2）延缓面包老化，延长保鲜期。

（3）增加产品美观，提高价值。面包的包装材料并不是要求气密性越高越好。实际上由于面包皮的平衡湿度较低，在潮湿条件下容易吸潮而变成润湿；如果包装材料的水蒸气透过率太低，将会促进霉菌的生长，而且面包皮会发软；反之，如果包装材料的透湿率太高，则面包很容易发干和败坏。所以用于面包的包装材料应不透水具有一定的气密性和机械强度，这样才能更加有效地防止面包水分散失、老化和保护其免遭机械损伤；同时还起防止面包之间的相互粘连的作用。由于面包内部湿度大而易发霉，面包的

包装以 CO_2 为主要调节气体的气调包装其保质效果好，但由于其成本太高而一般不采用。目前，面包主要的包装材料有如下几种：赛璐玢、耐油纸、蜡纸、硝酸纤维素膜、聚乙烯、聚丙烯等。大约90%的面包都采用聚乙烯塑料袋包装，其优点是，可反复使用，容易拿取。面包的货架期较长，而且不需要捆扎，可采取热封或用塑料涂塑的金属丝扎住袋口，也有采用聚丙烯塑料袋结袋口包装面包的（表8-1）。更讲究一些的是采用铝箔/复合材料或聚乙烯复合材料或铝箔/聚乙烯复合材料。虽然这类包装材料不透明，但却可以保护面包中维生素 B_1 免受损失。此外，面包的包装形式还有采用收缩薄膜和泡罩包装的。收缩包装用聚氯乙烯收缩薄膜将面包缩紧。泡罩包装成本较高，但是富有吸引力。

表8-1　有包装（聚乙烯）和无包装的1kg面包贮藏1周，其水分损失情况

有无包装	贮藏时间/d	水分损失/%
聚乙烯包装	7	0.85
无包装（夏季）	7	12.4
无包装（冬季）	7	10.24

二、蛋糕的包装

蛋糕是由面粉、油脂、蛋黄、糖和香料等多种成分混合烤制而成的。这些成分对于氧、水分、温度和光线都很敏感，且蛋糕呈多孔性，表面积很大，很容易散失水分而变干、变硬；蛋糕中蛋白质含量高，其水分含量也很高（>35%），极易受微生物的侵袭，在温度和湿度适合的条件下，霉菌繁殖很快，所以蛋糕属于短期销售，不宜长期贮存。

由图8-2可知，无包装的蛋糕，在30℃下放置3d后，水分蒸发率为6%，出现表面裂纹和碎块，失去了商品应有的价值；用防潮玻璃纸包装的蛋糕，在30℃下放置12d后，才丧失商品价值；用偏氯乙烯薄膜折叠包装的蛋糕，在30℃下放置20d后仍具有商品价值。可见，包装对延长蛋糕品质及其货架期的重要作用。蛋糕同面包一样，其水

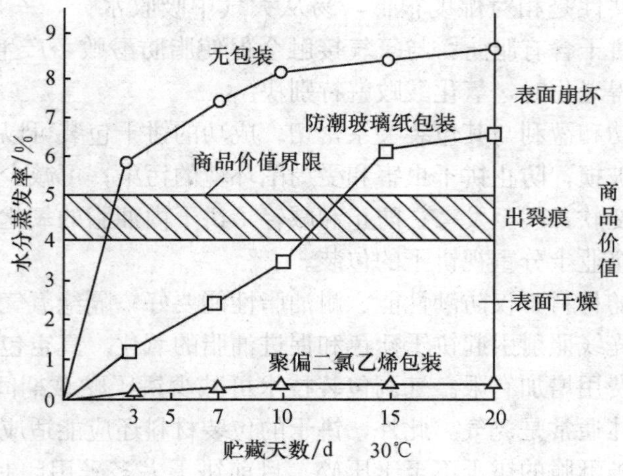

图8-2　用塑料薄膜包装的蛋糕的水分蒸发率和商品价值

分含量的变化对其质量品质有很大的影响。如果蛋糕水分蒸发4%～5%时，会因脱湿表面上产生裂纹而失去商品价值。如采用水蒸气透过率低的包装材料进行包装，可在一定时间内保持蛋糕原有水分含量和新鲜状态。但如果使用的包装材料水蒸气透过率太低，虽然可以防止蛋糕散失水分，但却容易滋长霉菌的繁殖。蛋糕的成分比面包还要多，氧化串味也是品质劣变的主要原因。防止氧化、气味污染以及避免光线的照射，都是很重要的因素，故应选用具有较好阻湿阻气性能的包装材料，如PT/PE等薄膜进行包装，也可采用塑料片材热成型盒盛装此类食品。二氧化碳在空气中的正常含量为0.03%，微量的二氧化碳对微生物有刺激生长作用；当空间二氧化碳浓度达到10%～14%时，对微生物有抑制生长作用；如果空间二氧化碳浓度超过40%时，对微生物就有明显的抑制与杀死作用。档次较高的糕点应该采用气密性的包装容器（复合材料袋）进行真空和充气包装，即在抽真空后充入二氧化碳和氮的混合气体，或同时封入脱氧剂等，可有效地防止氧化、酸败、霉变和水分的散失，显著地延长其货贺寿命。

目前国内市场销售的蛋糕，有的没有包装，容易脱水发干，也易受环境微生物等因素的污染，是很不合理、不卫生的；有的采用蜡纸裹包，没有封合，蜡纸脱落，和没有裹包的一样，毫无保护作用；有的采用聚乙烯塑料袋包装，袋口扎紧，因透湿率太低，造成霉变。蛋糕组织结构柔软松脆，不宜采用真空包装，否则易变形，应该采用可热封的包装材料，如蜡纸、涂塑玻璃纸和透湿率适宜的塑料薄膜，既裹包而又封合，避免散失水分和受到外界的污染，保证食用卫生。蛋糕类食品易生霉菌，在包装中封入脱氧剂，不仅除去了氧气，而且阻止了油脂因氧化而使产品出现哈败味或霉菌生长，从而延长了保藏期。

三、饼干的包装

饼干是由面粉、脂肪、糖、水、香料等捏合成的面团制造的。饼干的种类很多，有的含糖量多，有的脂肪含量高，有的含有香料，有的是夹心巧克力，有的浸挂糖浆。所有类型的饼干，其共性是相对湿度很低，易从大气中吸收水分，一旦吸收水分就会变软；同时，多数的饼干含有脂肪，与氧气接触会促使脂肪酸败，产生令人讨厌的臭味。当饼干吸收水分变得老化时，氧化酸败就特别快。

饼干生产的成功和盈利与其包装关系密切。成功的饼干包装可以防止或减少运输和销售过程中饼干的破损；防止饼干虫害和受周围环境的污染；可减少与外界湿空气的接触而使饼干吸潮、变软，甚至发霉；防止和减轻了饼干内油脂的氧化；吸引更多的消费者。所以历来食品企业十分重视饼干的包装。

用于饼干包装的材料不仅防潮性能、耐油脂性能要好；隔绝氧气，减少挥发性物质的散失；而且防止光线照射引起饼干褪色和促进油脂的氧化。真空包装对饼干货架期延长效果明显且包装费用增加有限。气调包装技术可减少饼干贮藏期间氧气的有害危害，用于饼干包装的气体通常是氮气。此外，饼干的包装材料还应能适应自动包装机操作性能的要求，并能保护酥脆的饼干不至于压碎。目前饼干大多采用印制精美的纸盒包装，包装材料为防潮赛璐玢、马口铁、纸板、聚乙烯塑料袋、蜡纸等。包装上的保质期或其他包装编码十分重要，因为它提供了生产依据，这在消费者投诉时是很需要的。如果发现了一系列的生产失误，这一编码可以对产品进行追踪，必要时可以召回产品。

四、酥饼的包装

酥饼的种类很多，其共同特性是既酥又脆，含有脂肪和各种香料，含水量一般在3%～5%。如果含水量超过这个限度，酥饼很容易变质。酥饼容易脆裂和压碎，保持适当的水分含量是必要的。

包装酥饼的材料应具备下列性能要求：

(1) 耐油脂。

(2) 能维持包装食品的货架寿命8周以上。

(3) 可以涂塑。

(4) 适应机械操作性能。

(5) 水蒸气透过率不超过0.4g。

(6) 热封时不收缩，外观好。

(7) 戳穿和撕裂强度高。

(8) 具有足够的挺度。

各种酥饼采用聚乙烯塑料袋、纸盒、浅盘外裹包、涂塑玻璃纸等包装形式。纸盒包装内部衬垫塑料薄膜。最近，采用玻璃纸与定向聚丙烯复合材料，这兼具有两种基材的优点，耐磨性很好，防潮性优异，而且改善了低温下的柔韧性。

任务三　焙烤食品的贮藏与保质

一、面包贮藏

面包是以面粉、酵母、水和其他辅料调制成面团，经发酵烘烤后制成的一种营养丰富、老少皆宜的方便食品。但新鲜面包的贮藏期很短，在贮存过程中很容易出现面包老化、瓤心发黏、霉变等质量问题。

1. 面包在贮藏过程中的质量问题

1) 老化

面包老化是指面包在贮藏过程中质量降低的现象。面包老化时最初观察到的现象是水分丧失，接着表皮失去光泽，香气和滋味消失，硬化掉渣，有一种陈腐气味。新出炉的面包表皮光亮，硬而脆，放置后表皮变软，带有弹性，随后表皮起皱纹，最后变得干硬；同时发现面包瓤变硬，弹性变小，易碎断和掉渣。面包的老化表现为表皮失去光泽、芳香消失、水分减少、瓤中淀粉凝沉、硬化掉渣、可溶性淀粉减少等。前人的研究认为面包的老化是许多内外因素共同作用的结果，最主要的是淀粉的老化。影响面包老化的主要因素有水分、添加剂、淀粉酶、贮藏温度等。老化后的面包只能作为其他工业原料或饲料，甚至被当作垃圾处理，直接造成经济损失。据统计面包因老化造成的经济损失为3%～7%。

面包老化有很多表现，根据这些现象能得出鉴定面包老化的方法。

（1）面包心硬度和脆性增大。测定面包（片）硬度，以压缩一定深度所需的力来表示。将面包心切成碎块，放在筛中振荡，用筛下物的多少来表示脆性的大小，即可表示老化程度。目前，多用硬度计来测定。

（2）面包吸水能力（膨润度）降低。将面包泡湿，然后通过沉降法或离心法测定面包的体积，或者通过测定离心后面包心沉淀物的重量表示老化程度。

（3）面包心透明度降低。通过光电仪器测定光通过面包的量来表示老化程度。

（4）面包心可溶性淀粉减少。将面包加水搅拌成糊状溶液，经离心分离后取上清液，其淀粉含量的减少就可判断老化程度。

（5）对酶的敏感性下降。可通过淀粉酶作用于面包，测定生成还原糖的数量，或水解后再发酵测定生成CO_2气体的数量来表示老化程度。

（6）淀粉的结晶性增大。应用X射线衍射法测定淀粉结晶性的变化，来判断老化程度。

（7）黏度下降。用Amylograph或其他黏度计测定面包黏度，黏度越低，老化程度越高。

（8）糊化度下降。用酶法、比色法等方法测定淀粉糊化度，由其下降值表示老化程度。

（9）香气消失、产生老化臭。用感官检验或仪器检验香气、臭味的减少和增加的情况。

面包老化程度的判断，可分为感官判断和理化判断。由感官判断和理化判断面包老化的比较情况，可以看到，两者结果某些一致，但可溶性淀粉和可溶性直链淀粉与感官判断不是完全相对应。因此，面包老化的判断单凭感官判断是不全面的，还要借助于理化方法。

2）腐败变质

面包在贮藏过程中发生的腐败现象主要是由细菌引起的面包瓤心发黏和由霉菌作用所致的面包皮霉变。

面包瓤心发黏是由普通马铃薯杆菌和黑色马铃薯杆菌引起的。病变先从面包瓤心开始，原有的多孔疏松体被分解，变得发黏、发软，颜色灰暗，最后变成黏稠胶体物质，产生香瓜腐败时的臭味，用手挤压可成团，若将面包切开，可看见白色的菌丝体。马铃薯杆菌孢子的耐热性很强，可耐140℃的高温。面包在焙烤时，瓤心的温度在100℃以下，部分孢子被保留下来，水分在40%以上，只要温度适合，这些孢子就繁殖增长。夏季高温季节，面包最易发生这种病害。检查这种危害除了感官外，还可以利用马铃薯杆菌含有过氧化氢酶而能分解过氧化氢的性质进行检查。

面包皮霉变是由霉菌引起。污染面包的霉菌种类很多，有青霉菌、青曲霉、根霉菌、白霉菌等。初期生长霉菌的面包，就带有霉臭味，表面具有彩色斑点，斑点继续扩大，会蔓延至整个面包表皮。菌体还可以侵入到面包深处，占满面包的整个组织，以至最后使整个面包霉变。

3）褐变

面包在贮藏过程中发生的褐变现象主要是由美拉德反应所致。贮存面包的面包瓤的颜色会随贮存时间的延长而不断加深，发生褐变现象。分析表明，随着贮存时间的延长，面包中还原糖的含量呈线性下降趋势，而羟甲基糠醛（HMF）的含量呈线性增加的趋势。贮存温度越高贮存的面包越容易褐变，降低贮存温度或减少面包配方中还原糖的含量有助于延缓面包的褐变。

2. 面包的贮藏保鲜

1）低温冷冻保鲜

面包的老化与贮藏温度有很大关系，面包在室温下放置0～5d，硬度呈线性增加。－7～20℃是面包老化速度最快的老化带，其中1℃老化最快。贮藏温度在20℃以上，老化进行的较缓慢，温度降低到－7℃以下，水分开始冻结，老化速度减慢。若要长时间贮藏面包，将面包速冻后冻藏可以有效的防止面包的老化和霉变，较好的保持面包的新鲜程度。采用－30℃可以在1.30h内完成面包的完全冷冻，然后将面包贮存在－15～－10℃的条件下，贮存时间可达1周或数周。另外，高湿处理也是延缓面包老化的措施之一，为了防止面包表皮过分干燥而保持其酥脆的特性，贮存的相对湿度应保持在65％～75％。但在这种温度下，肠系膜杆菌会大量繁殖，目前这种贮存方法仍处在试验阶段。已经老化的面包，当重新加热至50℃以上时，可以恢复到新鲜柔软的状态。

2）食品添加剂保鲜

使用食品添加剂是一种简单有效的面包保鲜方法。常用的食品添加剂有抗老化剂、防霉剂等。日本已发明了一种改善面包品质的新方法，即在面包生面团中添加一定量的胶原蛋白和豆渣，使面团品质改良，延缓老化。在面包中添加甘油单硬脂酸酯、低分子糊精等可以有效地防止面包的老化。添加防腐剂是面包防霉常用的方法。常用的面包防腐剂主要有丙酸钙、山梨酸钾、双乙酸钠、脱氢醋酸等。按0.016％剂量将山梨酸和丙酸钙添加到面粉中制作面包，可以使面包的贮藏期由3d延长到15d，而不霉变。

3）其他贮藏保鲜方法

在美国，低剂量辐射已在商业上被普遍应用以延长食品的货架期，它也被研究作为延长面包货架期的一种方法。通过辐照的面包能在环境温度下保持其特性7d，而未经辐照的仅能保持1～2d。辐照和未辐照的面包在感官上没有区别。虽然气调包装能够减缓或抑制焙烤食品中耐氧微生物的败坏作用，但由于包装上部的残余氧气存在，霉菌的破坏仍有可能在这些产品出现。通过氧气吸附剂的使用则可避免此情况的发生。在用聚乙烯膜包装的白面包包装内放入小袋包装的氧气吸附剂，其货架期在室温下可延长5～45d。

二、饼干贮藏

饼干是以小麦粉（可添加糯米粉、淀粉等）为主要原料，加入（或不加入）糖、油脂及其他原料，经调粉（或调浆）、成型、烘烤等工艺制成的口感酥松或松脆的食品。饼干口感酥松，水分含量少，体积轻，块形完整，易于保藏，便于包装和携带，使用方便，深受消费者特别是青少年喜爱。但是在饼干的生产和贮藏过程中，如果生产操作或管理不善，容易出现碎裂、油脂氧化酸败和吸潮变软等质量问题。

1. 饼干在贮藏过程中的质量问题

1）碎裂

碎裂是饼干在贮运过程中经常出现的质量问题，饼干碎裂可以分为非自然破裂和自然破裂。韧性饼干断裂的主要原因是饼干内部受力不均，产生一定应力，从而导致饼干断裂。引起应力产生的因素包括配方、调粉、成型、烘烤和冷却等，只要对工艺条件加以适当调节，在一定程度上可以控制和防止饼干断裂现象的产生。在运输、贮存中因装载颠倒或堆放不当，而造成饼干破碎、裂开等质量问题。这虽然是一种物理变化，但它会影响商品的外观质量。

2）氧化酸败

一般饼干中含油脂都较高。饼干在贮藏期间随着温度的变化，常常发生液体脂肪部分的移动。这可以造成饼干表面结晶的形成，称为脂肪霜，同时可以看到表面颜色变暗淡。酥性饼干在贮藏销售过程中最易发生氧化酸败，其结果直接影响产品的保质期和销售。添加适宜的抗氧化剂是防止或延缓饼干的氧化酸败、延长产品保质期的有效方法。常用的抗氧化剂有丁基羟基茴香醚（BHA），二丁基羟基甲苯（BHT）、茶多酚、异抗坏血酸钠等。

3）吸潮变软

饼干的水分含量很低，吸湿性很强，其平衡相对湿度一般约为30%，如果选用包装材料阻湿性差，水分从大气进入包装并被饼干吸收后会导致饼干失去脆性，并伴随着风味和外观的恶化，这种变化称为老化。并不是贮藏中发生的所有变化都是由吸收水分引起的，但是，这可能是导致质量下降的主要原因。贮藏环境中的相对湿度不超过70%～75%为宜。

2. 饼干的贮藏保鲜

饼干一旦装箱就很容易被生产部门和质量控制部门忘记。产品离厂后尤其如此。饼干贮藏的温度和湿度条件非常重要。高温或温度波动会导致走油、反霜和酸败等问题。高湿度会降低纸板箱的强度，增加水分穿过包装薄膜的传递速率，因此饼干贮藏处应保持干燥和低温。箱子不应该放在地板上或与墙壁接触。如果空气流动良好、潮湿问题就能显著减小，与地板、墙壁的接合处留出的间隙也有利于防止鼠害和虫害。

三、糕点贮藏

糕点是以面粉、油脂、糖、蛋品等为主要原料，添加果仁、蜜饯等辅料混合后，经熟制而成的方便食品。这些成分对于氧、水分、温度和光线都很敏感，而且呈多孔性，表面积很大，很容易散失水分而变干、变硬；蛋糕很容易受微生物的侵袭，在一定的温度和湿度条件下，霉菌繁殖很快。蛋糕之类的食品，属于短期销售，不宜长期贮存，但往往由于种种的滞销原因，造成较长时间的贮存和积压，从而引起变质，使食用者食物中毒，值得重视。各地生产的糕点种类特色各不相同，按照制作工艺，主要可以分为烤制糕点、炸制糕点、蒸制糕点、熟粉糕点以及其他类糕点。有的糕点含水量极高，如蛋糕、年糕；有的含水量极低，如桃酥等；有的含油脂很高，如油酥饼、开口笑等；有的包馅，如月饼等。因此，糕点如果贮藏不当或超过保存期，很容易变质。

1. 糕点在贮藏过程中的质量问题

（1）回潮。凡经烘制而含水量低的糕点，如酥皮类、浆皮类、混糖皮类、酥类及饼干类等糕点，在贮藏中因易吸收水分而回潮。不仅色、香、味变劣，失去原有风味；而且还会出现软塌、变形、发韧或霉变等现象。

（2）干缩。含水分较多的糕点，如蒸制品、蛋糕；糕团等，在空气干燥的环境中，水分容易蒸发散失，出现皱皮、僵硬、减重等干缩现象。干缩后的蛋糕，不仅形态改变，口味和口感也显著变劣，严重时呈硬块状，不能食用。

（3）走油。由于油脂的表面张力较大，容易聚集在一起形成大油滴，从糕点中游离出来，从而产生“走油”现象。此外，环境温度高，存放时间长，或用吸油性强的包装纸和包装袋，也容易引起糕点走油。糕点“走油”后，表面容易失去光泽，并产生油脂酸败的味道。

（4）发霉。糕点是一种营养丰富的食品，是微生物的良好培养基，特别是含水分较多的糕点，在高温下更易发霉。

（5）裂缝。一些含水量较低的糕点，会发生这种情况。内部产生的应力超过一定限度，即产生裂缝发生变形。产生裂缝的产品一般在生产当天不会发生，到第二天以后出现产品中心部位碎裂，而且每块裂缝的部位大同小异，即称为自然裂缝。这裂缝不同于某些糕点（如桃酥等）因配料和工艺而形成的裂纹。裂纹发生在冷却之前，限于表面不裂到底；裂缝发生在冷却以后，则会到底。当然在裂纹中也会产生裂缝。

2. 糕点的贮藏保鲜

糕点存放时间不能过长，不要堆放过高，不能露天保管。做到先进先出。要根据不同产品的特点，放在适当的库房内保管，并要采取相应的措施和方法。如酥类、茶酥类含水量少，最易吸收水分，因此，要放在干燥、通风处，以防吸潮出现变形、发韧。而蛋糕类由于本身含水量大，不宜放在干燥的通风处，以防制品过早干硬。保管中注意卫生，防止虫咬鼠嗑，不要和有异味的东西放在一起。库内的温度应经常保持在22℃以下，相对湿度应控制在70％～75％。Seiler报道将蛋糕表面在红外下加热到71.6℃，其货架期增加2～3倍且无不良现象发生。

总的来说影响焙烤食品货架期的因素有物理因素（如水分丢失）、化学因素（如腐败，变臭）和微生物侵染（如细菌、酵母菌、霉菌的生长）。微生物的破坏是影响中、高湿度焙烤食品货架期的主要因素。由于化学防腐剂使用的安全局限性，已采用许多新技术如气调包装、氧气吸附剂技术等来延长焙烤产品货架期。酶技术与气调包装或脉冲光联合可以使焙烤产品的货架期延长几个月。但到目前为止，有关联合使用这些方法来延长货架期的研究还很少。在新工艺、新技术应用于延长食品货架期的同时食品安全性也不容忽视。因此，在将来的研究中，要求政府、科研院校及食品企业致力于研究新的加工或包装技术的同时，注重延长食品货架期和保证食品的安全性。

学习引导

(1) 面包为什么要包装?

(2) 请简单介绍面包包装应选择哪些材料?

(3) 请介绍面包老化的现象及其鉴定方法。

(4) 请简单介绍饼干在贮藏期间发生什么变化?

(5) 请简单介绍糕点在贮藏期间发生什么变化?

(6) 请介绍饼干包装应注意哪些问题?

(7) 请简单描述糕点包装有何特点?

(8) 包装食品在流通过程中可能发生的质变有哪些?有哪些环境因素对食品品质产生影响?

项目九　焙烤食品生产管理与安全卫生

学习目标

(1) 了解焙烤食品生产成本的核算方法。

(2) 了解焙烤食品生产的管理方法。

(3) 了解焙烤食品的卫生管理要求。

(4) 掌握焙烤食品 HACCP 的实施过程。

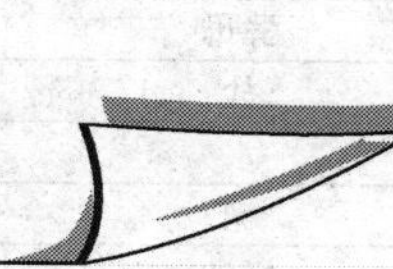

任务一　焙烤食品生产成本核算

产品生产成本是指生产产品所耗费的物料价值和人工费用之和，即直接材料成本和直接人工成本。包括原材料、燃料、动力的消耗，劳动报酬的支出，固定资产的折旧，设备用具的损耗等。产品生产成本是产品价值的重要组成部分，也是制定产品价格的重要依据。产品生产成本是企业生产经营管理的一项综合指标，具有两重性，它既是财务会计的一个重要组成部分，也是管理会计的重要组成部分。通过分析便能了解一个企业整体生产经营管理水平的高低。通过产品总成本、单位成本和具体成本项目等的分析，便能掌握成本变化的情况，找出影响成本升降的各种因素，促进企业综合成本管理水平的提高。

一、焙烤原辅料成本的核算

原材料成本是核定目标成本、销售价格、计划利润的基础。所有烘焙企业都要搞好原材料成本核算。原材料成本核算通常的方法有以下两种。

1. 批量单一产品的成本

批量单一产品的成本＝原材料总成本÷产品数量

就是说，先生产后核算。这样算出来的成本是实际成本，是会计核算的依据，也是制定产品价格和生产管理的重要依据。

2. 单件产品的成本

单件产品的成本＝单件产品的主料成本＋辅料成本

单件产品成本的核算是依据产品配方算出来的，不必经过实际生产，又称“先算后做”。这种核算方法用以产品开发过程进行成本预算。

【例 9-1】 计算面包的成本（表 9-1、表 9-2）。

表 9-1 面包的配方

原 料	烘焙百分比/%	原 料	烘焙百分比/%
面粉	100	酵母	1
盐	1.5	奶油	7
糖	20	改良剂	0.3
蛋	6	水	37.7

表 9-2 面包原料成本核算表

原 料	烘焙百分比/%	单价/(元/kg)	金额/元
面粉	100	3.40	340
酵母	1	42.00	42
盐	1.5	1.40	2.10
水	52	—	0
糖	20	5.00	100
奶油	7	13.20	92.40
蛋	6	7.00	42
改良剂	0.3	53.00	15.90
合计	187.8	—	634.40

每 1kg 面团成本：634.4÷187.8＝3.38（元）

单个产品面团重：70g

单个产品原材料成本：3.38×0.07＝0.24（元）

按这个方法可计算各种面包类、蛋糕类和月饼类等产品的成本。

【例 9-2】 计算曲奇饼的成本（表 9-3、表 9-4）。

表 9-3 生产曲奇饼的配方

原 料	烘焙百分比/%	原 料	烘焙百分比/%
黄奶油	45	盐	1
白奶油	15	低筋粉	100
糖	45	奶水	15
蛋	30		

表 9-4 曲奇饼原料成本核算表

原 料	烘烤百分比/%	单价/(元/kg)	金额/元
黄奶油	45	13.20	594
白奶油	15	14.20	213
糖	45	4.80	216
蛋	30	7.60	228
盐	1	2.00	2
奶水	15	3.00	45
低筋粉	100	3.60	360
合计	251	—	1658

曲奇饼以及其他小松饼、饼干的成本以 kg 为单位计算，另外这类产品烘烤过程损失水分大，面糊粘连，成品破碎损失也较大，这些影响在计算时要考虑到。

计算过程如下：每 1kg 面糊成本：1658÷251＝6.61（元）

假设曲奇饼生产损耗率为 24％，故每 1kg 成品为 6.61÷(1－0.24)＝8.70（元）

生产损耗中，黏贴损耗和成品破碎损耗以生产工艺不同而不同。而烘焙损耗（水分的损失）时可以直接计算的。

曲奇饼，查原料成分资料可知黄奶油含水 15％，蛋 74％，奶水 100％，低面筋 13％，因而可知 251kg 原料中含水分：

$$45\times15\%+30\times(74\%+10\%)+15\times100\%+100\times13\%=59.95(\text{kg})$$

（其中蛋除水分损失外还有 10％的蛋壳要除去。）

含水率　　59.95÷251＝23.88％

曲奇本身含水量 2％，故烘焙损耗为

$$15.35\%-2\%=21.88\%$$

计算水分损失的意义在于确定生产损耗的最低限度。生产损耗越来越接近水分损失，说明因工艺造成的损耗越低。

二、其他制造费成本的核算

1. 电费

电费对烘焙成本的影响很大，烘焙生产用电包括照明用电、通风用电、动力用电、冷柜用电、电热用电。电热用电分醒发室用电和烘烤用电，其中烘烤用电占的比重很大。烘炉用电可分为预热用电和烘烤用电。把烘烤用电的电费可看成是变动费用，其他用电的电费看成是固定费用。其他用电是工厂的规模和工艺条件而定。

用电量的计算公式为

$$\text{用电量}=\text{用电器功率}(\text{kW})\div\text{生产效率}(\text{件}/\text{h})\times\text{产量}(\text{件})$$

例如用 11kW 的双层烘炉烤小面包，每次烘烤时间 14min（包间歇时间），每层放两个烤盘，每盘放 24 个包，每度电 1.00 元。于是每个面包的直接电费为：

$$(1.00\times11\times14/60)\div(24\times4)=0.027\ (\text{元})$$

此外，冷柜（冰箱）因全天 24h 通电，耗电量也相当大。

综合用电水平可以用：耗电量（度）÷生产用粉量（包）来衡量，据了解现在生产面包综合耗电的平均水平为 22 度/包左右。电费占营业额的 5％左右。

2. 设备费

设备费包括固定资产折旧和低值易耗品摊销两项。

固定资产是指试用期一年以上且达到一定价值的设备，如厂房、生产机械、不锈钢案台、车辆等。低值易耗品是指使用期不足一年或价值较低的设备、用具，如烤盘、面包箱、蛋糕杯等。

固定资产应逐月提留折旧费，以抵偿它的损耗，维持生产的延续。

月折旧率通常为：机械设备（使用期 5～10 年）0.8％～1.7％。

车辆（使用期限 5～10 年）0.7％～1.4％。

生产用房（使用期限 30～40 年）0.2%～0.3%。

非生产用房（使用期限 35～45 年）0.18%～0.28%。

月折旧率计算方法为

月折旧率 = 固定资产折旧总额 ÷（使用年限 × 12 × 固定资产原值）× 100%

低值易耗品通常品均摊销法进入成本，也就是把低值易耗品的原值在一年之内平均分为若干次摊销。

【例 9-3】 有一小型面包店，设备如下。房屋按月折旧率 0.2%算，其他固定资产按月折旧率 1.2%算，求月折旧额。所有低值易耗品分 12 次平均摊售，求每次的摊销额。

（1）压面机 1 台 6500 元。

（2）双层烘炉 1 台 4600 元。

（3）搅拌机 1 台 5000 元。

（4）案台 1 张 2200 元。

（5）醒发室 1 台 2000 元。

（6）冰箱 1 个 3000 元铝合金货架 1 个 6000 元。

（7）房屋 30 平方 60000 元。

（8）面包箱 20 个 600 元三文治盒 20 个 120 元。

（9）烤盘 21 个 560 元蛋糕杯 60 个 120 元。

（10）其他 1000 元。

解

（1）至 7 项固定资产合计 29300 元，1.2%算月折旧额＝29300×1.2%＝351.60（元）。

（2）厂店按 0.2%计月折旧额＝60000×0.2%＝120（元）。

（3）月折旧额合计＝351.6＋120＝471.60（元）。

（4）9～10 项为低值易耗品，合计 2400（元）。

每次摊销费＝2400÷12＝200（元）

也就是说，这个面包店每月在设备费方面的开支为

471.6＋200＝671.60（元）

3. 人员工资和福利

（1）员工的工资性收入由四部分构成：

① 基本工资。

② 加班费（《劳动法》规定凡标准工时以外工作要给予加班费）。

③ 奖金。

④ 补贴（补贴标准由政府规定，也有些企业不发补贴）。

（2）员工应享受的福利由以下部分构成：

① 工作餐。

② 社会保险。

③ 工伤医疗。

烘焙企业工资福利开支一般占营业额 7%～10%，较高的占 15%。

例如一间饼屋日营业额为3000元，则月营业额为90000元。按10%计算人工费用为9000元。设工人平均工资600元，工资餐补助150元，其他工资福利100元，合计850元，故饼屋聘用员工在10人以下为宜。

任务二　焙烤食品生产管理

一、焙烤食品生产计划

生产计划是关于企业生产运作系统总体方面的计划，是企业在计划期应达到的产品品种、质量、产量和产值等生产任务的计划和对产品生产进度的安排。它反映的并非某几个生产岗位或某一条生产线的生产活动，也并非产品生产的细节问题以及一些具体的机器设备、人力和其他生产资源的使用安排问题，而是指导企业计划期生产活动的纲领性方案。

生产计划是工厂管理内部运作的核心，是企业组织和指挥生产活动的依据。企业通过编制生产计划对生产任务做出统筹安排，规定企业在计划期内应当完成的产品品种、产量、产值，生产能力的利用程度和生产进度更指标。

（一）生产计划的编制

生产计划是根据企业的能力确定要做的事情，通过均衡地安排生产实现生产规划的目标，使企业在客户服务水平、库存周转率和生产率方面都能得到提高，并及时更新、保持计划的切实可行和有效性。确定生产指标后，编制生产计划一般按如下步骤进行：

(1) 收集资料，分项研究。编制生产计划所需的资源信息和生产信息。

(2) 拟定优化计划方案统筹安排。初步确定各项生产计划指标，包括产量指标的优选和确定、质量指标的确定、产品品种的合理搭配、产品出产进度的合理安排。

(3) 编制计划草案。做好生产计划的平衡工作。主要是生产指标与生产能力的平衡；测算企业主要生产设备和生产面积对生产任务的保证程度；生产任务与劳动力、物资供应、能源、生产技术准备能力之间的平衡；生产指标与资金、成本、利润等指标之间的平衡。

(4) 讨论修正与定稿报批。通过综合平衡，对计划做适当调整，正确制定各项生产指标。报请总经理或上级主管部门批准。

同时，生产计划的编制要注意全局性、效益性、平衡性、群众性、应变性。

（二）生产计划的执行

计划是生产管理工作的开始。要使计划变为现实，更重要、更大量的工作还在于积极组织计划的贯彻执行。工业企业在计划执行阶段，主要应做好以下几方面的计划管理工作。

1. 计划指标层层分解落实

企业在计划的贯彻实行中要同经济责任制结合起来，将企业的计划指标分解成若干分解指标，再把这些指标层层下达落实到车间、班组，以至每道工序、每个工人，每项计划指标都有专门机构、专人负责。这样，计划的完成和超额完成就有了坚实的基础。

在落实计划过程中，要把责、权、利结合起来，充分调动每个部门、每个人的积极性和主动性，使计划的贯彻执行成为职工的自觉行为。

2. 实行考核制度

为了衡量企业内部各部门及每个职工完成计划任务的情况，必须进行严格的考核，把每个部门及个人的工作实绩与责任进行比较，测定其任务完成程度。为此，要建立严格的考核制度、全面经济核算制度和计算工作制度，做好计划执行中原始记录和统计报表等项工作，以便科学地、客观地、全面地对企业计划执行情况进行检查、衡量，如实际完成的占计划的百分比，本期实绩与上期实绩进行分析比较，及时总结经验，及早发现问题，纠正偏差，采取措施，确保企业计划的全面完成。

3. 做好控制工作

企业要对计划执行情况经行严格控制。在企业管理中，控制工作一般包括事前控制、事中控制和事后控制。

事前控制就是采用一系列科学手段和方案进行科学的、正确的决策，制定切实可行的计划，把损失浪费消灭在计划执行之前。

事中控制就是计划执行中的控制。要求严格按计划规定的技术标准、质量标准、各种定额标准，以及各岗位计划指标等标准来从事生产经营活动，避免出现偏差和事故而造成损失浪费。如计划执行过程中的现实指导、检查就属于事中控制。

事后控制就是对计划的执行结果经常进行检验，以便发现问题，进行分析、纠正偏差，追究责任，及时处理。事后控制往往比较被动，因为这时损失浪费已经造成，制成采用补救办法进行调整，力求把损失浪费降到最低限度。

为了把控制工作做好，企业应建立健全管理信息系统，这是控制计划执行的关键。现在大型的企业普遍运用微型电子计算机建立满足本企业需要的管理信息系统，以便收集、记录、汇总和处理各种信息，更好地为计划管理服务，全面提高企业的管理水平。

4. 生产计划检查与总结

检查计划和总结计划是管理工作链中的重要一环，也是周而复始的计划管理过程另一循环的开始。

计划检查的形式多种多样，有日常检查和定期检查、全面检查和专项检查，还有管理系统专业人员的检查和职工群众的自查。在通常其况下，这些检查要交替结合起来进行。通过检查对计划进行全面的、实事求是的评价，以推动计划的完成。检查的结果要有书面总结，其中既要有数据报表，又要有经验教训，认识客观经济规律，提高计划管理水平，为下一期管理计划的制定与执行打好基础。

（三）生产计划安排表

生产计划安排表表示具体落实生产计划的措施。它清晰地表明生产什么产品、数量多少、需要多少人力、原料成本和制造费用，还包括什么时间在完成什么项目等。对于执行和检查计划十分方便。见表 9-5～表 9-7。

表 9-5　生产计划安排表(一)

月份

生产单位	生产项目	生产数量	预计日程		安排人力	预计产值	原料成本	物料成本	人工成本		制造费用		制造成本	毛　利
			起	止					起	止	起	止		

总经理　　　　厂长　　　　审核　　　　拟定

表 9-6　生产计划安排表(二)

月份

部门	生产项目	生产数量	起止日期		安排人力	×××工序		×××工序		×××工序		备注
			起	止		人力	起止日期	人力	起止日期	人力	起止日期	

表 9-7　月份生产计划表

本月份预定工作数________日

生产批号	产品名称	数　量	金　额	制造单位	制造日程		预出口日期	需要工时	估计成本			附加值	备　注
					起	止			原料	物料	工资		
1													
2													
3													
4													
5													
6													
7													
8													
9													
10													
11													
12													
13													
14													

配合单位工时		预计生产目标		估计毛利	
准备组		产值		附加值	
质检组		总工时		制造费用	
包装组		每工时产值		估计毛利	

审核　　　　计划

二、生产流程安排

生产计划在烘焙车间的具体执行是生产流程安排。

生产流程安排是生产管理的重要内容。所谓流程安排就是编排好各个面点品种每一个工序的生产时间计划。生产流程安排得好，就可以有条不紊的进行，工人不会误工，设备不会休闲，劳动效率得以提高。

生产流程的安排要求编排者熟悉生产任务，设备性能，员工工效，工艺条件，还要求考虑到不同品种，主辅工序之间的配合。

（一）单一品种的生产流程安排

例如，现有生产任务：生产豆沙馅小圆包 2000 个，每个面团重 40g，馅料重 10g，要求 PM 5：00 前完成烘烤。现有烘炉两台：一台 3 层炉每层 3 盘，一台 2 层炉每层 2 盘。

生产流程安排的编制过程如下。

1. 编制工艺流程图

二次发酵法工艺流程如图 9-1 所示。

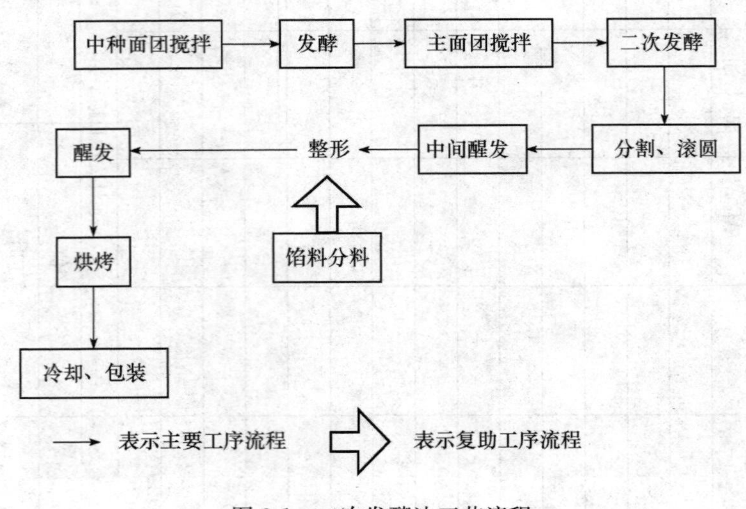

图 9-1　二次发酵法工艺流程

2. 确定各工序的生产时间

（1）确定瓶颈工序。在整个工艺流程中生产速度慢且调节弹性差的工序成为瓶颈工序，瓶颈工序必须连续作业才能使整个生产过程时间最节约。烘焙生产最需要安排连续作业，这样可以使的烘炉耗电最省。其他工序如果生产速度不满意可能通过增加设备或人力来调整，一般不会成为“瓶颈”。

（2）确定各个工序的工艺时间。每个工序的生产时间是由设备的生产能力、工人的生产能力、工艺要求而确定的。例如，中种面团发酵的工艺时间可根据二次发酵的工艺要求定为2.5h；醒发的工艺时间设定为1h；烘烤的工艺时间为每炉15min；整形属于手工操作，可以通过调节人力生产速度与烘焙速度同步，定为每批15min。

（3）计算每个工序的生产时间。从生产任务要求PM5：00完成烘烤算起，用"倒计时"方法递推各个工序的开始时间和完成时间。

烘烤时间的计算要根据烘炉的生产能力来确定，2个烘炉每次共可烘烤13盘面包，每盘24只，即每次可烤312只。2000只包共需烤7次，每次15min，共耗时105min。所以该工序应在PM3：15开始至PM5：00结束。

逆推至醒发工序：

醒发的开始时间＝烘烤的开始时间－醒发的工艺时间
＝PM3:15－60min＝PM2:15

醒发的最后完成时间＝烘烤的完成时间－烘烤的工艺时间
＝PM5:00－15min＝PM4:45

再逆推至整形工序：

例：第一批整形开始时间＝醒发的开始时间－整形的工艺时间＝PM2：15－15min＝PM2：00

依此类推，求出各个工序的生产开始时间和完成时间。

（二）多品种的生产流程安排

前面介绍了面包厂生产单一品种时怎样安排生产流程，而实际上面包厂总是生产很多品种的。现在介绍一下多品种的生产流程的安排。步骤如下所述：

（1）安排好各个品种在瓶颈工序生产次序，尽量使瓶颈工序能连续生产而又不会"撞车"。如烘烤，在同一时间里，几个品种都要烘烤且数量超过生产能力，这就是烘烤发生了撞车。

（2）按照前文所介绍的安排单一的品种生产流程的方法，分别编排每个品种的生产流程。编号后要检查瓶颈工序外其他工序有没有发生撞车。尤其是搅拌、醒发等工序，如发生问题要合理调整生产时间或调整生产设备。

（3）将以上编排结果填入"生产流程安排总表"中（表9-8）。表中除出炉一栏外，其他各栏的时间都是该工序的开始时间，工序的完成时间可省略，一般不标明。

（4）分解"生产流程安排总表"为各个主要工序的生产流程表。例如搅拌生产流程表、整形生产流程表、醒发生产流程表、烘烤生产流程表等。这类生产流程表有五个纵栏标题，分别是顺序号、品种、开始时间、完成时间、工作量（表9-9、表9-10）。顺序号要按照生产的次序排列而不是按照总表中的品种的次序排列，这样才便于生产操作（表9-9）。表9-10的编排就比较简单，因为烘烤的生产次序与总表中的品种次序是一致的，只需从总表中直接复印过来就行了。

工序生产流程表是个班组的实质性生产计划。各班组只要按照表中的指令执行计划，整个生产任务就能有条不紊的完成，见表9-8～表9-10。

表 9-8　生产流程安排总表

生产名称	准备时间	搅拌时间	基本发酵	主面团搅拌	主面团发酵	分　割	整　形	醒发进炉	出炉产量
白吐司	6：00	6：20	6：25	9：25	9：40	9：50	—	10：15 11：30	11：30 48 条
葡萄干司	6：40	6：55	7：00	9：45	10：00	10：10	—	10：40 11：35	12：05 48 条
全麦包	7：15	7：30	7：35	10：35	10：50	11：00	—	11：20 12：10	12：35 72 条
硬式餐包	9：50	10：05	10：25	—	—	10：55	11：25	11：35 12：40	13：05 120 条

表 9-9　搅拌工序生产流程表

顺　序	生产名称	开始时间	完成时间	用量粉/kg
1	白吐司中种面团	6：20	6：25	11.5
2	葡萄干吐司中种面团	6：55	7：00	11.5
3	全麦包中种面团	7：30	7：35	15.0
4	白吐司主面团	9：25	9：40	7.5
5	葡萄干吐司主面团	9：45	10：00	7.5
6	硬餐包主面团	10：05	10：25	20.0
7	全麦包主面团	10：35	10：50	10.0

表 9-10　烘烤工序生产流程表

顺　序	生产名称	开始时间	完成时间	数　量
1	白吐司	11：00	11：30	48 条
2	葡萄干吐司	11：35	12：05	48 条
3	全麦包	12：10	12：35	72 条
4	硬餐包	12：40	13：05	120 条

任务三　焙烤食品生产卫生管理规范

一、焙烤食品生产良好操作规范（GMP）

高质量的产品是在生产过程中诞生的，从这个意义上说，食品企业对食品质量承担着重大的责任。因此实施 GMP 的目的就是消除不规范的食品生产和质量管理活动。

对于焙烤食品工厂的设计与设施所涉及的生产环境、条件、设施等相关内容主要参照 GMP 法规的要求制定。

（一）工厂的环境卫生

（1）焙烤食品厂必须建在无有害气体、烟尘、灰沙及其他危害食品安全卫生物质的地区。30m 内不得有粪坑、垃圾站（场）、污水池、露天坑式厕所等。1500m 内不得有大粪场。

（2）道路、装/卸货场地、过道、专用铁路和公路月台、牲畜栏的地面应平整，不积水，不漏水，便于清洗和消毒。

（3）厂区内人流、物流分离，牲畜、粪便、生产废料、仪器等没有交叉污染的可能。各个区段的污水不应流入其他区段。

应在远离生产加工车间处设置垃圾及废弃物临时存放设施。垃圾及废弃物需当天清理出厂。该设施应采用便于清洗、消毒的材料制成，结构严密。能防止害虫侵入，避免废弃物污染食品、生活用水、设备和道路。

（4）厂区空地应进行绿化，种植草或常青灌木，不允许种植含飘落絮状或纤维种子的树和灌木丛。

（5）厂区的生产区、生活区要分开，生产区建筑布局要合理。分别设置废料及垃圾收集装置并及时处理，保持厂区清洁卫生。

（二）车间及人员设施卫生的要求

1. 车间设施卫生要求

（1）车间结构设计应适合焙烤食品加工的特殊要求，车间的空间要与生产相适应，加工区与加工人员的卫生设施，如更衣室、淋浴间和卫生间等在建筑上为连体结构。

应有专用洗蛋室，备有照蛋灯和洗蛋、消毒设施。

（2）车间布局应与生产相衔接，便于加工过程的卫生控制，防止交叉污染，加工车间布局按产品与加工过程顺序布局，使产品由非清洁到清洁区过度，防止交叉倒流。

（3）车间的清洁区与非清洁区要有相应的隔离设施，半成品通过传递口进行，防止交叉污染。

（4）车间设置隔离的工器具清洗消毒间。配有热水装置，并设工器具高温杀菌箱。

（5）地面应用防滑、坚固、不渗水、易清洗、耐腐蚀材料铺制，表面平坦，不积水，有斜坡度，车间与屋顶及墙壁用浅色、无毒、防水、防腐蚀、易清洗、不脱落的PVC板和白瓷砖建造，墙角、地角、顶角有弧度。车间的入口处有防虫、防尘设施，材料耐腐蚀易清洗。

（6）供水与排水设施应分开走向，下水道口铺有不锈钢网，防虫、防鼠，下水道盖用高强度、无毒、易清洗、耐腐蚀塑料盖。

（7）车间要有良好的通风条件，特别是在蒸汽较多的工段，车间采用机械通风，有良好的排风，同时有良好的给风装置，使蒸汽正压排出，减少冷凝水存在，保持环境卫生。

（8）车间的照明应与生产的要求相适应，光线充足，不改变加工物的颜色，并有防护罩。

（9）设备设施及工器具：生产加工过程中所使用的操作台、工器具均为不锈钢制品，无毒，易清洗，耐腐蚀，不对产品造成污染。接触生肉、半成品、成品的设备、工器具和容器应标志明显，分开使用。加工设备的安装会符合工艺布局的要求，便于卫生管理，日常维护与清洁。

2. 人员卫生设施要求

（1）更衣室。车间更衣室面积应与人员数量相适应，并与车间相连接，生区与熟区分别设有卫生间和更衣室。个人衣物、工作服、鞋靴要单独存放，有专人清洗、消毒、发放，更衣室应通风采光良好，并安装有紫外线灯和臭氧发生器进行灭菌消毒。

（2）淋浴间。淋浴间的大小应与加工人员数量相适应，通风良好，地面平整，不积水，不渗水，防滑，墙壁采用浅色、无毒、易清洗、耐腐蚀材料建造，排水顺畅，每10人配置一个喷头。

（3）洗手消毒设施。洗手消毒设施应与加工人员数量相匹配，水龙头为脚踏式开关，有40℃温水，设有皂液器、消毒液容器、酒精喷淋、烘手器，放置合理，方便使用。洗手用水导入排水管排出，避免流淌在地面上，造成污染。

（4）卫生间。车间应设有卫生间，卫生间的墙壁、地面门窗为浅色、无毒、易清洗、耐腐蚀、不渗水材料建造，有洗手冲水设施。卫生间入口处设有更衣、换鞋设施。

3. 仓储卫生设施要求

原辅材料库应保持清洁、干燥、卫生，有防鼠设施。辅料不得与食品原料贮存在一起，应有单独的仓库，贮放时应注意防止各种原因引起的霉变与危害。

冷藏库温度应符合工艺要求，成品保存在－18℃以下的库内，并有自动温度记录与显示装置，库内设有温度计，有防虫防鼠设施，建筑材料符合卫生要求，无毒、无异味，浅色易于消毒。

冷库存放货物时，不论其是否有容器包装均应放置在冷库内货架上，若堆垛放置，应放置在有垫木垫起的格栅或托盘内，格栅或托盘底面距地板的高度不少于8cm，货堆离墙壁和设备距离不少于30cm，货堆之间有工作通道，进入冷库工作的人员其鞋上应穿鞋套。冻肉与冷却肉在冷库内须悬挂堆放。

冷库在使用中要注意检查受霉菌污染的程度，定期进行微生物检查。冷库库房的检修、清洗和消毒应在库房腾空货物之后进行。货物进库前进行微生物等卫生检查。

冷库应建有清洗车间（或设施），用于对用具、运输工具、容器的清洗消毒，也应有用于对地面、墙壁清洗消毒的设施。

（三）原料、辅料卫生的要求

（1）原辅料应符合安全卫生要求，避免污染物的污染。采购的原料必须符合国家有关食品安全标准或规定。必须采用国家允许使用的、定点厂生产的食用级食品添加剂。

（2）原辅料在接收或正式入库前必须经过对其卫生、质量的审查，不合格的原辅料不得投入生产。应有专用辅料加工车间。各种辅料必须经挑选后才能使用，不得使用霉变或含有杂质的辅料。

（3）加工用水的水源要求安全卫生。生产用水必须符合GB 5749—1996《生活饮用水卫生标准》的规定。对于油炸类膨化食品用水，其总硬度应在50mg/kg以下（以$CaCO_3$计，铁、铜在0.1mg/kg以下）。

（4）食品添加剂应按照GB 2760—2007规定的品种使用，禁止超范围、超标准使用添加剂。

（5）生、鲜原料，必要时应予以清洗，其用水应符合饮用水标准；若循环使用，应予以消毒处理，必要时加以过滤，以免造成原料的二次污染。以蛋为原料的，对丁壳蛋、裂壳蛋、黑壳蛋、散黄蛋、霉变蛋、变质腐败蛋及已孵化未成蛋均应剔除，不得倒入生产用蛋桶。打蛋前应先消毒，再用清水洗净残留物。

（6）辅料要自行加工的，必须在专用辅料加工间进行。

（7）原料使用依先进先出的原则，冷冻原料解冻时应在能防止劣化的条件下进行。

（8）食品不再以加热等杀菌处理即可食用者，应严格防止微生物等再污染。

（四）生产、加工的卫生要求

（1）所有的生产作业应符合安全卫生原则，并且应在尽可能的减少微生物的生长及食品污染的条件下进行。实现此要求的途径之一是控制物理因子（如时间、温度、水分活度、pH、压力、流速等），以确保不会因机械故障、时间延滞、温度变化及其他因素使食品腐败或遭受污染。

（2）用于消灭或防止有害微生物繁殖的方法（如杀菌、辐照、低温消毒、冷冻、冷藏、控制 pH 或水活度等）应适当且足以防止食品在加工及贮运过程中劣化。

（3）应采取有效方法防止成品被原料或废弃物污染。

（4）用于输送、装载或贮藏原料、半成品、成品的设备、容器及用具，其操作、使用与维护应使制造或贮藏中的食品不受污染。与原料或污染接触过的设备、容器及用具未经彻底的清洗和消毒，不可用于处理食品或成品。盛放加工食品的容器不可直接放在地上，以防止溅水污染或由容器底部外面污染所引起的间接污染。

（5）对于加工中与食品直接接触的冰块，其用水应符合饮用水标准，并在卫生条件下制成。

（6）应采取有效措施如筛网、捕集器、磁块、电子金属检测器等防止金属或其他杂物混入食品。

（7）盛放成品的容器回收、再使用前必须洗涤、烘干或消毒。

（8）应依据生产管理规范操作，做必要的生产作业手册：如温度、时间、质量、湿度、相对密度、批号、记录者等。

（9）洗米、制粉等原料处理、加工过程中与食品接触的用水必须符合 GB 5749—1996 的要求。

（10）在连续生产加工过程中，应在符合生产工艺及品质要求的条件下，迅速进入下一道工序，控制食品暴露时间，以防过冷、过热、吸潮、微生物污染等因素对食品品质造成损害。

（11）原辅料加工前，应检查有无异物，必要时进行筛选。

（12）蒸煮、揉炼处理。蒸煮、揉炼用水符合 GB 5749—1996 的要求。控制温度、时间；高压蒸煮要控制压力，并做记录。

（13）成型机切口不可粗糙、生锈；其用油、蜡应符合卫生要求。

（14）油炸处理（油炸类膨化食品适用）。控制温度、时间、真空度（低温真空干燥时）；及时添加新油，及时过滤，防止油炸品质变化；油炸完后即预冷却，最终冷却品温应在袋内结露的温度（通常 35℃）以下。

(15) 烘焙类膨化食品。严格控制干燥室的温度、压力和时间，并有记录；二次干燥应严格控制半成品的水分；烘焙过程应控制烘焙的温度、压力和时间，并有记录。

(16) 挤压类膨化食品。控制物料水分、喂料量与速度；控制挤压的压力、温度或有关参数，并做记录。

(17) 调味处理。应按工艺及卫生要求配制、添加调味料；调味操作过程中使用的容器、用具等应彻底清洗、消毒、灭菌，防止遭受污染；应控制调味液温度，调味液应保持新鲜、卫生；调味及调味后若需要干燥处理，应保持周围环境的相对湿度不高于75℃。

(18) 喷糖霜处理。制糖霜所用原料，必须符合相应的卫生标准。喷糖霜完毕，应将糖霜机清洗干净，工作区清理完全，剩余糖霜妥善存放。

(五) 包装、贮存及运输的卫生要求

(1) 包装应在单独的包装车间内进行，包装车间应配有专用洗手消毒设施。

(2) 包装前的产品要预先冷却至不会在包装袋内有露水形成的温度以下。

(3) 应使用防透水性材料包装，且其封口严密良好，防止湿气侵入。

(4) 应用金属探测器剔除有金属污染的包装成品。

(5) 食品包装袋内不得装入与食品无关的物品；若装入干燥剂，则应无毒无害，且应使用食品级包装材料包装，使之与食品有效分隔。

(六) 有毒有害物品的控制

(1) 确保厂区、车间和化验室使用的洗涤剂、消毒剂、杀虫剂和化学试剂等有毒有害物质得到有效控制，避免对食品、食品接触面和食品包装物料造成污染。

(2) 工厂的各个部门应该对有毒有害物品的领用、配制记录，并设有消毒柜，柜内物品标志明确，并加锁保存。

(七) 检验的要求

(1) 工厂应设立与生产能力相适应的独立检验机构和相适应的检验检疫人员。

(2) 质检部门的检验设施和仪器设备符合检验要求，并按规定定期校准。

(3) 工厂应制定原材料、半成品、成品及生产过程中的监控检验规程，并有效的执行。

(4) 对不合格品的控制按文件的规定，包括不合格品的标志、记录、评价、隔离位置及可追溯性的内容。

(5) 检验的记录应当完整、准确、规范。记录至少保持2年。

(八) 保证卫生质量体系有效运行的要求

(1) 工厂应制定并执行原辅料、半成品、成品及生产过程中的卫生控制程序，并有记录。

(2) 按卫生标准操作程序做好记录，保证加工用水、食品接触面，有毒有害物质、虫害防治等处于受控状态。

(3) 食品卫生的关键工序制定了操作规程并连续监控，按时填写监控记录。

(4) 对不合格品的控制按文件规定，包含不合格品的标志、记录、评价、隔离位置及可追溯性的内容。

(5) 产品的标志、质量追踪和产品回收制度要有严格的规定，保证出厂产品的安全，发现质量问题时及时回收。

(6) 工厂应制定加工设备、设施的维护保养程序，保证生产的需要。

(7) 工厂应制定员工培训计划，做好培训记录并有效的实施。

(8) 工厂应制定年度内审计划，定期进行内部审核及管理评审。

(9) 检验记录完整、准确、规范。记录要保持一定期限。

二、焙烤食品生产卫生标准操作程序（SSOP）

（一）水的安全卫生

生产生活用水的卫生质量是影响食品卫生的关键因素，因此工厂要保证水的安全。

1. 水源

工厂可以使用城市供水，各项指标应符合 GB 5749—1996《生活饮用水卫生标准》，水量充足。

2. 设施

(1) 工厂应该绘制并保存详细的供、排水网络图，便于日常管理与维修。

(2) 生产区与生活区、生区与熟区严格分开。

(3) 生活区设有地下污水管道、地漏，便于污水的排放。生产车间地沟口设有不锈钢网及塑料箅子，防止污物堵塞地沟和虫、鼠进入。

(4) 车间使用无毒、浅色的软水管，不拖地使用，并设有存放专业架。

3. 供排水设施的监控

(1) 工厂设备部门负责对供水设施的日常维护与维修。

(2) 生产前设备部门有专人对供水设施进行检查，对检查不合格要求的立即维修。

(3) 后勤部负责排水设施的维护，下水道定期清理，保持排水的顺畅。

4. 水的检测

(1) 以 GB 5749—1996《生活饮用水卫生标准》为标准。

(2) 工厂的质检部门应定期对水质进行检测。

(3) 工厂应定期委托卫生防疫机构对水质进行全项目分析，分析报告应存档保存。

5. 纠正措施

当供水系统损坏或水质检测不合格时，立即停水，判定原因，并对此时间内的产品进行评估，确保食品安全卫生。只有当其符合国家饮用水标准时方可重新生产。

6. 记录

水的监控、维护及其他问题处理都要记录、保持。

记录一般包括：城市供水水费单、水分析报告、管道交叉污染等日常检查记录、纠正记录等。

（二）食品接触面的清洁度

（1）生产工厂的食品接触的表面包括：

① 加工设备：调和机、面团切块机、烘焙设备、面包成型机、面包切片机、烘烤模具、夹心饼干机、油炸机、包馅机、自动蛋卷机、食品挤压机、烤炉等。

② 案面、工器具：工作台、不锈钢盘子、天平等。

③ 包装材料、加工人员工作服、手套等。

（2）材料及设计安装要求：

① 均为耐腐蚀、不生锈、表面光滑、易清洗的不锈钢材质或塑料材质。

② 设计安装易于清洗、消毒、维修。

③ 无粗糙焊缝、凹陷、破裂等，不积污物。

（3）工厂应定期对加工设备、案台、工器具及包装物料等清洗消毒。

（4）监控。

① 每天工作前或工作后由质检员负责设备和工器具清洗消毒状况的检查。

② 除质检人员对已清洗消毒过的设备和工器具进行外观检查外，化验室应定期对其进行微生物检查。

③ 每批内包装进入工厂后，要进行微生物检验（细菌数<100 个/cm^2，无致病菌）。

④ 化验室应对工作服定期清洗消毒检查。

（5）纠正措施。

① 对于检查不干净的食品接触面应重新进行清洗消毒或立即更换。

② 微生物检查不合格应连续检测，并对此时期内产品重新检验评估，必要时更改清洗消毒方案。

③ 工厂高层领导应对员工加强培训，增强卫生质量意识。

（6）记录：包括检查食品接触面状况，消毒剂浓度，表面微生物检验结果等。

（三）防止交叉污染

1. 控制与监测

（1）工厂厂区周围应保持良好卫生状况，远离有害场所。

（2）厂区应该划分为生产区与生活区，车间分为生区与熟区，防止交叉污染。

（3）车间的布局设计应合理，各环节相互衔接，便于加工过程中的卫生控制。

（4）工艺流程是从原料到半成品的过程，即从非清洁区到清洁区的过程。

（5）生区与熟区分开，粗加工、细加工、成品包装分开。

（6）明确人流、物流、水流、气流的方向，避免造成交叉污染。

（7）清洗消毒与加工车间应分隔开。

（8）每日班前应进行健康检查，对手部卫生进行控制。

（9）工厂应对原料、辅料及包装材料进行严格检查和管理，入库前应由质检人员检查合格后方可入库，库房人员应严格分类管理，防止交叉污染。

（10）用于生熟两区区域的清洗和消毒器具，应有明显的标志，避免交叉污染。

2. 纠正措施

（1）应该对新来的员工进行卫生培训。

（2）应对员工头发的束缚、手套的使用、手的清洗等个人卫生上存在的问题，卫生监督员按规定对工人加以纠正，如有必要进行卫生培训，对靴消毒池内的消毒液和手用消毒液应按规定检测浓度，必要时及时更换。

（3）维修人员应及时对排水不畅的地面进行维修，以使排水顺畅。

（4）卫生监督员对可能造成食品污染的情况要加以纠正，并由质检部门评估产品质量。

3. 文件及记录

记录一般包括：每日卫生监控记录、消毒控制记录、纠正措施记录。

（四）手的清洗、消毒和厕所设施的维护与卫生保持

1. 洗手、消毒设施

（1）设施齐全，水龙头应使用脚踏式开关，数量与人员相匹配。备有皂液盒、干手器、酒精喷淋等。车间工作台应备有酒精喷壶。

（2）有热水装置，冬季应用40℃热水洗手。

2. 厕所设施

（1）位置。与车间相连接，门不直接朝向车间，有更衣室、换鞋设备。

（2）数量。与加工人员数量相适应。

（3）厕所应设有防虫设施。

（4）通风良好、地面干燥，保持清洁卫生。

3. 洗手、消毒的要求

（1）良好的进入车间的洗手、消毒操作程序：更换工作服→换鞋→清水洗手→皂液洗手→清水洗掉皂液→50mg/kg消毒液浸泡30s→清水冲洗→干手→酒精喷淋。

（2）良好的入厕洗手、消毒程序：更换工作服→换鞋→入厕→冲厕→皂液洗手→清水冲洗→干手→消毒→换工作服→换鞋→洗手消毒进入工作区。

4. 设施的维护和卫生保持

卫生监督员在开工前、生产结束后对洗手、消毒设施及厕所设施要进行检查，发现

问题要及时解决，保持设施的正常使用。

5. 监控

(1) 每次进入加工车间时由卫生监督员负责对工人的洗手、消毒程序进行监督检查，并对车间的洗手消毒设施进行检查，由质检部门对员工洗手消毒后的卫生状况进行微生物检测。

(2) 每班次后更衣室管理人员要进行消毒和清洗，并保持地面干燥。

6. 纠正措施

卫生监督员应对更衣室、厕所设施的清洁进行监督，纠正任何对产品可能造成污染的情况发生。

(1) 若卫生间设施损坏由卫生监督员要及时报修，由维修人员及时维修。

(2) 工人的不良卫生习惯要及时纠正。

(3) 若车间洗手消毒设施损坏，由卫生监督员及时报修，并对工人不正确的洗手消毒程序进行及时纠正，并根据化验室微生物抽验结果对员工洗手消毒程序进行纠正，直至符合要求。对污染产品隔离并评估污染情况以做处理。

7. 文件及记录

记录一般包括：每日卫生监控记录和消毒液温度记录。

(五) 防止食品被污染物污染

1. 污染物的来源与控制

空气中灰尘与颗粒。

(1) 工厂道路要经过硬化处理，保持道路的清洁，减少尘土。

(2) 厂区与厂区周围应进行绿化。

(3) 工厂应每天由专人对厂区卫生进行检查，对卫生清扫不彻底的地方及时清扫。

2. 冷凝水的控制

(1) 车间内温度的控制。

(2) 良好的排气。

(3) 及时清理。

3. 化学物品对食品的污染

内容略。

4. 玻璃器皿

(1) 车间、仓库应安装防爆灯。

(2) 应定期检查玻璃器皿的完好状况。

(3) 应收集碎玻璃，用容器密封后运走。

5. 设备和工器的清洗消毒

设备和工器具的清洗消毒应严格按照程序进行。

6. 捕虫、捕鼠器材的放置

捕虫、捕鼠器材的放置应不会污染原料、产品及包装材料。

7. 包装材料库房的卫生

包装材料库房应保持清洁、干燥、通风，内外包装分开存放，上有盖布下有垫板，并设有防虫鼠设施。

8. 监控

(1) 厂区道路每天应由专人打扫。
(2) 车间负责人每天应对车间内玻璃器皿的完好状况进行检查。
(3) 每月要对车间清洗消毒一次，由质检部门检查。

9. 纠正措施

(1) 对可能造成食品污染的情况要进行纠正并对产品的质量进行评估。
(2) 对清洗消毒用品应进行正确的管理。
(3) 对包装材料进货检验，不合格的要拒收。
(4) 对冷藏水滴落的车间工器具上要加以防护罩，防止冷凝物落入食品中。
(5) 对员工要进行培训。

10. 相关文件和记录

内容略。

(六) 化学物质的标记、贮存和使用

在焙烤食品厂通常使用的化学药品主要包括：消毒剂、洗涤剂、杀虫剂、化验室用药品。

1. 化学药品分类

(1) 清洁消毒剂：次氯酸钠、酒精、洗涤剂等。
(2) 杀虫剂。
(3) 检验用化学药品、试剂。
(4) 润滑油。

2. 购买要求

所使用的化学药品要具备行业主管部门批准生产、销售、使用说明的证明，列明主要成分、毒性、使用剂量和注意事项。

3. 贮存的要求

(1) 清洁消毒用品要做到专库专用。
(2) 要专人负责管理，应有领用记录。
(3) 生产车间内要设有消毒柜，柜内物品标示明确，且加锁存放。

4. 使用要求

(1) 工厂应由专人负责配置各生产环节的消毒剂，消毒剂配置的浓度与不同工序要求一致。员工洗手消毒：50mg/kg 次氯酸钠和 75%酒精溶液。洗鞋池：200mg/kg 的次氯酸钠溶液。
(2) 负责化学药品的管理人员要经过培训后上岗。

5. 监控

(1) 车间负责人每天应对使用的消毒用品进行检查，检查其标志是否明确，配置是否符合要求。
(2) 工作过程中也应随时注意。

6. 纠正措施

(1) 无产品合格证的化学药品要拒收。
(2) 标志不清楚或存放不当，要重新贴标志。
(3) 对配制不符合要求的必须重新配制，必要时对产品进行评估。

7. 各种记录

化学物质使用控制记录，消毒液浓度配制记录，清洗消毒剂须用记录，实验室培养基配制记录。

(七) 员工的健康和卫生控制

1. 健康证

工厂所有与产品有关的人员必须由卫生防疫部门办理“健康证”。工厂的生产相关人员的身体健康及卫生状况直接影响产品卫生质量，必须严格管理。

2. 管理与控制

(1) 员工每天进入车间时，卫生监督员负责对员工健康状况的检查。
(2) 员工每天应主动接受检查，并说明身体状况。
(3) 严格按照洗手消毒程序及入厕程序执行。
(4) 工厂应制定卫生培训计划，由车间定期对工作人员进行卫生操作和良好卫生习惯的培训并记录存档。

3. 纠正

(1) 一经发现患有有碍食品卫生疾病的人员，应及时调离工作岗位，直至痊愈后方可上岗。

(2) 要加强员工卫生知识培训。

4. 记录

每日卫生检查记录，健康检查记录。

(八) 虫鼠害的防治

昆虫、鸟鼠等带一定种类病原菌，对其防治对食品加工厂是至关重要的。

1. 鼠的防治

(1) 在厂区重点区域（如库房等地方）应放置黏鼠板或鼠笼等捕鼠设施。生产区要严禁使用鼠药等物质，以免造成食品污染。

(2) 车间下水道入口处应设置防鼠网。

(3) 每年应定期进行灭鼠。

(4) 由鼠害控制人员每天检查捕鼠架夹，对捕鼠情况记录。

2. 虫的防治

(1) 要消除蚊蝇滋生地，每天由专人负责将厂区垃圾清除出厂。

(2) 要为防止蚊蝇进入车间，车间应实行密封式管理，车间入口应设有风幕、缓冲带和杀虫灯。

(3) 每年要定期对全厂区进行灭蚊蝇。

(4) 由虫害控制人员定期检查杀虫情况并记录。

(5) 杀虫剂是经国家主管部门批准的，有正确的使用规程。

3. 纠正措施

(1) 由质检部门定期检控灭鼠、灭蚊蝇的实施情况。

(2) 根据发现灭鼠的数量及鼠的活动痕迹的情况，及时调整灭鼠方案。

(3) 根据灭虫记录及虫害发生情况及时调整灭虫方案。杀虫剂有变化时检控一次。

(4) 根据季节的需要适时加强措施。

(5) 若原料库发现老鼠活动痕迹必要时上报主管部门，并对鼠害情况进行评估，做相应的处理。

4. 记录

内容略。

任务四　HACCP 在焙烤食品中的应用

一、概述

根据焙烤食品生产工艺的特点，焙烤制品的生产工艺可分为以下几个阶段：

第一阶段：原料验收。包括以下几个方面：

(1) 面粉的验收。面粉是焙烤食品生产中重要的原材料之一，一般通过感官指标及理化指标检验。

(2) 食糖的验收。食糖的检验应根据白砂糖（GB 317—2006）、绵白糖（GB/T 1445—2000）、赤砂糖（QB/T 2343.1—1997）、麦芽糖（GB/T 20883—2007）、果葡糖浆（GB/T 20882—2007）、葡萄糖浆（GB/T 20885—2007）的标准来进行验收。

(3) 油脂的验收。油脂分为动物油脂及植物油脂，根据相应的标准法规进行检验。

第二阶段：原料处理。包括：皮料的制作（糖浆的调制、面团的调制），馅料的调制等。

第三阶段：烘焙加工。包括包馅，烘烤等。

第四阶段：冷却和包装。包括冷却、包装、检查、贮藏等四个工段。

基于焙烤食品的生产工艺，在焙烤食品的生产中主要存在三类危害，包括：生物性危害、化学性危害及物理性危害。

（一）生物性危害

生物性危害是焙烤食品的主要危害，可以分为以下几种：

(1) 原料的影响。在原料中带有致病菌，如肉中的微生物、动物油脂中的微生物、乳及蛋类中的微生物等都可能对最终产品造成危害。

(2) 包装形式的影响。采用不清洁的包装物，或包装物的密闭性不好都可能造成微生物的污染，致病菌的繁殖。

以蛋黄莲蓉月饼为例，莲蓉的原料（莲子、花生油、糖浆、柠檬酸、食用碱水、山梨酸、莲子脱色剂）和饼皮原料（糖浆、花生油、面粉、食用碱水）可带来化学性污染；咸蛋黄含大量的细菌，咸蛋黄的腌制时间直接影响咸蛋黄的水分含量，腌制时间长，咸蛋黄水分低，制成月饼后蛋黄发霉的可能性就可减小。

（二）化学性危害

焙烤食品的原料及生产过程中会加入一些食品添加剂，这些添加剂应按照国家标准及法规的要求添加，标准参照 GB 2760—2007。

（三）物理性危害

在原料收购时，掺进了泥土或石块。在生产环节中，由于设备的损坏，可能会掺入异物，如玻璃等杂质。

二、应用实例（以月饼生产为例）

现以某月饼生产厂为例说明 HACCP 的建立。

（一）产品描述

(1) 产品名称：月饼。

（2）产品特性：月饼是包馅食品中相当重要的一类，花色很多，根据不同的配方和制作方法，大致可分为：

水油皮月饼，例如，三白月饼、酥皮杏蓉月饼等。

糖浆皮月饼，例如，双麻月饼、提浆月饼等。

油糖皮月饼，例如，什锦月饼、广东月饼等。

油酥皮月饼，例如，红月饼、白月饼等。

奶油皮月饼，例如，奶油蛋黄月饼、奶香月饼等。

蛋调皮月饼，例如，蛋黄什锦月饼等。

水调皮月饼，例如，红皮月饼等。

浆酥皮月饼，例如，双酥月饼等。

另外，由于我国各地区条件的不同和传统习惯上的差异，目前全国的月饼有：京式、苏式、广式、扬式、闽式、宁绍式、潮式、滇式等。

（3）产品形状：圆柱形。

（4）重量：单块重量约 50g、100g 不等。

（5）成分：根据不同的月饼种类，其成分大不相同，但通常都是由面粉、水、糖、油脂等组成。

（6）包装：可以分为散装及塑料袋包装。

（7）产品的保质期：月饼的保质期限一般比较长。

（8）贮存温度：常温贮存。

（9）产品使用：不用加工直接食用。

（10）食用人群：一般大众食用。

（11）标签：按照国家相关法规及客户的要求。

以下为蛋黄莲蓉月饼的加工工艺流程图，见图 9-2。

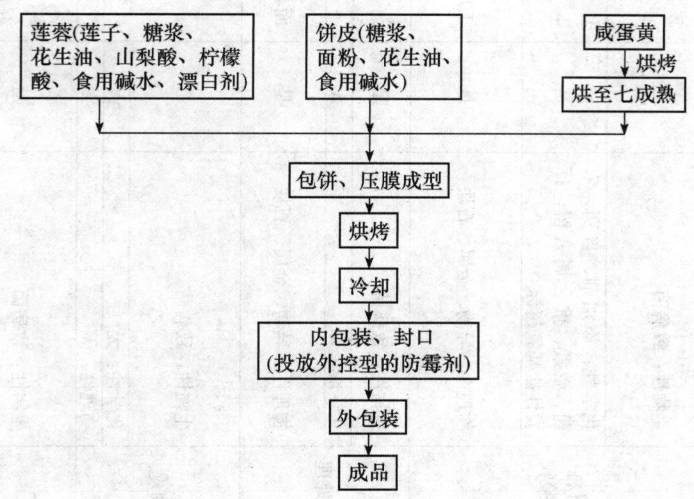

图 9-2　月饼的加工工艺流程图

（二）危害分析（表 9-11）

表 9-11　危害分析工作单

加工步骤	食品危害	危害显著	判断依据	预防措施	关键控制点（是/否）
原辅材料采购、验收	生物性：致病菌	是	1. 文献报道 2. 工厂检查记录	OPRP：—— 1. 采购控制程序 HACCP：—— 后续烘烤工序中控制	否
	化学性：添加剂、兽药、农药、激素、重金属残留；挥发性盐基氮超标	是	1. 文献报道； 2. 肉蛋等食品中六六六、DDT 残留标准； 3. 工厂检查记录。	OPRP——选择合格供方 索取年检报告 —拒收无 QS 标志或无检验合格证明的原辅料	是
	物理性：异物、金属、石块	是	工厂检查记录	OPRP：—— 1. 采购控制程序 HACCP：—— 后续筛粉工序中可以控制	否
面粉预处理	生物性：致病菌	是	1. 文献报道 2. 工厂检查记录	HACCP：—— 1. 后续烘烤工序可达到杀灭致病菌的作用	否
	化学性：无	无	—	—	—
	物理性：异物、金属、石块	是	面粉生产过程中混入	HACCP—— 1. 检查塞网的目数； 2. 检查塞网的完好程度	是
和面制皮	生物性：致病菌	是	—	OPRP：—— 1. SSOP HACCP：—— 1. 后续烘烤工序可达到杀灭致病菌的作用	否
	化学性：无	无	—	—	—
	物理性：无	无	—	—	—
馅料制作	生物性：致病菌	是	1. 文献报道 2. 工厂检查记录	OPRP：—— 1. SSOP HACCP：—— 1. 后续烘烤工序可达到杀灭致病菌的作用	否
	化学性：无	无	—	—	—
	物理性：异物、金属、石块	是	工厂检查记录	OPRP：—— 1. SSOP HACCP：—— 1. 后续金属探测	否

续表

加工步骤	食品危害	危害显著	判断依据	预防措施	关键控制点（是/否）
包馅	生物性：致病菌	是	工厂检查记录	OPRP：—— 1. SSOP HACCP：—— 1. 后续烘烤工序可达到杀灭致病菌的作用	否
	化学性：无	无	—	—	—
	物理性：异物、金属、石块	是	工厂检查记录	OPRP：—— 1. SSOP HACCP：—— 1. 后续金属探测	否
成形	生物性：致病菌	是	加工人员、工器具污染	OPRP：—— 1. SSOP HACCP：—— 1. 后续烘烤工序可达到杀灭致病菌的作用	否
	化学性：无	无	—	—	—
	物理性：无	无	—	—	—
烘焙	生物性：致病菌	是	烘焙时间、温度不当造成病原菌繁殖	HACCP：—— 1. 烤炉的温度 2. 烘烤的时间	是
	化学性：无	无	—	—	—
	物理性：无	无	—	—	—
冷却	生物性：致病菌	是	细菌繁殖	OPRP：—— 1. SSOP	否
	化学性：无	无	—	—	—
	物理性：无	无	—	—	—
包装封口	生物性：致病菌	是	细菌繁殖	OPRP：—— 1. SSOP	否
	化学性：无	无	—	—	—
	物理性：无	无	—	—	—
金属探测	生物性：无	无	—	—	—
	化学性：无	无	—	—	—
	物理性：控制金属锐性异物	是	原料带入或生产过程中混入	金属探测仪检测	是

（三）确定关键控制点（表 9-12）

表 9-12 关键控制点

加工步骤	危害及种类	问题 1：对已确定的显著危害，在本步骤/工序或后步骤/工序上是否有预防措施	问题 2：该步骤/工序可否把显著危害消除或降低到可接受水平	问题 3：危害在本步骤/工序上是否超过可接受水平或增加到不可接受水平	问题 4：后续步骤/工序可否把显著危害降低到可接受水平	CCP
面粉处理	生物性 物理性	是 是	否 是	是	是	CCP1
烘焙	生物性	是	是	—	—	CCP2
金属探测	物理性	是	是	—	—	CCP3

（四）建立关键限值

1. CCP1 面粉处理（关键限值、操作限值）

面粉过筛：A. 筛网的完整性；B. 筛网的目数≥30 目。

2. CCP2 烘烤

（1）关键限值：炉温 240℃左右。
（2）操作限值：炉温 240℃左右，烘焙时间为 8～10min。

3. CCP3 金属探测

金属探测仪具有灵敏度和有效性检测，能检出 Fe ϕ≤1.5mm，Se ϕ≤2.5mm，非铁 ϕ≤2.0mm。

（五）HACCP 计划表（表 9-13）

表 9-13 HACCP 计划表

1	2	3	4	5	6	7	8	9	10
关键控制点 CCP	显著危害	关键限值 CL	监视				纠正措施	记录	验证
			对象	方法	频率	人员			
CCP1 面粉过筛	锐性的异物污染	1. 筛网的完整性 2. 筛网的目数≥30 目	1. 筛网的完整性 2. 筛网目数	1. 取出筛网检查是否破损 2. 测量筛网的目数	1. 3 次/d(班前、班中、班后各一次) 2. 更换新网时	面粉过筛操作工	1. 筛网破损，及时对筛网进行修复或更换；并对使用从上一次检查筛网到此时筛出的面粉所生产的产品进行隔离，进行严格的异物探测评估 2. 更换筛网的目数有误，及时再更换 3. 废弃	1. 监控记录：《月饼产品原料使用情况及筛粉记录表》 2. 纠偏记录：同上 3. 校准记录：监视测量装置控制记录	1. 及时复查记录（1 次/月） 2. 定期对测量器具进行校准（1 次/年）

续表

1	2	3	4	5	6	7	8	9	10
关键控制点CCP	显著危害	关键限值CL	监视				纠正措施	记录	验证
			对象	方法	频率	人员			
CCP2 烘烤	致病菌控制不到位残存	1. 旋转炉：炉温≥240℃ 时间≥9min 2. 平板炉：炉温≥240℃ 时间≥10min 3. 摇篮炉：炉温≥240℃ 时间≥8min	烘烤设备显示的温度和保持时间	读取设备显示的恒温温度和保持时间时间	新产品投产前。温度时间：1次/批	开发小组烘烤操作工	1. 没有在指定时间内上升到规定温度，及时调高温度设置值，加速升温，待到达规定温度时，保持恒温 2. 温度升温不能到达规定温度，及时更换到正常烤炉烘烤，并对故障烤炉进行维修 3. 废弃	1. 监控记录：烘烤记录 2. 纠偏记录：同上 3. 校准记录：监视测量装置控制记录	1. 及时复查记录（1次/月） 2. 定期对设备进行校准（1次/年） 3. 抽样检验
CCP3 金属探测	生产过程中混入的金属异物未控制到位	Feϕ≤1.5mm Seϕ≤2.5mm 非铁ϕ≤2.0mm	产品中可探测到的金属异物	产品通过金属探测器	连续监控3次/d(班前、班中、班后各1次)用标准测试块通过仪器测试灵敏度	金属探测工序操作工	1. 隔离、标识从前一次测试正常到此次测试异常所探测的产品 2. 调整金属探测仪到正常工作状态 3. 将前一次测试正常到此次测试异常所探测的产品重新检测一次	1. 监控记录：金属探测记录 2. 纠偏记录：同上 3. 校准记录：监视测量装置控制记录	1. 及时复查记录（1次/月） 2. 定期对设备进行校准（1次/年） 3. 抽样检验

（六）监控

监控主要目：

（1）为了跟踪加工操作过程，查明可能偏离关键限值的趋势，并及时采取措施进行加工调整。

（2）查明何时失控。

（3）提供加工控制系统的控制文件。

（4）提供产品按计划进行生产的记录。

（七）纠偏

1. 面粉过筛

规定面粉中不得有锐性的异物污染。

（1）检查和报告。检查筛网的完整性及筛网的数目是否符合要求，当出现偏离时，立即采取相应措施。

（2）偏离的原因。筛网破损或使用错误。

（3）纠偏措施。A. 筛网破损，及时对筛网进行修复或更换；并对使用从上一次检查筛网到此时筛出的面粉所生产的产品进行隔离，进行严格的异物探测评估；B. 更换筛网的目数有误，及时再更换；C. 废弃.

（4）评估、处理偏离的原因。检查相关记录，对潜在不安全产品进行评估。

2. 烘烤

经过烘箱烤制的月饼，其细菌指标应在规定的指标范围内，如果超过指标限值或致病菌被检出时，则关键控制点发生偏离。

（1）检查和报告。经质检人员检验，有致病菌时，立即报告主管领导。蒸箱操作人员在每炉一次的确认烘制温度和烘制时间发现偏离时，报告车间负责人。

（2）偏离的原因。烘制温度不足 240℃时。烘制时间不够。

（3）纠偏措施。车间及时调整烤箱温度，并延长烘制时间。

（4）评估、处理偏离的原因。经质检部门检查感官，差异较大时做废品处理，如果不严重时可以放行。经检验发现致病菌时，将发生偏离的原因通知生产部门，并做废品处理。

3. 金属检测

经过包装的月饼，其生产过程中混入的金属异物未控制到位时，则关键控制点发生偏离。

（1）检查和报告。经质检人员用标准测试块通过仪器测试灵敏度，如仪器失灵时，立即报告停止生产，并对已生产的产品进行隔离。

（2）偏离的原因。仪器故障。

（3）纠偏措施。对仪器进行维修。

（4）评估、处理偏离的原因。对隔离的产品进行重新检测后，并得质检部门的确认后，如果合格时可以放行。

（八）记录保持

CCP 记录包括：水质检测记录、食品接触面（微生物）化验记录、车间（设备、工器具）清洗消毒及检查记录、车间入口检查记录、CCP1 原料使用情况及筛粉记录表、CCP2 烘制温度检查校准记录、加工过程中 CCP 监控记录和 CCP3 金属探测记录。

（九）验证

验证程序是 HACCP 计划成功实施的基础，验证要素包括：确认、CCP 验证、HACCP 计划有效运行的验证。

1. 确认

工厂 HACCP 小组成员应根据标准的要求对 HACCP 计划的所有要素做科学和技术上的复查。并在以下情况采取确认活动：

（1）HACCP 计划实施之前。

(2) HACCP 计划实施一段时期后。

(3) 产品的原料加工工艺发生改变时。

(4) 反复出现偏差时。

(5) 验证数据出现违反有关规定时。

2. CCP 验证活动

对 CCP 的验证活动能确保所应用的控制程序调整在适当范围内操作，持续而有效地发挥控制食品安全的作用。

(1) 测试。对筛网的有效性进行测试。

(2) 校准。用自动温控仪和温度计的探头插在蒸箱中测试温度来检测其准确度。每班前用自动温度记录仪检测烘箱内温度是否达到 240℃。金属探测器：工作前校准一次，并且在工作中定时进行校准，如不正常则立即进行检修，校准后再使用。

(3) CCP 记录的复查。由质检部门负责人每天对原料验收监控记录复查，不符合验收标准拒收。由车间负责人每天对烘制、金属监控校准记录复查，纠偏记录由质检部门负责人复查。

3. HACCP 计划有效运行的验证

(1) HACCP 小组每年定期对 HACCP 有效运行进行验证，验证的内容包括：

检查产品说明和生产流程图的符合性；

检查 CCP 是否按 HACCP 计划的要求被监控；

检查工艺规程是否在既定的关键限值内操作；

检查记录是否准确地和按要求的时间间隔来完成。

(2) 记录的复查。

复查监控记录，判断监控活动是否按监控程序规定的方法和频率执行；

复查纠偏记录，判断 CCP 发生偏差时是否按纠偏行动执行；

复查监控设备校准记录，判断监控设备是否按规定的频率校准。

(3) 最终产品微生物检验。最终产品的微生物检测是验证的重要部分。按照产品要求，验证时工厂质检部门对产品微生物进行检测。

学习引导

(1) 焙烤类食品成本包括哪些？

(2) 焙烤类食品卫生管理有何要求？

(3) 焙烤类食品如何建立 HACCP 体系？

附录一　烘焙工国家职业标准

1. 职业概况

1.1　职业名称

烘焙工。

1.2　职业定义

职业是指专门制作焙烤食品的人员。

1.3　职业等级

本职业共设五个等级，分别为：初级（国家职业资格五级）、中级（国家职业资格四级）、高级（国家职业资格三级）、技师（国家职业资格二级）、高级技师（国家职业资格一级）。

1.4　职业环境条件

室内，常温。

1.5　职业能力特征（附表 1-1）

附表 1-1　职业能力特证

职业能力	非常重要	重要	一般
智力（分析、判断）	—	—	√
表达能力	—	√	—
动作协调性	—	√	—
色觉	√	—	—
视觉	√	—	—
嗅觉	√	—	—
味觉	√	—	—
计算机能力	—	—	√

1.6　基本文化程度

高中毕业（或同等学力）。

1.7　培训要求

1.7.1　培训期限

全日制职业学校教育，根据其培养目标和教学计划确定。晋级培训期限：初级不少于240标准学时；中级不少于300标准学时；高级不少于360标准学时；技师不少于300标准学时；高级技师不少于250标准学时。

1.7.2　培训教师

培训初级、中级的教师应具有本职业高级及以上职业资格证书；培训高级的教师应具有本职业技师及以上职业资格证书；培训技师的教师应具有本职业高级技师职业资格证书满2年或相关专业中级以上专业技术职务任职资格；培训高级技师的教师应具有本职业高级技师职业资格证书3年以上或相关专业高级专业技术职务任职资格。

1.7.3　培训场地与设备

理论知识培训在标准教室进行；技能操作培训在具有相应的设备和工具的场所进行。

1.8　鉴定要求

1.8.1　适用对象

从事或准备从事本职业的人员。

1.8.2　申报条件

——初级（具备以下条件之一者）

(1) 经本职业初级正规培训达规定标准学时数，并取得结业证书。

(2) 在本职业连续见习工作2年以上。

(3) 本职业学徒期满。

——中级（具备以下条件之一者）

(1) 取得本职业初级职业资格证书后，连续从事本职业工作3年以上，经本职业中级正规培训达规定标准学时数，并取得结业证书。

(2) 取得本职业初级职业资格证书后，连续从事本职业工作5年以上。

(3) 连续从事本职业工作6年以上。

(4) 取得经劳动行政部门审核认定的，以中级技能为培养目标的中等以上职业学校本职业毕业证书。

——高级（具备以下条件之一者）

(1) 取得本职业中级职业资格证书后，连续从事本职业工作4年以上，经本职业高级正规培训达规定标准学时数，并取得结业证书。

(2) 取得本职业中级职业资格证书后，连续从事本职业工作7年以上。

(3) 取得高级技工学校或经劳动行政部门审核认定，以高级技能为培养目标的高等职业学校本职业毕业证书。

(4) 取得本职业中级职业资格证书的大专本职业或相关专业毕业生，连续从事本职业工作 2 年以上。

——技师

(1) 取得本职业高级职业资格证书后，连续从事本职业工作 5 年以上，经本职业正规技师培训达规定标准学时数，并取得结业证书。

(2) 取得本职业高级职业资格证书后，连续从事本职业工作 8 年以上。

(3) 取得本职业高级职业资格证书的高级技工学校本职业（专业）毕业生，连续从事本职业工作满 2 年。

——高级技师

(1) 取得本职业技师职业资格证书后，连续从事本职业工作 3 年以上，经本职业高级技师正规培训达规定标准学时数，并取得结业证书。

(2) 取得本职业技师职业资格证书后，连续从事本职业工作 5 年以上。

1.8.3 鉴定方式

分为理论知识考试和技能操作考核。理论知识考试采用闭卷笔试方式，技能操作考核采用现场实际操作方式。理论知识考试和技能操作考核均实行百分制，成绩皆达 60 分及以上者为合格。技师、高级技师还须进行综合评审。

1.8.4 考评人员与考生配比

理论知识考试考评人员与考生配比为 1∶15，每个标准教室不少于 2 名考评人员；技能操作考核考评人员与考生配比为 1∶5，且不少于 3 名考评员；综合评审委员不少于 5 人。

1.8.5 鉴定时间

理论知识考试时间为 90min。技能操作考核时间为：面包在 480min 以内，中点在 240min 以内，西点在 120min 以内；综合评审时间不少于 30min。

1.8.6 鉴定场所设备

理论知识考试在标准教室里进行；技能操作考核在具有相应的制作用具和中小型生产设备的场所进行。

2. 基本要求

2.1 职业道德

2.1.1 职业道德基本知识

2.1.2 职业守则

(1) 自觉遵守国家法律、法规和有关规章制度，遵守劳动纪律。

(2) 爱岗敬业，爱厂如家，爱护厂房、工具、设备。

（3）刻苦钻研业务，努力学习新知识、新技术，具有开拓创新精神。

（4）工作认真负责、周到细致、踏实肯干、吃苦耐劳、兢兢业业，做到安全、文明生产，具有奉献精神。

（5）严于律己，诚实可信，平等待人，尊师爱徒，团结协作，艰苦朴素；举止大方得体，态度诚恳。

2.2　基础知识

2.2.1　焙烤食品常识

（1）焙烤食品的起源与发展历史。
（2）焙烤食品的分类。
（3）焙烤食品的营养价值。
（4）焙烤食品加工业的发展方向。

2.2.2　原材料基本知识（内容略）

2.2.3　面包加工工艺基本知识（内容略）

2.2.4　中点加工工艺基本知识（内容略）

2.2.5　西点加工工艺基本知识（内容略）

2.2.6　相关法律、法规知识

（1）知识产权法的相关知识。
（2）消费者权益保护法的相关知识。
（3）价格法的相关知识。
（4）食品卫生法的相关知识。
（5）环境保护法的相关知识。
（6）劳动法的相关知识。

3. 工作要求

本标准对初级、中级、高级、技师和高级技师的技能要求依次递进，高级别涵盖低级别的要求。

3.1　初级（附表 1-2）

附表 1-2　初级

职业功能	工作内容	技能要求	相关知识
一、准备工作	（一）清洁卫生	能进行车间、工器具、操作台的卫生清洁、消毒工作	食品卫生基础知识
	（二）备料	能识别原、辅料	原、辅料知识
	（三）检查工器具	能检查工器具是否完备	工器具常识

续表

职业功能	工作内容	技能要求	相关知识
二、面团、面糊调制与发酵	（一）配料	1. 能读懂产品配方 2. 能按产品配方准确称料	1. 配方表示方法 2. 配料常识
	（二）搅拌	能根据产品配方和工艺要求调制1～2种面团或面糊	搅拌注意事项
	（三）面团控制	1. 能适用1种发酵工艺进行发酵 2. 能使用1类非发酵面团（糊）的控制方法进行松弛、醒面	1. 发酵工艺常识 2. 不同非发酵面团（糊）的工艺要求（松弛、醒面、时间、温度）
三、整形与醒发	（一）面团分割称重	能按品种要求分割和称量	度量衡器、工具的使用方法
	（二）整形	能使用2种成型方法进行整形	不同整形工具、模具的选用及处理
	（三）醒发	能按1类面包的工艺要求进行醒发	醒发一般知识
四、烘烤	烘烤条件设定	能按工艺要求烘烤相应的1个品种	1. 烤炉的分类知识 2. 常用烘烤工艺要求 3. 烤炉的操作方法
五、装饰	（一）装饰材料的准备	能准备单一的装饰材料	装饰材料调制的基本方法（糖粉、果仁、籽仁、果酱、水果罐头）
	（二）装饰材料的使用	能用单一材料在产品表面进行简单装饰	装饰器具的使用常识
六、冷却与包装	（一）冷却	能按冷却规程进行一般性操作	1. 冷却常识 2. 产品冷却程度和保质的关系 3. 冷却场所、包装工器具及操作人员的卫生要求
	（二）包装	能按包装规程进行一般包装操作	1. 食品包装基本知识 2. 操作人员、包装间、工器具的卫生要求
七、贮存	原材料贮存	能按贮存要求进行简单操作	1. 原、辅料的贮存常识 2. 原、辅料国家、行业标准

3.2 中级（附表1-3）

附表1-3 中级

职业功能	工作内容	技能要求	相关知识
一、准备工作	（一）清洁卫生	能发现并解决卫生问题	操作场所卫生要求
	（二）备料	能进行原辅料预处理	不同原、辅料处理知识
	（三）检查工器具	检查设备运行是否正常	不同设备操作常识
二、面团、面糊调制与发酵	（一）配料	能按产品配方计算出原、辅料实际用量	计算原、辅料的方法
	（二）搅拌	1. 能根据产品配方和工艺要求调制3～4种面团或面糊 2. 能解决搅拌过程中出现的一般问题	搅拌注意事项
	（三）面团控制	1. 能使用3种发酵工艺进行发酵 2. 能使用3类非发酵面团的控制方法进行控制	不同非发酵面团（糊）相应的工艺要求（松弛、时间、温度）

续表

职业功能	工作内容	技能要求	相关知识
三、整形与醒发	（一）面团分割称重	能按不同产品要求在一定的条件和规定时间内完成分割和称量	1. 计量单位及换算知识 2. 温度、时间对不同面团分割的工艺要求
	（二）整形	1. 能使用4种成型方法进行整形 2. 能根据不同产品特点进行整形	整形设备的知识
	（三）醒发	能按主食面包的工艺要求醒发3个品种	1. 主食面包的概念及分类 2. 吐司面包、硬式面包、脆皮面包的醒发要求 3. 吐司面包原料的基本要求
四、烘烤	烘烤条件设定	1. 能按工艺要求烘烤相应的3类产品 2. 能按不同产品的特点控制烘烤过程	中点：松酥类、蛋糕类、一般酥皮类产品知识 西点：混酥类、蛋糕类、曲奇类产品知识
五、装饰	（一）装饰材料的准备	能调制多种装饰材料	1. 装饰材料的调制原理 2. 装饰材料的调制方法 3. 蛋白膏、奶油膏、蛋黄酱的知识
	（二）装饰材料的使用	能用调制的多种装饰材料对产品表面进行装饰	1. 美学基础知识 2. 装饰的基本方法
六、冷却与包装	（一）冷却	1. 能正确使用冷却装置 2. 能控制产品冷却时间及冷却完成时的内部温度	1. 冷却基本常识 2. 产品中心温度测试方法
	（二）包装	能根据产品特点选择相应的包装方法	1. 包装材料的分类知识 2. 包装方法的分类知识
七、贮存	原材料贮存	1. 能将原、辅料分类贮存 2. 能根据原、辅料的贮存期限进行贮存	1. 原、辅料的分类 2. 食品卫生知识

3.3 高级（附表1-4）

附表1-4　高级

职业功能	工作内容	技能要求	相关知识
一、面团、面糊调制与发酵	（一）搅拌	1. 能根据产品配方和工艺要求调制5～7种面团或面糊 2. 能发现和解决搅拌过程中出现的问题	搅拌常见问题的解决方法
	（二）面团控制	1. 能使用4种发酵工艺进行发酵 2. 能使用4类非发酵面团的控制方法进行控制	1. 发酵原理与工艺 2. 不同非发酵面团（糊）相应的工艺要求（松弛、时间、温度） 3. 松弛原理与应用知识
二、整形与醒发	（一）整形	能运用各种整形方法进行整形	整形工艺方法和要求
	（二）醒发	能按花式面包的工艺要求醒发4个品种	1. 花式面包的概念及分类知识 2. 馅面包、丹麦面包、象形面包、营养保健面包的醒发要求

续表

职业功能	工作内容	技能要求	相关知识
三、烘烤	烘烤条件设定	1. 能按工艺要求烘烤相应的4类产品 2. 能处理操作中出现的问题	中点：浆皮类、水油皮类、酥层类、熟粉类产品知识 西点：戚风蛋糕、泡芙类、一般起酥类产品知识
四、装饰	（一）装饰材料的准备	能调制特色装饰材料	1. 巧克力成分、分类及性能知识 2. 巧克力的调制原理及制作方法 3. 奶油胶冻（白马糖、枫糖）的调制原理及方法
	（二）装饰材料的使用	能使用巧克力和奶油胶冻装饰一组不同特色的点心	工艺美术基本知识
五、冷却与包装	（一）冷却	1. 能控制产品冷却场所的温度、湿度、空气流速等技术参数和卫生条件 2. 能正确选择和使用冷却装置	1. 冷却装置的类型 2. 冷却产品方法
	（二）包装	1. 能合理使用食品包装材料进行包装 2. 解决包装中出现的技术、质量问题	包装机器的使用方法
六、质量鉴定	产品鉴定	能运用感官质量检验方法对产品进行质量鉴定	产品质量标准
七、贮存	原材料贮存	1. 能根据原、辅料的理化特性确定适当的贮存条件、期限和场所 2. 能解决贮存中出现的各种问题	1. 原、辅料的理化特性 2. 原、辅料贮存场所环境、条件的控制知识 3. 食品冷冻、冷藏知识 4. 食品腐烂变质及老化原理

3.4 技师（附表1-5）

附表1-5 技师

职业功能	工作内容	技能要求	相关知识
一、面团、面糊调制与发酵	（一）搅拌	能根据产品配方和工艺要求调制15种不同品类的面团或面糊	不同面团面糊搅拌的工艺要求
	（二）面团控制	1. 能按各种发酵工艺进行发酵 2. 能对各类非发酵面团进行控制	1. 发酵原理与工艺 2. 不同非发酵面团（糊）相应的工艺要求（松弛、时间、温度）
二、整形与醒发	（一）整形	能进行各类面包的整形	烤盘容积与装盘数量的关系
	（二）醒发	能醒发各类面包	1. 各类面包的醒发要求及方法 2. 醒发室的设计要求 3. 特殊条件下的醒发要求

续表

职业功能	工作内容	技能要求	相关知识
三、烘烤	烘烤条件设定	1. 能按工艺要求烘烤相应的各类产品 2. 能及时发现和解决烘烤过程中出现的各种问题	中点：酥皮类、发酵类、熟粉类的烘烤条件 西点：起酥类、发酵类的烘烤条件
四、装饰	（一）装饰材料的准备	1. 能调制各种装饰材料 2. 能应用新型装饰材料	各种装饰材料的准备知识
	（二）装饰材料的使用	能使用各种装饰材料装饰主题突出的艺术性产品	装饰图案设计构思方法
五、冷却与包装	（一）冷却	能及时处理冷却过程中出现的各种质量问题	1. 产品冷却基本原理 2. 产品冷却工艺要求
	（二）包装	1. 能运用现代包装技术 2. 能选用现代包装机械	现代包装技术
六、质量鉴定	产品鉴定	能运用感官质量检验方法和理化分析方法对产品质量进行综合鉴定和分析，并提出改进意见	食品色、香、味、形的知识
七、成本核算	原料成本核算	1. 能计算原料的净料费 2. 能计算产品的直接成本 3. 生产过程中能有效地控制直接成本 4. 能控制废品率	1. 净料费的知识 2. 直接成本知识 3. 废品率知识 4. 原料损耗率的计算方法 5. 直接成本计算公式
八、培训与管理	（一）培训与指导	1. 能对低级别烘焙工进行技能指导与培训 2. 能编写本专业培训教材	1. 培训方式与方法 2. 教材编写知识
	（二）管理	1. 能根据配方下达统一规格的投料单 2. 能监督、检查生产人员对投料单的执行情况，并及时解决有关问题 3. 能指导生产人员防止食品卫生污染 4. 能根据原料和产品特性防止产品腐烂变质 5. 能对工器具、生产设备进行卫生管理	1. 投料单的计算方法 2. 生产管理基本知识 3. 质量控制点的确定原则 4. 技术规程知识 5. 原料保管知识 6. 工器具、设备卫生管理要求

3.5　高级技师（附表 1-6）

附表 1-6　高级技师

职业功能	工作内容	技能要求	相关知识
一、烘烤	烘烤条件设定	1. 能按特色产品的特点进行烘烤 2. 能在特殊条件下烘烤产品	烘烤条件设定的知识
二、装饰	装饰材料的使用	能对产品进行高难度装饰	装饰图案构思、设计方法

续表

职业功能	工作内容	技能要求	相关知识
三、冷却	冷却	能独立设计产品冷却线	1. 产品冷却线的设计原理 2. 产品冷却线的安装和调试方法
四、质量鉴定	产品鉴定	能运用先进的卫生分析方法对产品质量进行综合鉴定和分析，能指出在产品配方、操作工艺和生产设备方面存在的问题，提出改进意见，并进行改进技术指导	1. 计算机应用知识 2. 统计学常识 3. 感官分析常用方法
五、成本的核算	原料成本核算	1. 能够降低成本 2. 能控制每个产品的内控毛利率	1. 产品成本核算的原则 2. 产品成本核算的方法 3. 产品毛利率的核算方法
六、产品开发与技术创新	开发与创新	1. 能根据市场需求进行调查分析并独立设计产品配方，开发产品 2. 能使用新材料、新工艺、新设备、新技术研制开发新产品 3. 能对原有工艺方法进行革新，并对旧设备提出改进建议	1. 市场调查分析预测知识 2. 国内外原、辅料工艺特性知识 3. 新工艺、新品种的推广应用知识 4. 专业外语词汇（原材料、工具设备）
七、培训管理	（一）培训与指导	能参与系统的专业技术培训	培训方案的制定知识
	（二）管理	1. 能全面、合理地组织安排生产 2. 能及时解决和协调生产过程中出现的问题 3. 能对产品质量进行鉴定 4. 能按照质量要求进行现场生产的监督和管理 5. 能编写技术资料及相关图表	1. 生产规范（GMP）知识 2. 生产管理知识 3. 设备布局规划、设置原则 4. 危害分析及关键控制点（HACCP）知识

4. 比 重 表

4.1 理论知识（附表 1-7）

附表 1-7 理论知识比重表

项目		工作内容	初级/%	中级/%	高级/%	技师/%	高级技师/%
基本要求		职业道德	5	5	5	5	5
		基础知识	25	20	15	10	5
相关知识	准备工作	清洁卫生	6	5	—	—	—
		备料	5	8	—	—	—
		检查工器具	5	8	—	—	—
	面团、面糊调制与发酵	配料	2	5	—	—	—
		搅拌	5	5	8	5	—
		面团控制	5	5	8	8	—

续表

项目		工作内容	初级/%	中级/%	高级/%	技师/%	高级技师/%
相关知识	整形与发酵	面团分割称量	5	5	—	—	—
		整形	5	2	10	8	—
		醒发	5	2	10	8	—
	烘烤	烘烤条件设定	2	5	10	12	15
	装饰	装饰材料的准备	5	6	7	2	—
		装饰材料的使用	5	6	7	5	15
	冷却与包装	冷却	5	5	5	5	—
		包装	5	3	5	5	—
	贮存	原材料贮存	5	5	5	—	—
	质量鉴定	产品鉴定	—	—	5	8	10
	成本核算	原料成本核算	—	—	—	5	10
	冷却	冷却	—	—	—	—	10
	培训与管理	培训与指导	—	—	—	7	10
		管理	—	—	—	7	10
	产品开发与技术创新	开发与创新	—	—	—	—	10
合计			100	100	100	100	100

4.2　操作技能（附表 1-8）

附表 1-8　操作技能比重表

项目		工作内容	初级/%	中级/%	高级/%	技师/%	高级技师/%
技能操作	准备工作	清洁卫生	8	6	—	—	—
		备料	8	6	—	—	—
		检查工器具	8	6	—	—	—
	面团、面糊调制与发酵	配料	6	8	—	—	—
		搅拌	10	6	5	5	—
		面团控制	6	8	10	10	—
	整形与醒发	面团分割称量	6	6	—	—	—
		整形	6	8	15	10	—
		醒发	6	8	10	10	—
	烘烤	烘烤条件设定	6	8	15	15	15
	装饰	装饰材料的准备	6	6	5	2	—
		装饰材料的使用	6	6	10	10	5
	冷却与包装	冷却	6	6	6	5	—
		包装	6	6	8	2	—
	贮存	原材料贮存	6	6	8	—	—
	质量鉴定	产品鉴定	—	—	8	10	15
	成本核算	原料成本核算	—	—	—	5	10
	冷却	冷却	—	—	—	—	10
	培训与管理	培训与指导	—	—	—	8	15
		管理	—	—	—	8	15
	产品开发与技术创新	开发与创新	—	—	—	—	—
合计			100	100	100	100	100

附录二　焙烤食品相关标准

烘焙食品生产企业要求

食品安全管理体系认证专项技术要求

CCAA/CTS 0013—2008 CNCA/CTS 0013—2008

中国认证认可协会 2008 年 9 月 11 日发布，2008 年 9 月 11 日实施。

前　　言

本技术要求是 GB/T 22000—2006《食品安全管理体系 食品链中各类组织的要求》在烘焙食品生产企业应用的专项技术要求，是根据烘焙食品行业的特点对 GB/T 22000—2006 相应要求的具体化。

本技术要求的附录均为资料性附录。

本技术要求由中国认证认可协会提出。

本技术要求由中国认证认可协会归口。

本技术要求主要起草单位：中国认证认可协会、广东中鉴认证有限责任公司、北京大陆航星质量认证中心、北京新世纪认证有限公司、北京中大华远认证中心、中质协质量保证中心、上海质量体系审核中心、原中国检验认证集团质量认证有限公司、方圆标志认证集团有限公司、中国质量认证中心、杭州万泰认证有限公司、浙江公信认证有限公司等。

本技术要求系首次发布。

引　　言

为提高烘焙食品安全水平、保障人民身体健康、增强我国食品企业市场竞争力，本技术要求从我国烘焙食品安全存在的关键问题入手，采取自主创新和积极引进并重的原则，结合烘焙食品企业生产特点，针对企业卫生安全生产环境和条件、关键过程控制、产品检测等，提出了建立我国烘焙企业食品安全管理体系的专项要求。

鉴于烘焙食品生产企业在生产加工过程方面的差异，为确保食品安全，除在高风险食品控制中所必须关注的一些通用要求外，本技术要求还特别提出了针对本类产品特点的“关键过程控制”要求。主要包括原辅料控制、与产品直接接触内包装材料的控制、食品添加剂的控制，强调组织在生产加工过程中的化学和生物危害控制；重点提出对配料、成型、醒发、烘烤、冷却、包装过程的控制要求，突出合理制定工艺与技术，加强生产过程监测及环境卫生的控制对于食品安全的重要性，确保消费者食用安全。

食品安全管理体系　烘焙食品生产企业要求

1　范围

本文件规定了烘焙食品生产企业建立和实施食品安全管理体系的技术要求，包括人力资源、前提方案、关键过程控制、检验、产品追溯与撤回。

本标准配合 GB/T 22000—2006 以适用于在烘焙食品生产企业建立、实施与自我评价其食品安全管理体系，也适用于对此类食品生产企业食品安全管理体系的外部评价和认证。

本标准用于认证目的时，应与 GB/T 22000—2006 一起使用。

2　规范性引用文件

下列文件中的条款通过本文件的引用而成为本文件的条款。凡是标注日期的引用文件，其随后所有的修改单（不包括勘误的内容）或修订版本均不适用于本文件，然而，鼓励根据本文件达成协议的各方研究是否可使用上述文件的最新版本。凡是未标注日期的引用文件，使用其最新版本。

GB 2760—2007　食品添加剂使用卫生标准

GB 8957—1998　糕点厂卫生规范

GB 14881—2008　食品企业通用卫生规范

GB 15091—1995　食品工业基本术语

GB/T 18204.1—2000　公共场所空气微生物检验方法菌落总数的测定

GB/T 22000—2006　食品安全管理体系 食品链中各类组织的要求

3　术语和定义

本文件中未注释的术语和定义与 GB 15091—1995、GB/T 22000—2006 中相关术语相同。

3.1　烘焙

将食品原料或半成品进行烤制，使之脱水、熟化的过程。

3.2　烘焙食品

以面粉、酵母、食盐、砂糖和水为基本原料，添加适量油脂、乳品、鸡蛋、添加剂等，经一系列复杂的工艺手段，烘焙而成的方便食品。包括面包、蛋糕、西饼、西点、中点、月饼、饼干等。

3.3　糕点

以粮食、食糖、油脂、蛋品为主要原料，经调制、成型、熟化等工序制成的食品。

4 人力资源

4.1 食品安全小组

食品安全小组应由多专业的人员组成，包括从事卫生质量控制、生产加工、工艺制定、检验、设备维护、原辅料采购、仓贮管理等工作的人员。

4.2 人员能力、意识与培训

影响食品安全活动的人员应具备相应的能力和技能。

(1) 食品安全小组应理解 HACCP 原理和食品安全管理体系的标准。

(2) 应具有满足需要的熟悉烘焙生产基本知识及加工工艺的人员。

(3) 从事烘焙工艺制定、卫生质量控制、检验工作的人员应具备相关知识或资格。

(4) 生产人员应熟悉人员卫生要求。

(5) 从事配料、烘烤、内包装的人员应经过培训，具备上岗资格。

4.3 人员健康和卫生要求

(1) 从事食品生产、检验和管理的人员应符合相关法律法规对从事食品加工人员的卫生要求和健康检查的规定。每年应进行一次健康检查，必要时做临时健康检查，体检合格后方可上岗。

(2) 凡患有影响食品卫生疾病者，应调离直接从事食品生产、检验和管理等岗位。

(3) 生产、检验和管理人员应保持个人清洁卫生，不得将与生产无关的物品带入车间；工作时不得戴首饰、手表，不得化妆；进入车间时应洗手、消毒，并穿着工作服、帽、鞋，离开车间时换下工作服、帽、鞋；工作帽、服应集中管理，统一清洗、消毒，统一发放。不同卫生要求的区域或岗位的人员应穿戴不同颜色或标志的工作服、帽，以便区别。不同区域人员不应串岗。

(4) 人员接触裸露成品时应戴口罩。

5 前提方案

从事烘焙食品生产的企业，前提方案应符合 GB 14881—2008、GB 8957—1998 等卫生规范的要求。

5.1 基础设施与维护

5.1.1 厂区环境

(1) 厂区环境良好，生产、生活、行政和辅助区的总体布局合理，不得相互妨碍。

(2) 厂区周围应设置防范外来污染源和有害动物侵入的设施。

5.1.2 厂房及设施

(1) 厂房应按生产工艺流程及所规定的空气清洁级别合理布局和有效间隔，各生产车间、工序环境清洁度划分见附表 2-1，各生产区空气中的菌落总数应按 GB/T 18204.1—2000 中的自然沉降法测定。同一厂房内以及相邻厂房之间的生产操作不得相互影响。生产车间（含包装间）应有足够的空间，人均占地面积（除设备外）应不少于 1.5m²，生产机械设备距屋顶及墙（柱）的间距应考虑安装及检修的方便。

附表 2-1　各生产车间、工序环境清洁度划分表

清洁度区分	车间或工序区域	每平皿菌落数/(cfu/皿)
清洁生产区	半成品冷却区与暂存区、西点冷作车间、内包装间	≤30
准清洁生产区	配料与调制间、成型工序、成型坯品暂存区、烘焙工序、外包装车间	企业自定
一般生产区	原料预清洁区、原料前预处理工序、选蛋工序、原（辅）料仓库、包装材料仓库、成品仓库、检验室（微检室除外）	

(2) 检验室应与生产品种检验要求相适应，室内宜分别设置微生物检验室、理化检验室和留样室，防止交叉污染。必要时增设车间检验室。

(3) 建筑物应结构坚固耐用，易于维修、清洗，并有能防止食品、食品接触面及内包装材料被污染的结构。

(4) 一般生产区的厂房和设施应符合相应的卫生的要求。

(5) 应设有专用蛋品处理间，进行鲜蛋挑选、清洗、消毒后打蛋，避免造成交叉污染。

(6) 应设专用生产用具洗消间，远离清洁生产区和准清洁生产区，进行用具统一清洗、消毒。

5.1.3　清洁生产区和准清洁生产区

(1) 清洁、准清洁作业区（室）的内表面应平整光滑、无裂缝、接口严密、无颗粒物脱落和不良气体释放，能耐清洗与消毒，墙壁与地面、墙壁与天花板、墙壁与墙壁等交界处应呈弧形或采取其他措施，以减少灰尘积聚和便于清洗。

(2) 清洁生产区应采取防异味和污水倒流的措施，并保证地漏的密封性。

(3) 清洁生产区应设置独立的更衣室。

(4) 西点冷作车间应为封闭式，室内装有空调器和空气消毒设施，并配置冷藏柜。

(5) 清洁和准清洁生产区应相对分开，并设有预进间（缓冲区）、空气过滤处理装置和空气消毒设施，并应定期检修，保持清洁。

5.1.4　设备

(1) 设备应与生产能力相适应，装填设备宜采用自动机械装置，物料输送宜采用输送带或不锈钢管道，且排列有序，避免引起污染或交叉污染。

(2) 凡与食品接触的设备、工器具和管道（包括容器内壁），应选用符合食品卫生要求的材料或涂料制造。

(3) 机械设备必要时应设置安全栏、安全护罩、防滑设施等安全防护设施。

(4) 各类管道应有标志，且不宜架设于暴露的食品、食品接触面及内包装材料的上方，以免造成对食品的污染。

（5）机械设备应有操作规范和定期保养维护制度。

5.2 其他前提方案

其他前提方案至少应包括以下几个方面：

（1）接触食品（包括原料、半成品、成品）或与食品有接触的物品的水和冰应符合安全、卫生要求。

（2）接触食品的器具、手套和内外包装材料等应清洁、卫生和安全。

（3）应确保食品免受交叉污染。

（4）应保证操作人员手的清洗消毒，保持洗手间设施的清洁。

（5）应防止润滑剂、燃料、清洗消毒用品、冷凝水及其他化学、物理和生物等污染物对食品造成安全危害。

（6）应正确标注、存放和使用各类有毒化学物质。

（7）应保证与食品接触的员工的身体健康和卫生。

（8）应清除和预防鼠害、虫害。

（9）应对包装、贮运卫生进行控制，必要时控制温度、湿度达到规定要求。

6 关键过程控制

6.1 原（辅）料及包装材料

（1）原（辅）料及包装材料（简称为物料）的采购、验收、贮存、发放应符合规定的要求，严格执行物料管理制度与操作规程，有专人负责。

（2）物料的内包装材料和生产操作中凡与食品直接接触的容器、周转桶等应符合食品卫生要求，并提供有效证据。

（3）食品添加剂的使用应符合 GB 2760—2007 及相应的食品添加剂质量标准。

（4）内包装材料应满足包装食品的保存、贮运条件的要求，且符合食品卫生规定。必要时，在使用前采用适宜手段进行消毒。

（5）原（辅）料的运输工具等应符合卫生要求。运输过程不得与有毒有害物品同车或同一容器混装。

（6）原（辅）料购进后应对其供应产品规格、包装情况等进行初步检查，必要时向企业质检部门申请取样检验。

（7）各种物料应分批次编号与堆置，按待检、合格、不合格分区存放，并有明显标志；相互影响风味的原辅料贮存在同一仓库，要分区存放，防止相互影响。

（8）对有温度、湿度及特殊要求的原辅料应按规定条件贮存，应设置专用库贮存。

（9）应制定原辅料的贮存期，采用先进先出的原则，对不合格或过期原料应加注标志并及时处理。

6.2 配料与调制

（1）应按照 GB 2760—2007 要求严格控制相关食品添加剂使用，配料前应进行复核，防止投料种类和数量有误。

（2）调制好的半成品应按工艺规程及时流入下道工序，严格控制其暂存的温度和时间，以防变质。因故而延缓生产时，对已调配好的半成品应及时进行有效处理，防止污染或腐败变质；恢复生产时，应对其进行检验，不符合标准的应作废弃处理。

（3）如需要使用蛋品的品种，其蛋品的处理必须在专用间进行，鲜蛋应经过清洗、消毒才能进行打蛋，防止致病菌的污染。

6.3　成型

模具应符合食品卫生要求并保持清洁卫生，成型机切口不可粗糙、生锈，润滑剂（油）应符合食品卫生要求。

6.4　醒发

应控制醒发的时间、温度、湿度，定期对醒发间进行清洗、消毒。

6.5　焙烤

应控制焙烤的温度、时间，炉体的计量器具（如温度计、压力计等）应定期校准。

6.6　冷却

（1）应设独立冷却间（饼干类除外），确保环境与空气达到高洁净度，并配置相应的卫生消毒设施，防止产品受到二次污染。

（2）焙烤产品出炉后应迅速冷却或传送至凉冻间冷却至适宜温度，并适时检查和整理产品。

6.7　内包装

（1）包装前对包装车间、设备、工具、内包装材料等进行有效的杀菌消毒，保持工作环境的高洁净度，进入车间的新鲜空气须经过有效的过滤及消毒，并保持车间的正压状态。

（2）应具备剔除成品被金属或沙石等污染的能力和措施，如使用金属探测器等有效手段，若包装材料为铝质时应在包装前检验。

（3）食品包装袋内不得装入与食品无关的物品（如玩具、文具等）；若装入干燥剂或保鲜剂，则应选用符合食品卫生规定的包装袋包装后，并与食品有效隔离分开。

7　检验

（1）应有与生产能力相适应的检验室和具备相应资格的检验人员。

（2）检验室应具备检验工作所需要的标准资料、检验设施和仪器设备；检验仪器应按规定进行校准或检定。

（3）应详细制定原料及包装材料的品质规格、检验项目、验收标准、抽样计划（样品容器应适当标示）及检验方法等，并认真执行。

（4）成品应逐批抽取代表性样品，按相应标准进行出厂检验，凭检验合格报告入库和放行销售。

（5）成品应留样，存放于专设的留样室内，按品种、批号分类存放，并有明显标志。

8 产品追溯与撤回

（1）应建立且实施可追溯性系统，以确保能够识别产品批次及其与原料批次、生产和交付记录的关系。应按规定的期限保持可追溯性记录，以便对体系进行评估，使潜在不安全产品得以处理。可追溯性记录应符合法律法规要求、顾客要求。

（2）应建立产品撤回程序，以保证完全、及时地撤回被确定为不安全批次的终产品。撤回的产品在被销毁、改变预期用途、确定按原有（或其他）预期用途使用是安全的或为确保安全重新加工之前，应被封存或在监督下予以保留。撤回的原因、范围和结果应予以记录。产品撤回时，应按规定的期限保持记录。应通过应用适宜技术验证并记录撤回方案的有效性（如模拟撤回或实际撤回）。

（3）应建立并保持记录，以提供符合要求和食品安全管理体系有效运行的证据。记录应保持清晰、易于识别和检索。记录的保存期限应超过其产品的保质期。

附录三　相关法律法规和标准

GB 317—1998　白砂糖

GB 1355—1986　小麦粉

GB 2716—2005　食用植物油卫生标准

GB 2748—2003　鲜蛋卫生标准

GB 2760—2007　食品添加剂使用卫生标准

GB 2762—2005　食品中污染物限量

GB 5420—2010　干酪卫生标准

GB 5749—2006　生活饮用水卫生标准

GB 7099—2003　糕点、面包卫生标准

GB 7100—2003　饼干卫生标准

GB 7718—2004　预包装食品标签通则

GB 11680—1989　食品包装用原纸卫生标准

GB 13104—2005　食糖卫生标准

GB 19644—2005　乳粉卫生标准

GB 19646—2005　奶油、稀奶油卫生标准

GB 19855—2005　月饼

GB/T 191—2000　包装贮运图示标志

GB/T 4789.24—2003　食品卫生微生物学检验糖果、糕点、蜜饯检验

GB/T 5009.56—2003　糕点卫生标准的分析方法

GB/T 5410—2008　乳粉（奶粉）

GB/T 18204.1—2000　公共场所空气微生物检验方法细菌总数的测定

GB/T 20980—2007　饼干

GB/T 21270—2007　食品馅料

SB/T 10030—1992　蛋糕通用技术条件

SB/T 10031—1992　片糕通用技术条件

SB/T 10032—1992　桃酥通用技术条件

SB/T 10073—1992　起酥油

SB/T 10222—1994　烘烤类糕点通用技术条件

SB/T 10226—2002　月饼类糕点通用技术条件

SB/T 10329—2000　裱花蛋糕

GB/T 20981—2007　面包

GB/T 20977—2007　糕点通则

CCAA/CTS0013—2008　食品安全管理体系 焙烤食品生产企业要求

主要参考文献

焙烤食品网　http://www. hb518. com/index. html

陈文伟，高荫榆，何小立. 2003. HACCP系统在月饼生产中的应用［J］. 食品科学，77（24）：77-80.

贡汉坤. 2004. 焙烤食品生产技术［M］. 北京：科学出版社.

贾君. 2008. 焙烤食品加工技术［M］. 北京：中国农业出版社.

江伟强，欧仕益. 2002. HACCP系统在月饼生产中的应用［J］. 食品科技，12：19-20.

蒋爱民，赵丽芹. 2007. 食品原料学. 南京：东南大学出版社.

劳动和社会保障部培训就业司. 2004. 国家职业标准汇编（第二分册）［M］. 北京：中国劳动社会保障出版社.

劳动和社会保障部组织. 2005. 烘焙工（初级、中级、高级、高级技师）［M］. 北京：中国轻工业出版社.

李里特，江正强，卢山. 2000. 焙烤食品工艺学. 北京：中国轻工业出版社.

李新华，杜连起，等. 1996. 粮油加工工艺学. 成都：成都科技大学出版社.

刘江汉. 2003. 焙烤工业使实用手册. 北京：中国轻工业出版社.

梅约，郑晓斌. 1997. 糕点食品的气调包装保鲜试验［J］. 食品工业，3：38-39.

彭珊珊，骆小贝. 2004. 糕点脱氧包装保藏的研究［J］. 包装工程，25（4）：147-148.

钱和. 2002. HACCP原理与实施［M］. 北京：中国轻工业出版社.

食品伙伴网　www. foodmate. net

宋慧，韩伟. 2000. 延缓面包老化问题的探讨［J］. 江苏食品与发酵，4：18-20.

王步宏，吴本全，等. 1983. 中西糕点制作技术［M］. 沈阳：辽宁科学技术出版社.

王仲礼，赵晓红. 2006. 面包的老化及其影响因素［J］. 面粉通讯，1：52-54.

肖旭霖. 2006. 食品机械与设备［M］. 北京：科学出版社.

肖志刚，吴非. 2008. 食品焙烤原理及技术［M］. 北京：化学工业出版社.

肖志刚. 2008. 食品焙烤原理与技术. 北京：化学工业出版社.

谢建华，庞杰，陈仪男. 2002. 糯米果生产技术及其质量控制［J］. 食品科技，（8）：14-16.

薛文通. 2002. 新编饼干配方. 北京：中国轻工业出版社.

薛文通. 2002. 新编蛋糕配方. 北京：中国轻工业出版社.

薛文通. 2002. 新编面包配方. 北京：中国轻工业出版社.

张守文. 1996. 面包科学与加工工艺［M］. 北京：中国轻工业出版社.

张妍，梁传伟. 2006. 焙烤食品加工技术［M］. 北京：化学工业出版社.

赵晋府. 2000. 食品加工工艺［M］. 北京：中国轻工业出版社.

中国焙烤食品糖制品工业协会　http://www. china-bakery. com. cn/

中国焙烤网　http://www. zgmbsw. com/

中国焙烤信息网　http://www. baking-china. com/

中国食品原料网　http://www. chinafoodmaterial. com/

朱珠，梁传伟. 2006. 焙烤食品加工技术［M］. 北京：中国轻工业出版社.

Stanly P. Cauvain Linda S. Young. 2004. 饼干加工工艺. 金茂国译. 北京：中国轻工业出版社.
Stanly P. Cauvain Linda S. Young. 2004. 蛋糕加工工艺. 金茂国译. 北京：中国轻工业出版社.
Stanly P. Cauvain Linda S. Young. 2004. 面包加工工艺. 金茂国译. 北京：中国轻工业出版社.